600种

景观园林
植物图鉴

车晋滇 ——

编著

全国百佳图书出版单位

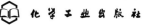
化学工业出版社

·北京·

内容简介

本书收录了我国南北方园林植物600种，彩色图片1600余幅。书中包括草本植物、藤本植物、灌木、乔木四个部分，并以科的形式进行编排。每种植物分别介绍了它的别名、学名、识别特征、产地分布及应用与养护。本书文字简练、图片清晰、实用性强，适合园林专业师生、园林工作者和广大植物爱好者参考使用。

图书在版编目（CIP）数据

600种景观园林植物图鉴／车晋滇编著．—北京：化学工业出版社，2022.10
ISBN 978-7-122-41892-0

Ⅰ．①6… Ⅱ．①车… Ⅲ．①园林植物‐中国‐图集 Ⅳ．①S68‐64

中国版本图书馆CIP数据核字（2022）第130916号

责任编辑：李　丽　　　　　　　　　　文字编辑：李　雪　陈小滔
责任校对：田睿涵　　　　　　　　　　装帧设计：史利平

出版发行：化学工业出版社（北京市东城区青年湖南街13号　邮政编码100011）
印　　装：盛大（天津）印刷有限公司
850mm×1168mm　1/32　印张20　字数300千字
2023年1月北京第1版第1次印刷

购书咨询：010-64518888　　　　　　　售后服务：010-64518899
网　　址：http://www.cip.com.cn
凡购买本书，如有缺损质量问题，本社销售中心负责调换。

定　价：159.00元　　　　　　　　　　版权所有　违者必究

前言

　　我国森林覆盖率在不断提高，城市人均公园绿地面积也在不断增加。城市公园与郊区公园连接成网，更加方便了市民的外出旅游。现代人热爱大自然、亲近大自然，闲暇之余走出去赏花观景已成为人们业余生活的一种时尚。

　　随着全球气候变暖，许多植物的开花结果期提前了。过去南方一些不能在北方越冬的植物，现在可以在北方露地越冬。随着园林科技事业的发展，许多野生植物经过驯化，在园林绿化美化中得以利用。一些适生性强、节水型、色彩丰富、花期长、易于养护的品种得以推广应用，丰富多彩的花坛、花境景观越来越精美，深受人们的喜爱。从国外引进和国内开发培育的新品种不断增多，极大地丰富了园林植物种类。

　　笔者长期从事植物学方面的工作，经常到全国各地进行考察，积累了大量的园林植物素材，为编写本书提供了丰富的基础资料。本书收录了我国南北方园林主要植物600种，彩色图片1600余幅。其中草本植物74科，299种；藤本植物10科，14种；灌木46科，130种；乔木48科，157种。本书采用恩格勒分类系统，以分科的形式进行编排，对每种植物分别介绍了别名、学名、识别特征、产地分布及应用与养护。除了种类识别外，本书还收录了许多公园和景点的花坛、花境景观图片和资料，供园林设计相关人员参考。

　　本书文字简练、图片清晰、实用性强，适合园林专业师生、园林工作者和广大植物爱好者参考使用，愿本书能对大家识别花草树木有所帮助。

　　由于笔者水平有限，书中难免存在不足之处，敬请专家和读者批评指正。

编著者
2023年1月

目录

第三章　灌木 / 316

第一章

草本植物

600

景观
园林

植物
图鉴

肾蕨

【别名】蜈蚣草、石黄皮、圆羊齿、篦子草　　【学名】*Nephrolepis cordifolia*

【识别特征】肾蕨科。多年生草本蕨类植物。株高可达60cm。根状茎直立，下面向四周生有匍匐茎，并从匍匐茎的短枝上长出黄褐色的圆形肉质块茎，密被棕色鳞片。叶簇生，狭披针形，1回羽裂；羽片多数，互生，先端钝圆，基部常不对称，边缘有疏钝齿，羽片无柄。孢子囊群生在叶背面侧小脉的顶端，中脉两侧各排成1行；囊群盖肾形，棕褐色。

【产地分布】我国分布于华南、西南、东南等地。生于灌丛、石缝中。

【应用与养护】肾蕨株形奇异，颜色碧绿，为南方常见的观赏植物。常种植在公园林荫处、道路边、假山石旁、亭榭边等地。盆栽主要用作花坛、花境景观的围边植物，也常摆放或吊挂在室内供观赏。叶片可作鲜切花的搭配材料。肾蕨喜温暖湿润荫蔽的环境，生长适温为16～25℃，稍耐旱，不耐强光暴晒，不耐寒。喜肥沃疏松的微酸性至中性土壤。

长叶肾蕨

【别名】双齿肾蕨、尖羊齿　　【学名】*Nephrolepis biserrata*

【识别特征】肾蕨科。多年生草本蕨类植物。根状茎短而直立，疏被红褐色披针形鳞片，边缘有睫毛。叶簇生，向外伸展或下垂，轮廓长条形，叶柄灰褐色或黑褐色，略有光泽；小羽叶长椭圆形或宽卵形，先端渐尖，基部截形，叶缘具钝齿，小羽叶有短柄。孢子囊群圆形，着生在小羽片背面两侧，囊群盖圆肾形，有深缺刻，棕褐色或黑棕色。

【产地分布】我国分布于华南、西南等地。生于山林中。

【应用与养护】长叶肾蕨常年绿色，为热带观赏植物。华南等地常种植在公园、庭院、假山石旁等处。也常盆栽吊挂在花架上供观赏。叶片还可做鲜切花的搭配材料。喜温暖湿润荫蔽的环境，生长适温为16～25℃，稍耐旱，不耐强光暴晒，不耐寒。喜肥沃疏松的微酸性至中性土壤。夏季不宜放置在烈日下暴晒，应经常喷水保湿。

蚌壳蕨科

金毛狗

【别名】狗脊、金毛狗蕨、黄狗蕨　【学名】*Cibotium barometz*

【识别特征】蚌壳蕨科。多年生草本蕨类植物。株高可达3m。根茎粗大直立，密被金黄色长茸毛。叶片轮廓阔卵状三角形，长可达2m，叶柄长可达1m；小羽片条状披针形，长渐尖，羽状深裂或全裂，裂片密接，狭矩圆形或近于镰刀形，边缘有浅锯齿。孢子囊群着生于裂片边缘侧脉顶端，略呈矩圆形，每裂片上2～12枚，囊群盖裂呈双唇状，棕褐色。

【产地分布】我国分布于西南、华南、华东。生于山坡、林缘。各地区有引种栽培。

【应用与养护】金毛狗株形较大，具有很好的观赏价值。南方种植在公园林荫处、假山石旁等地。北方公园温室中有少量栽培供观赏。金毛狗喜温暖湿润荫蔽环境，生长适温为16～22℃，不耐旱，不耐严寒。喜肥沃疏松、富含腐殖质的微酸性土壤至中性土壤。夏季应避免烈日暴晒，及时喷水保湿。

蕨

【别名】粉蕨、蕨萁、拳头菜　　【学名】*Pteridium aquilinum* var. *latiusculum*

【识别特征】蕨科。多年生草本蕨类植物。株高可达1m。地下根状茎横走，黑褐色。叶片幼嫩时呈拳状卷曲，展开后轮廓呈阔三角形或长圆三角形，3～4回羽裂，末回小羽片或裂片矩圆形，圆钝头；叶脉羽状，侧脉2～3叉。孢子囊群线形，着生在叶背面小脉顶端的联结脉上，沿叶脉分布，囊群盖条形，深褐色或黑褐色。

【产地分布】我国大部分地区有分布。生于山坡、灌木丛、林中。

【应用与养护】蕨叶色葱绿，具有较好的观赏性，为常见的地被覆盖绿化植物。常成片种植在公园疏林下、行道路树下、假山石旁等处。蕨喜温暖湿润凉爽的环境，不耐干旱，耐寒性较强。对土壤要求不严，耐贫瘠，一般土壤均可生长。

蜈蚣凤尾蕨

【别名】蜈蚣蕨、长叶甘草蕨、百叶尖、蜈蚣草　　【学名】*Pteris vittata*

【识别特征】凤尾蕨科。多年生草本蕨类植物。株高可达1.5m。根状茎直立，密被条形黄褐色鳞片。叶簇生，叶片轮廓阔倒披针形，长可达90cm，1回羽状；羽片长条状披针形，基部近截形；不育羽片的边缘具细密锯齿，侧脉单一或分叉。孢子囊群条形，棕褐色，着生在羽片背面小脉顶端的联结脉上，靠近羽片两侧边缘，连续分布；囊群盖同形，膜质。

【产地分布】我国分布于西南、华南、东南、华中、华东、华西等地。生于山坡、石灰岩缝隙、阴湿的墙壁上。

【应用与养护】蜈蚣凤尾蕨在南方多种植在公园的林荫下、假山石旁等处。北方公园温室中有栽培供游人观赏。蜈蚣凤尾蕨喜温暖湿润荫蔽的环境，不耐旱，不耐寒。蜈蚣凤尾蕨为钙质土及石灰岩的指示植物，适合生长在pH值为7～8的土壤中，不耐酸性土壤。

铁线蕨

【别名】黑脚蕨、猪毛漆、铁丝草　　【学名】*Adiantum capillus-veneris*

【识别特征】铁线蕨科。多年生草本蕨类植物。株高可达40cm。地下根状茎横走，被棕色披针形鳞片。叶轮廓卵状三角形，叶柄细长光滑，栗黑色或黑色，仅基部有鳞片；小羽片斜扇形，上缘斜圆形不规则浅裂，叶脉扇状分叉。孢子囊群着生在小羽片背面裂片顶端，囊群盖圆肾形或长圆形，褐色。

【产地分布】我国分布于西南、华南、华中、华东等地。生于阴湿的山坡、石缝中。

【应用与养护】铁线蕨具有较好的观赏性。南方常种植在公园的假山石中、池塘边、小溪旁等处。亦可作盆栽，适合摆放于厅堂、阳台等处。喜温暖湿润荫蔽的环境，不耐旱，不耐寒。忌烈日暴晒，并经常喷水在叶片和假山石上。

荷叶铁线蕨

【别名】荷叶金钱草、铁丝草、铁线草　　【学名】*Adiantum nelumboides*

【识别特征】铁线蕨科。多年生草本蕨类植物。株高可达20cm。根状茎短而直立，先端密被棕色披针形鳞片和多细胞的细长柔毛。叶簇生，单叶；叶柄细长光滑，深栗色或黑栗色，基部密被与根状茎相同的鳞片和柔毛。叶片圆形或圆肾形，一边有深或浅的缺刻；叶缘有圆钝形齿。囊群盖圆形或近长方形，褐色或深褐色，沿叶片边缘分布，彼此接近或有间隔。

【产地分布】荷叶铁线蕨为我国特有植物，仅分布于四川。生长在覆盖有土壤的岩石上、岩缝中或崖壁上。

【应用与养护】荷叶铁线蕨叶形奇特，具有很好的观赏性。可采用人工分株法或孢子繁育后，作盆景摆放于客厅、书房、办公桌等处供观赏。喜光照温暖湿润的环境，稍耐阴，不耐旱，不耐寒，不耐烈日暴晒。喜肥沃疏松、富含腐殖质、排水良好的土壤。北方冬季应放置在室内养护，注意保温保湿。

巢蕨

【别名】鸟巢蕨、山苏花、铁蚂蟥　　【学名】*Asplenium nidus*

【识别特征】铁角蕨科。多年生草本蕨类植物。株高可达1m。根状茎短粗，密被棕色条形鳞片。叶簇生，叶片带状阔披针形，长可达1.2m，中部宽处可达9～15cm，向上及向下渐变狭，全缘，略呈波状；叶柄黑褐色。孢子囊群着生在叶背面上半部中肋至叶缘的一半，线条形斜上着生，褐色或深褐色。

【产地分布】我国分布于西南、华南、华东等地。生于热带雨林、较湿润的常绿阔叶林下，也常附生在树干或岩石缝中。

【应用与养护】巢蕨叶片开展，常年碧绿，形似鸟巢，为南方著名的观赏植物。常种植在公园林荫处、小溪边、池塘边、假山石旁等地。也可盆栽摆放在厅堂供观赏。巢蕨喜高温湿润的荫蔽环境，不耐强光暴晒，不耐寒。喜肥沃疏松、富含腐殖质、排水良好的土壤。

荚果蕨

【别名】黄瓜香、野鸡脖子　　【学名】*Matteuccia struthiopteris*

【识别特征】球子蕨科。多年生草本蕨类植物。株高可达50cm。根状茎短而直立，被棕色膜质披针形鳞片，先端纤维状。叶二型；营养叶的叶柄具1条深纵沟，密被鳞片；叶片披针形或长圆形，幼时卷曲成拳状，展开之后2回羽状深裂，叶脉羽状，分离。孢子叶的叶片为狭倒披针形，1回羽状，羽片两侧向背面反卷成荚果状，深褐色。孢子囊群圆形，生于侧脉分枝的中部，成熟时汇合排列成条形，囊群盖膜质，白色，成熟时破裂消失。

【产地分布】我国分布于西南、西北、华北、东北。生于山坡阴湿处、林荫下或草丛中。

【应用与养护】荚果蕨叶色淡绿，覆盖面积大，具有较好的观赏性。常丛植在公园林荫处、行道树下、山坡等处。也可盆栽摆放在厅堂供观赏。荚果蕨喜温暖湿润的荫蔽环境，耐低温，不耐旱。对土壤要求不严，一般土壤均可种植。

贯众

【别名】贯节、金钱草、贯渠、黑狗脊　　【学名】*Cyrtomium fortunei*

【识别特征】鳞毛蕨科。多年生草本蕨类植物。株高可达 1m。根状茎短，密被黑棕色大鳞片。叶簇生，奇数羽状复叶，小叶阔披针形或矩圆状披针形，基部上缘稍呈耳状，边缘有细锯齿，沿叶轴及羽轴有少数纤维状鳞片；叶脉网状，有内藏小脉 1 ～ 2 条。小叶背面散生圆盾形孢子囊群，成熟时褐黄色，囊群盖大，肾形或圆肾形，棕褐色。

【产地分布】我国大部分地区有分布。生于石灰岩缝、林荫下、路边或墙缝中。

【应用与养护】贯众叶形秀美，具有较好的观赏性。常种植在公园疏林下、林荫道边、假山石旁等处。盆栽作花坛景观的配置植物，或摆放于厅堂供观赏。贯众喜温暖湿润荫蔽的环境，生长适温 16 ～ 26℃，耐寒，较耐旱。喜肥沃疏松、富含腐殖质、排水良好的土壤。不耐积水，养护时不可过多浇水。

小羽贯众

【别名】小叶贯众、拟贯众　　【学名】*Cyrtomium lonchitoides*

【识别特征】鳞毛蕨科。多年生草本蕨类植物。株高可达50cm。根茎直立，密被披针形棕色鳞片。叶簇生，叶轮廓长披针形；叶柄正面具浅纵沟，背面密生卵形和披针形中间黑棕色小鳞片，鳞片边缘流苏状，向上渐稀疏；小羽片互生，三角状耳形，先端渐尖，基部偏斜，上侧基部明显耳形，边缘多少有小齿，具羽状脉，小脉联结成2～3行网眼；小羽片柄极短，羽柄着生处常有鳞片。孢子囊群遍布羽片背面，囊群盖圆形。

【产地分布】我国分布于西南、西北、华北等地。生于阔叶林下、山谷阴湿处。

【应用与养护】小羽贯众叶形奇特，具有较好的观赏性。常种植在林荫下、假山石旁等处。也可盆栽摆放于室内供观赏。小羽贯众喜温暖阴湿环境，不耐旱。喜肥沃疏松、富含腐殖质、排水良好的土壤。夏季应防止烈日暴晒，注意适时浇水保湿。

福建观音座莲

【别名】福建莲座蕨、地莲花、狭羽观音莲　　【学名】*Angiopteris fokiensis*
【识别特征】合囊蕨科。多年生草本蕨类植物。株高可达1.5m以上。叶轮廓阔卵形，灰绿色或浅黄绿色，2回羽状；叶柄较粗壮，具不规则形的横纹。小羽片互生或对生，狭矩圆形，先端渐尖，基部近圆形；小羽片有短柄。孢子囊群着生在小羽片背面近边缘处，长圆形，棕褐色或黑褐色，彼此靠近。
【产地分布】我国分布于西南、华南、华东等地。生于阔叶林下或林边小溪旁。

【应用与养护】福建观音座莲株形高大，叶形秀美，具有较高的观赏价值。南方常种植在公园林荫下、假山石旁等处。盆栽作花坛景观的配置植物，或摆放在宾馆大厅、会客室、书房等处供观赏。福建观音座莲喜温暖阴湿的环境，不耐寒冷，不耐旱。喜肥沃疏松、富含腐殖质、排水良好的土壤。夏季应防止烈日暴晒，及时浇水保持土壤湿润。

二歧鹿角蕨

【别名】鹿角山草、蝙蝠蕨、蝙蝠兰　　【学名】*Platycerium bifurcatum*

【识别特征】水龙骨科。多年生草本蕨类植物。附生在树干或岩石上，成簇生长。基生叶无叶柄，直立或贴生，边缘全缘，浅裂直到4回分叉，裂片不等长。正常能育叶，直立，伸展或下垂，楔形，2～5回叉裂。孢子囊群着生在裂片先端的背面，孢子黄色或褐色。

【产地分布】原产于澳大利亚东北部沿海地区的森林中，以及新几内亚岛、爪哇等地。世界各地多有栽培。喜附生在树干分叉处、树皮裂缝处或有腐殖质潮湿的岩石层上。

【应用与养护】二歧鹿角蕨株形奇特，姿态优美，具有很好的观赏性。南方见于公园较荫蔽的树干上。北方见于公园温室和宾馆的厅堂内。也可盆栽垂吊于室内供观赏。二歧鹿角蕨喜温暖湿润荫蔽的环境，不耐低温。喜肥沃疏松、富含腐殖质、排水良好的土壤。夏季要经常浇水，避免阳光暴晒。冬季温度不得低于7℃，不可过多浇水。

光石韦

【别名】石韦、大石韦、牛皮凤尾草　　【学名】*Pyrrosia calvata*

【识别特征】水龙骨科。多年生草本蕨类植物。根状茎粗短，横走或斜升，先端密被披针形鳞片，具长尾状渐尖头，边缘有睫毛。叶簇生，革质，狭披针形，长可达60cm，先端渐尖，叶中部向下渐变狭；叶面稍有星状毛及小凹点，叶背面幼时有白色星状毛；叶柄长5～10cm。孢子囊群着生在叶片背面中部以上处，土黄色或土褐色，无囊群盖。

【产地分布】我国分布于西南、华南、华中、华东、西北等地。喜成丛附生在林中树干上、有土层的岩石上或石缝中。

【应用与养护】光石韦叶片条形革质，生长旺盛，是很好的阴生观叶植物。可种植在公园林荫处，或配植在假山石旁。叶片可作鲜切花的配置材料。光石韦喜温暖湿润荫蔽的环境。喜肥沃疏松、富含腐殖质、排水良好的土壤，不耐涝。养护时不要过多浇水。

阔鳞瘤蕨

【别名】无　　【学名】*Phynatosorus hainanensis*

【识别特征】水龙骨科。多年生草本蕨类植物。根状茎横走，密被鳞片，鳞片卵圆形或近圆形，暗褐色，全缘。叶片革质，卵状长圆形，羽状深裂，叶面光滑无毛，叶背面疏生细小的黑色鳞片；中脉明显，在叶两面隆起，无侧脉；叶柄长20～30cm，栗色，光滑无毛。孢子囊群着生在叶片背面中脉两侧各1行，圆形略隆起，稀疏排列，成熟时褐黄色。

【产地分布】我国分布于海南岛。喜附生在树干上。

【应用与养护】阔鳞瘤蕨四季常青，具有较好的观赏性。南方种植在公园林荫处，路边疏林下。也可作花坛景观的配置植物。阔鳞瘤蕨喜肥沃疏松、富含腐殖质、排水良好的土壤。喜温暖湿润荫蔽的环境，不耐寒冷，忌阳光暴晒。

槐叶蘋

【别名】蜈蚣漂、槐叶苹、槐叶萍　　【学名】*Salvinia natans*

【识别特征】槐叶蘋科。一年生水生漂浮蕨类植物。茎细长横走，被褐色节状毛，无真正的根。叶3片轮生，有2片叶漂浮水面，在茎两侧紧密排列，形似槐叶；叶片长椭圆形，全缘，中脉明显，每条侧脉上有5～9束白色刚毛，叶背面被棕色茸毛；叶柄极短。另一片叶细裂成长丝状，沉入水中，形似须根。孢子果簇生在沉水叶的基部，表面疏生成束的短毛；小孢子果表面淡黄色，大孢子果表面淡棕色。

【产地分布】我国除青海和西藏外均有分布，但以长江以南为多见。生于水塘、沟渠、稻田、静水溪河中。

【应用与养护】槐叶蘋叶形奇特美丽，是园林绿化美化水面的良好植物。公园水塘常见有种植，有净化水质的作用。盆栽水生植物中也常见配置有槐叶蘋，以增加观赏效果。

红皱椒草

【别名】皱叶椒草 　　【学名】*Peperomia caperata* 'Autumn Leaf'

【识别特征】胡椒科。多年生常绿草本植物。株高可达30cm，植株簇生。叶片心形或近圆形，先端钝圆或微钝尖，基部深心形，表面有皱褶，紫褐色，叶脉向下凹陷，全缘；叶柄长于叶片，紫褐色，半透明，肉质。花莛肉质细长，紫褐色；穗状花序细长，灰白色或浅褐白色。小浆果球形。花果期4～5月。

【产地分布】原产于巴西。我国各地有引种栽培。

【应用与养护】红皱椒草色彩鲜艳，花穗细长，是较理想的小型室内观赏植物。可群植或丛植于公园阴湿处。盆栽摆放室内供观赏。喜阳光温暖多湿半阴的环境，忌烈日暴晒，不耐寒。喜肥沃疏松、富含腐殖质、排水良好的微酸性至中性土壤，不耐涝。不宜过多施用氮肥，以防止徒长。

抱茎蓼

【别名】苞饭花、勒古补、铃花　　【学名】*Polygonum amplexicaule*

【识别特征】蓼科。多年生草本植物。株高可达80cm。茎直立，多分枝。基生叶卵形或卵状椭圆形，先端渐尖或急尖，基部心形，叶面绿色，叶背面淡绿色，近全缘；叶柄与叶片近等长。茎生叶长卵形，先端长渐尖，基部心形，叶柄短或无。托叶鞘筒状，膜质，褐色，长2～4cm，无缘毛。穗状花序顶生或腋生，长5～8cm，宽约1cm。苞片卵圆形，膜质，褐色。花被深红色，5深裂，裂片椭圆形。瘦果椭圆形，两端尖，黑褐色。花果期7～10月。

【产地分布】我国分布于湖北、四川、云南、西藏等地。生于山坡、草丛。各地区有栽培。

【应用与养护】抱茎蓼花穗细长，色泽红艳，为新发展起来的具有很好观赏性的园林植物。常丛植或片植在公园、行道路边、假山石旁、池塘边、小溪旁。抱茎蓼对土壤要求不高，一般土壤均可生长，不耐涝。

锦绣苋

【别名】红绿草、五色草、红莲子草　　【学名】*Alternanthera bettzickiana*

【识别特征】苋科。多年生草本植物。株高可达20cm。茎直立或基部匍匐，多分枝，茎具纵棱。叶互生，矩圆形、矩圆状倒卵形或匙形，先端急尖或钝圆，基部渐狭，绿色或褐红色等；叶柄略有柔毛。头状花序顶生或腋生，无总花梗。苞片及小苞片卵状披针形，先端渐尖；花被片卵状矩圆形，白色。花果期5～10月。

【产地分布】原产于巴西。我国各地区有栽培。

【应用与养护】锦绣苋株形矮小，色彩鲜艳，为新发展起来的园林绿化美化植物。主要是作为制作各种花坛图案、文字等景观的重要理想材料，也可作彩色地被配置植物。锦绣苋喜光照温暖湿润的环境，耐阴，不耐寒。对土壤要求不严，扦插易于成活，养护较简单。

鸡冠花

【别名】鸡公花、老来红、大公鸡花、红鸡冠　　【学名】*Celosia cristata*

【识别特征】苋科。一年生草本植物。株高可达80cm。茎粗壮，具纵棱，分枝少，绿色或褐红色。叶互生，卵形、卵状披针形或披针形，先端渐尖，基部渐狭成柄，全缘。花序顶生，扁平鸡冠状，常有小分枝，中部以下多花。苞片、小苞片和花被片红色或紫红色，干膜质状，宿存。苞果卵形，盖裂，包裹在宿存的花被内。花果期6～10月。

【产地分布】广布于世界温暖地区。我国各地广为栽培。

【应用与养护】鸡冠花株形紧凑，花序肥大形似鸡冠状，是最常见的观赏花卉。可丛植或片植在公园绿地、道路旁、庭院等处。盆栽作花坛景观的配置植物。也可作鲜切花，保存时间较长。鸡冠花喜光照充足、温暖干燥的环境，较耐旱，不耐涝。适生性强，对土壤要求不严，一般土壤均可生长，易于养护。

羽状鸡冠花

【别名】凤尾鸡冠、芦花鸡冠、扫帚鸡冠、火炬鸡冠

【学名】*Celosia plumosus*

【识别特征】苋科。一年生草本植物。株高可达50cm。茎直立，圆柱形，具槽棱，不分叉或分叉少。叶互生，卵形或卵状披针形，先端渐尖或尾尖，基部近圆形或宽楔形，全缘，绿色或紫红色；叶柄短。花序顶生或腋生，由许多羽状花序组成圆锥状花序，颜色有红色、黄色、玫瑰色、橙色、白色等。苞果卵形，盖裂，包裹在宿存的花被内。花果期6～10月。

【产地分布】原产于非洲、南美洲。我国各地广为栽培。

【应用与养护】羽状鸡冠花颜色丰富，花冠美丽，具有很好的观赏价值。可丛植或片植在公园绿地、道路旁等处。特别适合盆栽，用于花坛、花境景观的配置。羽状鸡冠花对土壤要求不严，一般土壤均可种植。喜光照充足、温暖的环境，生长前期应及时浇水，生长中后期不宜过多浇水，保持稍微干燥的环境。

千日红

【别名】百日红、火球花、千金红、球形鸡冠花　　【学名】*Gomphrena globosa*

【识别特征】苋科。一年生草本植物。株高可达50cm。茎直立，有分枝，被糙毛。叶对生，长椭圆形或长圆状倒卵形，长4～13cm，宽1.5～5cm，先端锐尖或圆钝，基部渐狭，全缘。头状花序球形顶生，直径2～2.5cm，基部有2片对生绿色叶状苞片。花直径2～2.5cm，呈紫红色、深红色等；花被片狭披针形，外面密被白色茸毛；花柱线形，柱头2裂。胞果近球形。种子肾形，棕色，有光泽。花果期6～10月。

【产地分布】原产于美洲热带。我国各地广为栽培。

【应用与养护】千日红花色艳丽，花期长，为园林常见的观赏花卉。常种植在公园道路边、校园、庭院等处。盆栽主要用作花坛花境的围边植物，也适合摆放于窗台、阳台、花架等处供观赏。还可作鲜切花、花篮或干花的材料，且不易褪色。千日红喜光照充足温暖的环境，生长适温为18～30℃，耐热、较耐旱，不耐涝。喜肥沃疏松富含有机质的土壤。

紫茉莉科

紫茉莉

【别名】胭脂花、粉豆花、地雷花、草茉莉　　【学名】*Mirabilis jalapa*

【识别特征】紫茉莉科。一年生草本。株高可达1m。地下根粗壮肉质，灰褐色。茎直立，多分枝，节部膨大。叶卵形或卵状三角形，长3～12cm，宽3～8cm，先端渐尖，基部截形或心形，全缘；叶柄长1～4cm。花单生枝顶端。苞片5，萼片状，长约1cm。花冠漏斗状，冠檐5浅裂，花色有粉红色、白色、黄色、杂色等。瘦果球形，黑色，表面具棱和瘤状突起。花果期6～11月。

【产地分布】原产于热带美洲。我国大部分地区有栽培或逸生。

【应用与养护】紫茉莉花色彩丰富，花朵美丽，为常见的观赏植物。常见种植在庭院、公园、住宅小区、村寨旁等处。盆栽用来摆放于庭院、阳台等处。紫茉莉喜光照充足温暖湿润的环境，耐半阴，不耐寒。对土壤要求不严，一般土壤均可种植。

垂序商陆

【别名】美洲商陆、洋商陆　　【学名】*Phytolacca americana*

【识别特征】商陆科。多年生草本。株高可达1～2m。地下根粗壮肉质。茎直立或披散，多分枝，中后期常呈紫红色。叶互生，卵状椭圆形或长椭圆形，长10～20cm，宽5～10cm，先端短尖，基部楔形，全缘。总状花序顶生或侧生；花白色或淡红色，花被片5，卵圆形；雄蕊10；心皮通常10，合生。浆果扁圆形，成熟时紫红色，果序下垂。花果期7～10月。

【产地分布】原产于北美洲。生于荒地、沟边、林缘。我国大部分地区有栽培或逸生。

【应用与养护】垂序商陆株形茂密，果序美丽，具有较好的观赏性。常见种植在公园绿地、道路旁、庭院、村寨旁等处。垂序商陆喜光照充足温暖的环境。对土壤要求不严，一般土壤均可生长，管理较粗放。

马齿苋科

大花马齿苋

【别名】半枝莲、洋马齿苋、太阳花、死不了　　【学名】*Portulaca grandiflora*
【识别特征】马齿苋科。一年生草本植物，南方可为多年生。株高可达30cm。茎平卧或斜升，多分枝，常呈紫红色。叶不规则对生，肉质圆柱形，先端急尖，在花下常具有显著叶状的总苞。花单生或数朵簇生枝端，日开夜合，直径2.5～3.5cm；花瓣5或重瓣，倒卵形，先端稍凹陷，花有红色、黄色、粉红色、紫色、白色等多种颜色。蒴果近椭圆形，成熟时在近中部成盖裂。花果期6～10月。

【产地分布】原产于巴西。我国各地有栽培。
【应用与养护】大花马齿苋花色丰富，鲜艳亮丽，为优良的抗旱节水植物。常与其他植物搭配成片种植。盆栽可作花坛的配置材料，或摆放阳台也很不错。大花马齿苋喜光照充足、温暖的环境，阴暗潮湿环境则生长不良，耐旱，不耐寒。耐贫瘠，一般土壤均可生长。扦插极易成活，有"死不了"之称。

阔叶半枝莲

【别名】阔叶马齿苋、太阳花、马齿牡丹

【学名】*Portulaca oleracea* var. *granatus*

【识别特征】马齿苋科。一年生草本植物，南方可为多年生。茎匍匐或斜生，多分枝，常呈紫红色。叶片不规则互生，茎顶端叶片对生或3片叶轮生，叶片卵圆形或椭圆形，肉质扁平，先端钝圆或钝尖，基部近钝圆，全缘。花单生或数朵簇生枝端，花瓣5，花的颜色有红色、紫红色、粉色、黄色、白色等，也有重瓣花。蒴果近椭圆形，成熟时盖裂。种子细小，黑色。花果期5～11月。

【产地分布】原产于南美洲。我国各地区有栽培。

【应用与养护】阔叶半枝莲花色鲜艳，花期较长。可片植或群植在公园、道路绿化带等处。也可盆栽摆放于阳台、窗台等处供观赏。阔叶半枝莲喜阳光充足温暖的环境，耐旱，不耐阴。适生性强，对土壤要求不高，一般土壤均可生长。扦插易成活，养护管理简单。

高雪轮

【别名】美人草、大蔓樱草 　【学名】*Silene armeria*

【识别特征】石竹科。一年生草本植物。株高可达50cm。茎直立，上部二叉状分枝。叶对生，卵形、卵状心形或阔披针形，先端渐尖或急尖，基部宽略抱茎，中脉明显，全缘。复伞房花序较紧密，花梗无毛。苞片披针形，膜质，无毛。花萼筒棒状，带紫色，纵脉紫色，萼齿短，宽三角状卵形，顶端钝，边缘膜质。花瓣倒卵形，淡紫红色，先端微凹，爪倒披针形，不露出花萼；副花冠披针形。蒴果长圆形，比宿存花萼短。花果期5～7月。

【产地分布】原产于欧洲南部。我国许多地方有引种栽培。

【应用与养护】高雪轮花序繁密，色彩艳丽，具有较好的观赏价值。常种植在公园、路边绿地。也可作鲜切花用。盆栽作花坛、花境的配置植物，或摆放于阳台、窗台等处供观赏。高雪轮喜阳光充足、温暖湿润的环境，不耐酷热，稍耐阴。喜肥沃疏松、排水良好的土壤。

麦蓝菜

【别名】麦蓝子、王不留行　　【学名】*Vaccaria hispanica*

【识别特征】石竹科。一年生草本植物。株高可达60cm。茎直立，中空，节部稍膨大，上部二叉状分枝。叶对生，卵状披针形或披针形，先端急尖或渐尖，基部圆形或近心形，略抱茎，全缘，叶背面主脉隆起。二歧聚伞花序成伞房状，花梗细长，近中部有2个小苞片。萼筒卵状圆筒形，具5棱，棱间绿白色，先端5齿裂，花后萼筒中下部膨大呈5棱状球形。花瓣5，倒卵形，粉红色，下部具长爪。蒴果卵形或近圆形，包于宿存萼内。花果期4～6月。

【产地分布】原产于欧洲。我国除华南外均有分布。生于麦田、沟边、荒地、山坡。

【应用与养护】麦蓝菜花朵粉红色，密集美观，可成片种植形成大面积花海。也可与其他植物搭配种植在公园、行道路两边。盆栽可作春季至初夏花坛、花境的配置植物。麦蓝菜喜温暖湿润凉爽的环境，耐寒，不耐炎热。对土壤要求不高，一般土壤均可种植，不耐涝。

肥皂草

【别名】石碱花　　【学名】*Saponaria officinalis*

【识别特征】石竹科。多年生草本植物。株高可达70cm。茎直立，节部稍膨大，上部分枝，被短柔毛。叶对生，椭圆形或椭圆状披针形，先端短尖，基部渐狭成柄，略抱茎，叶缘粗糙。聚散花序生茎顶或上部叶腋处，小花序上有3～7朵花。苞片披针形，边缘及中脉疏生糙毛。萼圆筒形，果时稍膨大，污紫堇色。花瓣5，先端微凹，基部具爪，喉部具2枚鳞片状附属物。蒴果长圆状卵形，4齿裂。花果期6～8月。

【产地分布】原产于欧洲及亚洲西部。我国许多地方有栽培或逸生。

【应用与养护】肥皂草株形紧密，花开始为白色，后渐变为淡粉白色。可成片种植在公园路边，也适合作花境的配置植物。肥皂草喜光照充足温暖湿润的环境，耐半阴，稍耐旱。对土壤要求不严，一般土壤均可种植，管理较粗放。

石竹

【别名】中国石竹、长苞石竹、高山石竹、洛阳花

【学名】*Dianthus chinensis*

【识别特征】石竹科。多年生草本植物，可作一年生栽培。株高可达40cm。茎直立，簇生，上部分枝。叶狭条状披针形，先端渐尖，基部渐狭成短鞘抱茎。花单生枝端，或数朵集成聚伞花序。苞片4，卵形，先端长渐尖。萼圆筒形，萼齿直立，边缘粗糙，具睫毛。花瓣5，瓣片倒卵状三角形，先端不整齐齿裂，喉部有斑纹，疏生髯毛；花色有紫红、淡红、粉红、白色等。蒴果圆筒形，包于宿存花萼内，先端4裂。花果期5～9月。

【产地分布】我国分布于北方。生于山坡草地、林缘、灌丛中。各地广为栽培。

【应用与养护】石竹花色五彩缤纷，美观文雅，是园林中传统的观赏植物。可种植在公园、路旁绿地等处。盆栽可作花坛、花境的配置植物。石竹喜阳光充足、温暖湿润、凉爽通风的环境，耐寒，耐旱，不耐高温酷暑。对土壤要求不严，一般土壤均可生长。

须苞石竹

【别名】五彩石竹、美国石竹、十样锦　　【学名】*Dianthus barbatus*

【识别特征】石竹科。多年生草本植物。株高可达60cm。茎直立，簇生，无毛。叶披针形或卵状披针形，先端渐尖，基部渐狭成短鞘抱茎，边缘具纤毛。聚伞花序顶生或腋生，花多数，花梗极短。萼下苞片2对，长圆形，先端渐狭成锥状。花萼圆筒形，先端5裂，萼齿直立，锥形渐尖。花瓣5，连生，上端宽，具须毛，先端有齿，瓣片颜色有紫红色、绯红色、白色等。蒴果长圆筒形，包于宿存花萼内，较萼稍短。花果期5～9月。

【产地分布】原产于欧洲。我国各地广为栽培。

【应用与养护】须苞石竹色彩极丰富，观赏价值很高。可成片种植在公园绿地、道路旁。也可作鲜切花。盆栽可作花坛的配置植物。须苞石竹喜光照充足、凉爽通风的环境，耐旱，耐寒，不耐热。一般土壤均可种植。不耐积水，夏季雨水过多应及时排水。

常夏石竹

【别名】羽裂石竹、地被石竹　　【学名】*Dianthus plumarius*

【识别特征】石竹科。多年生草本植物。株高约30cm。茎直立，簇生，无毛，被白粉。叶对生，条形或狭披针形，先端急尖，基部渐狭成短鞘抱茎，叶缘粗糙或有细锯齿。花单生或2～3朵生茎顶成聚伞状，具芳香味。萼下苞2对，宽卵形，顶端具突尖。萼圆筒形，常带紫色，萼齿短而宽，具突尖。花瓣5，瓣片先端流苏状细裂，基部具爪，颜色有紫红色、淡红色、白色等，具条纹或紫黑色花心。蒴果圆锥形，短于萼。花果期5～9月。

【产地分布】原产于欧洲。我国各地广为栽培。

【应用与养护】常夏石竹花色艳丽，是园林美化的优选植物。可成片种植形成地被景观，也可用于公路绿化带种植。盆栽可作花坛的配置植物。常夏石竹喜阳光充足、温暖凉爽的环境，耐寒，耐旱，不耐高温。一般土壤均可种植，无需经常浇水，夏季应防止烈日暴晒。

白花丹科

海石竹

【别名】滨簪花、桃花钗　　【学名】*Armeria maritima*

【识别特征】白花丹科。多年生草本植物。株高20～30cm。基生叶丛生，条状剑形，先端钝尖，全缘。花莛细长直立，密被白色茸毛。小花聚生在花莛顶端，密集成球形或半球形。花瓣5，先端微凹，略显干燥，颜色有紫红色、粉红色、白色等。花果期4～6月。

【产地分布】原产于欧洲、美洲。生于沿海地区及山地。我国有引种栽培。

【应用与养护】海石竹莲座状丛生，花莛纤细直立，花朵密集艳丽，十分惹人喜爱。可群植，景观效果突出。盆栽可作花坛、花境的配置植物。也可制作成干花花束。海石竹喜阳光充足、凉爽通风的环境，生长适温15～25℃，不耐高温高湿，耐旱，耐寒。喜肥沃疏松、富含有机质、排水良好的沙质土壤，微盐碱土壤也能种植，生长期不宜过多浇水。

克鲁兹王莲

【别名】科鲁兹王莲、小王莲、巴拉圭王连、圣克鲁兹王莲

【学名】*Victoria cruziana*

【识别特征】睡莲科。多年生或一年生大型水生浮叶草本植物。根状茎直立而短，须根发达。叶片呈圆形或近椭圆形，直径可达2m，叶缘上翘呈盘状，背面具刺，叶脉为放射网状；叶柄密被粗刺，刺长0.1～0.3cm。花单生，开花时花蕾伸出水面，花直径可达20cm。萼片4，外面被刺。花瓣倒卵形，初开时白色，芳香，后渐变为淡紫红色。浆果球形。花果期7～10月。

【产地分布】原产于南美洲热带水域中。我国各地广为栽培。

【应用与养护】克鲁兹王莲叶片硕大奇特，花大典雅，是很好的水域观赏植物。可单植或丛植在池塘、静水河湖中供游人观赏。克鲁兹王莲喜阳光充足、温暖湿润的环境，不耐寒冷。喜土壤肥沃的静水，水温在30～35℃时生长良好。

莲

【别名】荷花、水芙蓉、芙蕖、中国莲　　【学名】*Nelumbo nucifera*

【识别特征】睡莲科。多年生水生草本。地下根茎横走，肥大，具节，内有多道纵向气孔。叶片盾状圆形，被蜡质白粉，直径25～90cm，边缘呈波状；叶柄长圆柱形，其上散生小刺。花单生花莛顶端，花大，略清香；花有单瓣和重瓣，颜色有深红色、粉红色、白色等。莲蓬近圆锥形，内生多粒种子，种子圆形或椭圆形，种皮灰棕色。花果期6～9月。

【产地分布】我国大部分地区有分布。生于池塘、河湖中。各地广为种植。

【应用与养护】莲有"出淤泥而不染"的美称，是我国十大名花之一，具有很高的观赏价值。常成片种植在公园水域区、池塘、静水河湖中。也可种植在大水盆中供观赏。莲喜光照充足、温暖的水域，耐热，不耐阴，管理较粗放。

睡莲

【别名】子午莲、睡莲花、茈碧花、瑞莲　　【学名】*Nymphaea tetragona*

【识别特征】睡莲科。多年生水生草本。根状茎具线状黑毛。叶片漂浮于水面，圆心形或卵状肾圆形，先端圆钝，基部深弯缺，有光泽，全缘；叶柄细长。花单生于花葶顶端，漂浮水面。萼片4，绿色。花瓣多层，颜色有白色、红色、粉色等；雄蕊多数，较花瓣短；柱头盘状，呈放射状排列。浆果球形，包被于萼片内。花果期6～10月。

【产地分布】我国大部分地区有分布。生于池塘、浅水河、湖泊中。各地广为栽培。

【应用与养护】睡莲园艺品种较多，色彩丰富，秀丽端庄，有"水中女神"之称，为常见的水生观赏植物。可丛植或群植水塘及河湖中。也可栽植在水盆中摆放在庭院等处供观赏。睡莲喜阳光充足、温暖湿润的环境，不耐阴。对土壤要求不严，一般土壤均可种植。

萍蓬草

【别名】水粟、萍蓬莲、黄金莲、萍蓬草子　　【学名】*Nuphar pumila*

【识别特征】睡莲科。多年生水生草本。根茎横卧，肉质肥厚。叶片浮于水面，卵形或宽卵形，先端圆钝，基部深心形，叶面亮绿色，叶背面紫红色，全缘；叶柄有柔毛。花单生于花葶顶端，漂浮水面，直径3～4cm。萼片5，呈花瓣状，革质，亮黄色，长1.5～2cm。花瓣小，多数，窄楔形，顶端微凹；雄蕊多数；子房上位，柱头盘状，有8～10辐射状浅裂。浆果卵形，不规则开裂，具宿存萼片。花果期5～9月。

【产地分布】我国分布于东北、华北、中南、西南等地。生于池塘、湖泊、浅水域中。

【应用与养护】萍蓬草花朵金黄鲜艳，柱头盘红色，是很好的水生观赏植物。常种植在公园水域区、池塘、水缸等处供观赏。萍蓬草喜阳光充足、温暖的环境。一般轻黏性土壤最适合种植。

芡实

【别名】鸡头米、假莲藕、刺莲蓬实、鸡头苞 【学名】*Euryale ferox*

【识别特征】睡莲科。一年生水生草本。叶二型，沉水叶戟形或椭圆形，基部深心形。浮水叶，革质，盾圆形，直径可达1m，叶面多皱褶，叶背面集生气囊，紫红色；叶柄长圆柱形，中空，多刺。花单生，水面开放，紫红色，花瓣多数；花梗粗长，多刺。果实似鸡头状，内部海绵质，表面密生尖刺。花果期7～9月。

【产地分布】我国大部分地区有分布。生于池塘、河湖中。各地有栽培。

【应用与养护】芡实叶片大而多皱褶具突尖，果实形态奇特，有很好的观赏性。常单植或成片种植在公园水域园、池塘、浅水河等处。芡实喜阳光充足温暖的环境，喜肥沃的河泥土壤。

芍药

【别名】殿春、白芍、川芍、将离　　【学名】*Paeonia lactiflora*

【识别特征】芍药科。多年生草本。株高可达1m。根粗壮，黑褐色。下部茎生叶2回三出复叶，上部叶为3出复叶；小叶狭卵形、椭圆形或披针形，先端渐尖，基部楔形或偏斜，全缘，两面无毛；叶柄长4～10cm。花数朵生于茎顶或叶腋。园艺品种较多，花有单瓣和重瓣，颜色有红色、粉红色、紫红色、白色等。蓇葖果，顶端具喙。花果期5～8月。

【产地分布】我国分布于东北、华北、西北等地。生于林中、草地。

【应用与养护】芍药花端庄艳丽，是我国传统的观赏花卉。常丛植或成片种植在公园或庭院等处。盆栽用于花坛、花境等的配置植物，也可摆放于庭院供观赏。芍药喜阳光充足温暖凉爽的环境，耐寒，不耐高温湿热。喜土层深厚湿润、排水良好的壤土，忌黏重土壤。

花毛茛

【别名】陆莲花、洋牡丹、波斯毛茛　　【学名】*Ranunculus asiaticus*

【识别特征】毛茛科。多年生草本植物。株高可达30cm。地下具纺锤形块根。茎直立，单一，极少分枝。基生叶阔卵形，叶缘浅裂或深裂，具长叶柄。茎生叶无叶柄，2～3回羽状复叶，形似芹菜叶。花单生或2～3朵生于茎顶，花直径3～4cm。花有单瓣和重瓣，颜色有红色、粉红色、水红色、黄色、橙色、紫色、褐色、白色等，有蜡质感。花果期5～6月。

【产地分布】原产于地中海沿岸。我国有引种栽培。

【应用与养护】花毛茛花朵层次丰富，花色鲜艳亮丽，是新兴的观赏植物。可丛植或成片种植在公园绿地、道路两边、公路绿化带等处。盆栽可作花坛、花境的配置植物，或摆放于厅堂、窗台等处供观赏。也可作鲜切花。花毛茛喜光照、温暖湿润的环境，生长适宜温度为10～20℃，稍耐阴，不耐烈日酷暑，不耐严寒。喜肥沃疏松、排水良好的沙质土壤。

金莲花

【别名】旱金莲、金梅草、金芙蓉、旱荷花　　【学名】*Trollius chinensis*

【识别特征】毛茛科。多年生草本。株高可达70cm。茎直立，不分枝。茎生叶轮廓五角形，3全裂，中裂片菱形，3裂至近中部，2回裂片有少数小裂片和锐牙齿。茎上部叶渐小。花单生或数朵生花梗顶端，花梗细长。萼片多数，金黄色，椭圆状倒卵形。花瓣狭线形，金黄色，与萼片近等长。蓇葖果，顶端具稍向外弯的短喙。花果期6～9月。

【产地分布】我国分布于东北、华北、河南等地。生于山坡草地、林缘。

【应用与养护】金莲花色泽鲜艳，有较好的观赏效果。可成片种植在公园、绿化带、山坡或疏林下。盆栽可用作花坛或花境的配置植物。金莲花喜温暖湿润凉爽的环境，耐寒，不耐高温和烈日暴晒。一般土壤均可生长，管理较粗放。

高翠雀花

【别名】高飞燕草、穗花翠雀、千鸟草　　【学名】*Delphinium elatum*

【识别特征】毛茛科。多年生草本植物。株高可达1m。茎直立，不分枝或少分枝，下部被疏短毛。叶片较大，掌状五深裂，边缘有不规则齿，两面疏生短柔毛；叶柄与叶片近等长。总状花序较长，花密集成穗状。萼片卵形或狭倒卵形，距圆筒状钻形。花瓣宽卵形，花色有蓝色、浅蓝色、紫色、白色等。花果期5～8月。

【产地分布】原产于欧洲西伯利亚及亚洲西部。我国新疆、内蒙古等地有分布。

【应用与养护】高翠雀花园艺品种较多，花序长而直立，花密集，高雅端庄，为常见的园林观赏花卉。可成片种植形成花海。盆栽用作花坛或花境景观的配置效果极佳。也可作鲜切花。高翠雀花喜阳光，喜湿润凉爽的环境，耐半阴，耐寒冷，不耐高温酷热。喜肥沃、排水良好的沙质土壤。不宜过多施用氮肥，防止徒长倒伏，夏季应注意适时浇水降温。

翠雀

【别名】飞燕草　　【学名】*Delphinium grandiflorum*

【识别特征】毛茛科。多年生草本植物。株高可达60cm。茎直立，多分枝，被反曲贴伏的短柔毛。基生叶有长叶柄。叶片3全裂，裂片再细裂，末回裂片细条形，两面被短柔毛或近无毛。总状花序有花3～15朵。萼片蓝紫色或蓝色，外被短茸毛，距钻形或筒状钻形，直或微下弯。花瓣5，蓝色，瓣片宽倒卵形或近圆形。蓇葖果直立。花果期5～10月。

【产地分布】原产于欧洲南部。生于山坡、草地。我国北方多有栽培。

【应用与养护】翠雀花朵幽蓝，别致典雅，具有很好的观赏价值。常种植在公园、行道路边等处。也可作鲜切花。盆栽用作花坛、花境等的配置植物。翠雀喜阳光充足、温暖凉爽的环境，耐寒，耐旱，耐半阴，不耐高温酷暑。花期应防止倒伏，夏季应避免烈日暴晒，需及时浇水降温。

大叶铁线莲

【别名】草本女娄、草牡丹　　【学名】*Clematis heracleifolia*

【识别特征】毛茛科。多年生草本或半灌木植物。株高可达70cm。茎直立或斜展，被短毛。叶对生，三出复叶，中央小叶有长柄，侧生小叶叶柄很短；叶片宽卵形或近圆形，先端钝尖，基部宽楔形或近圆形，叶缘具不整齐的粗锯齿。花序腋生或顶生，花梗被短毛。花萼管状。萼片4，蓝紫色，上部向外弯曲，外面密被短茸毛。瘦果卵圆形，具毛状花柱。花果期7～9月。

【产地分布】我国分布于东北、华北、西北、华东等地。生于山坡草丛、疏林下。

【应用与养护】大叶铁线莲为野生植物。可用作公园绿地、林荫道路边、假山石旁的景观配置植物。大叶铁线莲喜光照温暖凉爽的环境，耐半阴，耐寒。一般土壤均可种植，生长季节对钙肥、磷肥吸收较多。养护管理简单。

杂种耧斗菜

【别名】耧斗菜、猫爪花　　【学名】*Aquilegia hybrida*

【识别特征】毛茛科。多年生草本植物。株高可达60cm。茎直立，多分枝。叶片多为2回三出复叶，小叶2～3裂，裂片边缘具不规则圆齿。花生于枝端，花直径3～5cm，颜色有浅蓝色、黄色、粉红色等。萼片5，开展，狭卵形，先端急尖，比花瓣长。花瓣5，各有一细长的花距。蓇葖果，直立，密被腺柔毛。花果期5～8月。

【产地分布】原产于欧洲。我国各地广泛栽培。

【应用与养护】杂种耧斗菜花大，色彩鲜艳，花形奇特，具有很高的观赏价值。常种植在公园、行道路边、疏林下、假山石旁等处。盆栽是花坛、花境的良好配置植物。杂种耧斗菜喜阳光充足、温暖凉爽的环境，较耐寒，耐半阴，不耐酷暑和干燥。适合种植在肥沃排水良好的沙质土壤中。盛夏季节应注意及时浇水降温。

花菱草

【别名】加州罂粟、金英花、洋丽春　　【学名】*Eschscholzia californica*
【识别特征】罂粟科。多年生草本植物，常作一或二年生栽培。株高可达60cm，绿灰色。茎直立，具纵棱，多分枝。叶互生，叶片多回3出羽状细裂，小裂片线条形，叶柄较长。茎生叶较小，具短柄。花单生茎枝顶端，直径3～5cm。萼片2，合生成杯状。花瓣4，瓣片宽倒卵形，颜色有黄色、橘黄色、白色等。蒴果长圆柱形，先端渐尖，具纵条棱。花果期4～9月。
【产地分布】原产于北美洲。我国引种栽培。
【应用与养护】花菱草花色鲜艳，为春夏季观赏花卉。用于公园绿地、道路绿化带的美化。也可盆栽作花坛、花境的配置植物。花菱草喜光照充足、温暖凉爽、干燥的环境，不耐湿热，在炎热的夏季常处于半休眠状态。喜肥沃疏松、排水良好的沙质土壤。

野罂粟

【别名】冰岛罂粟、冰岛虞美人、裸茎罂粟　　【学名】*Papaver nudicaule*

【识别特征】罂粟科。多年生草本植物，常作一年生或二年生栽培。株高可达50cm。基生叶轮廓卵形至披针形，羽状浅裂、深裂或全裂，裂片2～4对，小裂片边缘具不规则钝齿，两面密被刚毛；叶柄长5～10cm。花单生在花葶上，花葶圆柱形，密被白色刚毛，花蕾外面密被长刚毛。萼片2，广卵形。花瓣4，倒卵形或宽楔形，颜色有紫红色、深红色、粉红、白色等。蒴果狭倒卵形，密被长粗硬毛。花果期5～9月。

【产地分布】原产于欧洲、中亚及北美洲。生于山坡、草地、林缘。我国北方广为栽培。

【应用与养护】野罂粟花色艳丽，可持续开花一月之久，是春季极具观赏性的花卉。可成片种植形成花海，也常种植在花坛或花箱中。野罂粟喜阳光充足、温暖凉爽、通风的环境，耐寒，耐旱，不耐高温。喜肥沃疏松、排水良好的沙质土壤，不耐移植。

荷包牡丹

【别名】兔儿牡丹、铃儿草、荷包花　　【学名】*Lamprocapnos spectabilis*

【识别特征】罂粟科。多年生草本植物。株高可达60cm。茎直立或斜展，有分枝。叶为2回3出羽状复叶，顶生小叶有柄；小叶倒卵形深裂，基部楔形。总状花序顶生或腋生，细长下弯，具多数花，花梗具2小苞片。花两侧扁，下垂，呈心形；花瓣4，外侧2片花瓣基部呈囊状，紫红色或粉红色，稀有白色；内侧花瓣白色。蒴果长圆形。花期4～6月。

【产地分布】原产于中国及欧洲。生于山坡草地。我国北方及西南等地有栽培。

【应用与养护】荷包牡丹花朵形似荷包玲珑美丽，是春季至初夏非常好的观赏植物。适合在草地边缘湿润处、疏林下丛植或片植。可作鲜切花。荷包牡丹喜光照、喜温暖湿润的环境，耐半阴，耐寒，不耐高温和干旱。喜肥沃疏松、排水良好的沙壤土。

白花菜科

醉蝶花

【别名】西洋白花菜、凤蝶花、蜘蛛花、紫龙须

【学名】*Tarenaya hassleriana*

【识别特征】白花菜科。一年生草本植物。株高可达1m。茎直立，被黏性腺毛，有强烈的异味。叶互生，掌状5～7小叶，小叶长圆状披针形，中间小叶大，两侧小叶小，两面被毛。总状花序生茎顶，密被黏质腺毛。萼片4，线状披针形。花瓣4，卵形，有玫瑰紫色、粉红色或白色等颜色。蒴果圆柱形，先端具钝头，果梗细长，黑褐色。花果期6～10月。

【产地分布】原产于热带美洲。我国各地区有栽培。

【应用与养护】醉蝶花盛开时形似蝴蝶飞舞，轻盈飘逸，给人以梦幻的感觉。常成片种植在公园、道路旁或疏林下。盆栽常作花坛的配置植物。醉蝶花喜阳光充足、温暖的环境，稍耐半阴，耐暑热，较耐旱。对土壤要求不严，一般土壤均可种植，不耐涝。

诸葛菜

【别名】二月兰　　【学名】*Orychophragmus violaceus*

【识别特征】十字花科。一年生或二年生草本植物。株高可达60cm。茎直立，有分枝。叶形变化较大，通常基生叶和茎下部叶为大头羽状分裂，顶裂片近圆形或卵形，侧裂片2～6对，卵形或三角状卵形。茎中上部叶长圆形或狭卵形，基部耳状抱茎。花萼筒状紫色；花瓣4，开展，紫色、浅粉红色或白色。长角果，狭圆柱状条形，先端具喙。花果期4～6月。

【产地分布】我国分布于华东、华中、西南、西北、华北、辽宁等地。生于旷野、山坡。

【应用与养护】诸葛菜花色艳丽，花期较长，为春季开花较早的观赏植物。可成片种植在公园、绿化带、道路旁、河岸边及疏林下，形成很好的地被景观。诸葛菜喜光照、喜温暖凉爽的环境，耐寒，较耐旱。一般土壤均可生长，生长期适时浇水有利于植株生长和开花。

香雪球

【别名】庭芥、玉蝶球、小白花　　【学名】*Lobularia maritima*

【识别特征】十字花科。多年生草本植物。株高可达40cm，被短绒毛。茎直立或铺散，多从茎基部分枝，基部稍木质化。叶互生，条形或披针形，先端钝尖，基部渐狭，全缘。花序伞房状，果期伸长，小花密生成球状。萼片长圆状卵形。花瓣4，瓣片阔倒卵形，白色、紫红色、淡红色、粉白色等。短角果椭圆形。花果期5～7月。

【产地分布】原产于地中海沿岸。我国北方地区有栽培。

【应用与养护】香雪球花繁密美丽，花期较长。常与其他植物搭配种植在公园、行道路边、假山石旁。盆栽可作花坛景观的配置植物，或摆放于庭院、室内等处供观赏。香雪球喜阳光充足、温暖凉爽的环境，生长适温为15～25℃，稍耐阴，较耐旱，耐寒，不耐高温湿热。喜肥沃疏松、排水良好的沙壤土。夏季应防止烈日暴晒和雨淋积水。

欧亚香花芥

【别名】蓝香芥、野福禄考　　【学名】*Hesperis matronalis*

【识别特征】十字花科。一或二年生草本植物。株高可达1m。茎直立，多分枝，被柔毛。叶互生，披针形或卵状披针形，先端渐尖，基部近宽楔形，中脉明显，叶缘具齿；叶柄短。总状花序顶生或腋生，小花密生。花瓣4，倒卵形，颜色有蓝紫色、淡紫色、粉白色、白色等。长角果圆柱形。花果期4～6月。

【产地分布】原产于欧洲至中亚。我国各地区有栽培。

【应用与养护】欧亚香花芥花冠充盈，清香亮丽，是春季至初夏很有观赏价值的植物。特别适合大面积种植形成花海。也可与其他植物搭配种植形成景观。欧亚香花芥喜光照充足、温暖湿润、排水良好的环境，稍耐阴，不耐热。对土壤要求不严，一般土壤均可种植，不耐涝，管理较粗放。

猪笼草科

猪笼草

【别名】水罐、猪仔笼、猴子埕　　【学名】*Nepenthes mirabilis*

【识别特征】猪笼草科。多年生草本植物。叶互生，长椭圆形，先端宽急尖，基部渐狭成柄，全缘，两面光滑；中脉延长如长丝，末端有瓶状的捕虫囊，边缘增厚，其上有一个圆形或椭圆形的盖，囊体粉红色或粉褐色。总状花序长20～50cm。花小，花被片4，红色至紫红色，腹面被近圆形腺体。蒴果栗色，成熟时开裂。花果期3～12月。

【产地分布】我国分布于广东、广西、台湾、海南岛。生于山地灌丛、林缘等地。

【应用与养护】猪笼草品种较多，捕虫囊美丽可爱，为南方常见观赏植物。多为盆栽摆放厅堂、室内，也可吊挂树上或走廊等处作垂吊景观。猪笼草喜高温湿润的环境，耐半阴，不耐寒，不耐旱。喜偏酸性土壤。夏季应防止烈日暴晒，及时浇水保持环境湿润。

垂盆草

【别名】打不死、狗牙瓣荆芥　　【学名】*Sedum sarmentosum*

【识别特征】景天科。多年生草本植物。茎匍匐，肉质圆柱形，浅褐色，节处生根。叶3枚轮生，肉质，长圆形或倒披针形，长1.5～2.5cm，宽约0.5cm，先端急尖，基部渐狭，两面光滑，全缘；叶柄短或近无。聚伞花序生枝端，通常无梗。萼片5，披针形至长圆形。花瓣5，披针形或长圆形，先端有稍长的短尖，鲜黄色。花果期5～8月。

【产地分布】我国大部分地区有分布。生于低山岩石缝隙、沙砾地等处。

【应用与养护】垂盆草茎匍匐，花朵鲜黄，是常见的节水型观赏植物。可用来作岩石园、沙砾地等的地被植物。盆栽作花坛配置植物，或垂吊于室内供观赏。垂盆草喜温暖湿润的环境，较耐阴，耐旱，耐寒。一般土壤均可种植，扦插易成活，养护管理粗放。

佛甲草

【别名】尖叶佛甲草、佛指甲、半枝莲　　【学名】*Sedum lineare*

【识别特征】景天科。多年生草本植物。株高10～20cm。茎肉质，黄绿色，直立或斜升。叶片3或4枚轮生，肉质狭条形，先端急尖，基部钝圆，两面光滑，全缘。聚伞花序顶生，2～3分枝，分枝常再分枝。萼片5，狭披针形，常不等长。花瓣5，披针形，黄色。蓇葖果叉开5瓣，每瓣先端有短喙。花果期4～7月。

【产地分布】我国分布于西南、华东南部、华东、华中。生于低山、草坡。各地有栽培。

【应用与养护】佛甲草植株肉质，低矮，是新发展起来的节水型观赏植物。主要用于花坛构造各种图案和组字。常与其他植物搭配种植。成片种植可形成很好的地被景观。佛甲草适生性强，耐热，耐寒，耐盐碱，耐旱。喜肥沃疏松、排水性良好的土壤，无需勤浇水，易于养护。

费菜

【别名】土三七、景天三七、旱三七　　【学名】*Sedum aizoon*

【识别特征】景天科。多年生草本植物。株高20～50cm。茎直立，不分枝或少分枝。叶互生，椭圆状披针形或卵状披针形，先端渐尖，基部楔形，两面光滑，边缘具不整齐的锯齿；无叶柄。聚伞花序顶生，分枝近平展。萼片5，线条状。花瓣5，黄色，长圆状披针形，先端有短尖。蓇葖果，呈星芒状叉开几至水平排列。花果期6～9月。

【产地分布】我国分布于华中、华东、华西、华北、东北。生于山坡、丘陵。

【应用与养护】费菜花期长，是很好的节水型观赏植物。常见种植在岩石沙砾园中。可丛植或片植在公园、路边绿地等处。盆栽可作花坛、花境的配置植物。费菜喜光照温暖的环境，稍耐阴，耐旱，耐寒，不耐涝。一般土壤均可种植，管理较粗放。

八宝

【别名】华丽景天、大叶景天、对叶景天

【学名】*Hylotelephium erythrostictum*

【识别特征】景天科。多年生草本植物。株高可达80cm，全株略被白粉。茎直立，不分枝或上部少分枝。叶对生，少有互生或3叶轮生；叶片长圆形或长圆状卵形，先端急尖或钝，基部渐狭，两面光滑，叶缘有疏锯齿；无叶柄。伞房状聚伞花序顶生，花多密集。萼片5，披针形。花瓣5，宽披针形，先端渐尖，粉红色至粉白色。蓇葖果。花果期7～10月。

【产地分布】我国分布于西南、华北、华东、东北。生于山坡草地、沟谷边等处。

【应用与养护】八宝花序宽大，色彩红艳，花期较长，是园林绿化的常见植物。可丛植或成片种植在公园绿地、道路边绿化带、庭院等处。八宝喜光照充足、干燥通风的环境，稍耐阴，耐寒，耐旱。耐贫瘠，一般土壤均可种植，不耐积水，管理较粗放。

落新妇

【别名】红升麻、金毛三七、山花七　　【学名】*Astilbe chinensis*

【识别特征】虎耳草科。多年生草本植物。株高可达1m。茎及叶柄散生棕褐色毛。基生叶2～3回羽状复叶；小叶卵状长圆形至卵形，先端渐尖，基部楔形或近圆形，边缘有锯齿。茎生叶较小。圆锥花序直立，分叉，长可达30cm。苞片卵形。花萼5深裂，裂片卵形。花瓣5，狭条形，紫红色、粉红色、白色等。蓇葖果2，长约0.3cm。花果期6～9月。

【产地分布】我国分布于华南、西南、华东、华中、华北、东北。生于山坡林下、山谷溪边、草甸。

【应用与养护】落新妇典雅，花期较长，是园林常见观赏植物。可丛植或片植在公园行道树下、小溪旁、河岸边疏林下、假山石旁。盆栽用作花坛、花境的配置植物。也可作切花。落新妇喜温暖半阴湿的环境，耐寒，不耐酷热。喜微酸性至中性排水良好的沙质土壤。

肾形草

【别名】矾根、珊瑚铃　　【学名】*Heuchera micrantha*

【识别特征】虎耳草科。多年生草本植物。株高可达50cm。叶基生，具长柄，叶片阔心形，长可达25cm，叶缘浅裂或具圆齿，叶脉明显，深紫红色或绿色等。复总状花序生花葶上部，密被白色柔毛。花萼5，卵形，紫红色或粉红色。花小，呈钟状，花瓣5，粉白色或白色。果实似桃形。花果期4～7月。

【产地分布】原产于美洲中部。生于湿润多石的高山或悬崖旁。我国引种栽培。

【应用与养护】肾形草叶色丰富，花期长，观赏价值较高，是园林地被、疏林下花境的理想植物。也可配置在花坛、花带和岩石园等处。盆栽摆放于阳台、窗台、几案等处供观赏。肾形草喜阳光充足、温暖凉爽的环境，生长适温为10～30℃，耐半阴，耐寒，耐旱，不耐高温。喜肥沃疏松、富含有机质的土壤，无需经常浇水，管理较粗放。

多叶羽扇豆

【别名】羽扇豆、鲁冰花　　【学名】*Lupinus polyphyllus*

【识别特征】豆科。多年生草本植物，可作一年生或二年生栽培。株高可达1m。叶基生，掌状复叶，小叶披针形或倒披针形，先端急尖，基部渐狭，中脉明显，叶缘有柔毛；叶柄较长。总状花序尖塔形，长可达30cm，花多排列紧密。蝶形花冠，颜色有红色、粉色、黄色、蓝色、紫色等。荚果扁长圆形，弯曲，密被白色长茸毛。花果期5～7月。

【产地分布】原产于美国西部。我国引种栽培。

【应用与养护】多叶羽扇豆叶形奇特，花序直立艳丽。特别适合群植形成美丽景观。常与其他植物搭配种植在公园行道路旁。盆栽用作花坛、花境的配置植物。多叶羽扇豆喜阳光充足湿润凉爽的环境，稍耐阴，较耐寒，耐水湿，不耐暑热。喜肥沃疏松、排水良好的沙质土壤。

白车轴草

【别名】白花三叶草、白花车轴草、白花苜蓿　　【学名】*Trifolium repens*

【识别特征】豆科。多年生草本植物。株高可达30cm。茎匍匐蔓生，上部稍上升，节部生根。掌状三出复叶，具长叶柄；小叶倒卵形、倒心形或宽椭圆形，先端钝圆或微凹，基部宽楔形，边缘具细锯齿，叶面常有"V"字形白条纹。头状花序生花莛顶端，花莛细长。花冠白色或淡粉白色。荚果倒卵状椭圆形，包于宿存的萼筒内。花果期5～9月。

【产地分布】原产于欧洲、北非。我国各地广为栽培。

【应用与养护】白车轴草叶形别致，花朵密生呈球形，是常见的园林绿化植物。常作地被植物成片种植在公园绿地、行道路旁、宾馆绿地、空旷地及沟边等处，具有很好的观赏效果。白车轴草喜光照，喜温暖湿润的环境，稍耐阴，耐寒，亦耐旱，耐践踏。一般土壤均可种植，不耐盐碱土壤，管理较粗放。

红车轴草

【别名】红三叶、红花车轴草、红花苜蓿　　【学名】*Trifolium pratense*

【识别特征】豆科。多年生草本植物。株高可达60cm。茎直立，具纵棱，疏生柔毛或无。掌状三出复叶，小叶椭圆状卵形、椭圆形或宽椭圆形，先端钝尖或钝圆，基部宽楔形，边缘具不明显的锯齿和细毛，叶面常有"V"字形白纹。头状花序生花梗顶端。花冠紫红色或淡红色。荚果倒卵形，包于宿存的萼筒内。花果期5～9月。

【产地分布】原产于欧洲。我国各地有栽培。

【应用与养护】红车轴草花朵鲜艳，是较常见的园林绿化植物。常条植或片植在公园、行道路旁、空旷地及沟边等处，具有很好的观赏效果。盆栽用作花坛、花境景观的配置植物。红车轴草喜光照温暖、湿润凉爽的环境，稍耐寒，耐旱性差。在肥沃排水良好的稍黏性土壤中生长最佳。在炎热干旱季节应注意及时浇水。

狐尾车轴草

【别名】狐尾三叶草、红毛三叶草　　【学名】*Trifolium rubens*

【识别特征】豆科。多年生草本植物。株高可达50cm。茎直立，丛生。掌状三叉复叶，叶浅绿色或浅黄绿色，小叶长椭圆形，先端钝圆或钝尖，基部近圆形，叶缘密生小锯齿，侧脉弧形分叉。花序为棒状或长纺锤形，生于茎顶，长4～7cm，宽1.5～2cm，其上密生刺状毛。花为深紫红色或玫瑰色。花果期5～8月。

【产地分布】原产于地中海地区。我国引种栽培。

【应用与养护】狐尾车轴草叶形奇特，花色艳丽，花期长可达40余天，是新兴的园林绿化植物。可作道路边或疏林下的地被植被，既可观叶又能赏花，盛花期极富观赏性。也可作花坛、花境的配置植物。狐尾车轴草喜温暖、湿润凉爽的环境，生长适温为15～25℃，稍耐阴，不耐寒，不耐旱。在肥沃疏松的沙壤土中生长最佳。

南方巴帕迪豆

【别名】澳洲蓝豆、蓝花赝靛　　【学名】*Baptisia australis*

【识别特征】豆科。多年生草本植物。株高可达1.2m。茎直立，中空，多分枝。叶互生，三出复叶，浅绿色或灰绿色；小叶宽倒卵形或狭倒卵形，先端钝尖或钝圆，基部渐狭，全缘；具叶柄。总状花序生茎枝端，花序长可达30cm。蝶形花冠，蓝色或蓝紫色。荚果短圆柱形，先端具芒尖。花果期5～7月。

【产地分布】原产于北美洲。我国引种栽培。

【应用与养护】南方巴帕迪豆花朵美丽，小花自下而上依次绽放，花期较长，是新发展起来的园林绿化植物。可单独种植在园圃、道路边或疏林旁。也可与其他植物搭配种植。南方巴帕迪豆喜光照、喜温暖湿润的环境，稍耐阴，较耐旱。一般土壤均可生长。

三角紫叶酢浆草

【别名】红叶酢浆草、三角酢浆草、紫叶山本酢浆草

【学名】*Oxalis triangularis*

【识别特征】酢浆草科。多年生草本植物。株高可达30cm。地下具肉质鳞茎。叶丛生，掌状三出复叶，小叶呈倒三角形，颜色初为玫瑰红色，后渐变成紫红色。伞形花序生于花莛顶端，小花数朵，具花柄。花冠5裂，白色或淡紫粉色，喉部呈绿黄色。叶片白天展开，阴天和夜晚会闭合。蒴果近圆柱形，具5棱，被短柔毛，成熟时开裂。花果期5～10月。

【产地分布】原产于南美洲。我国各地广为栽培。

【应用与养护】三角紫叶酢浆草叶形似翩翩起舞的飞蝶，开花期可持续数月。可成片种植，呈现紫色地被景观。盆栽用作花坛、花境景观的配置植物，或摆放于庭院、阳台等处供观赏。三角紫叶酢浆草喜欢温暖、湿润、通风的环境，稍耐阴，较耐旱。喜肥沃、富含有机质、排水良好的沙质土壤，易于养护。

天竺葵

【别名】洋绣球、石蜡红、大海棠、驱蚊草　　【学名】*Pelargonium hortorum*

【识别特征】牻牛儿苗科。多年生草本植物。株高可达60cm，密被短柔毛，有异味。叶互生，肾圆形，先端钝圆，基部心形，两面密被茸毛，叶面常有暗红褐色的马蹄纹，叶缘具波状浅裂；叶柄较长。伞形花序生花莛顶端。花瓣倒卵形，颜色有红色、粉红色或白色等，花梗细长。蒴果长约3cm，成熟时5瓣裂，果瓣向上卷曲。花果期5～9月。

【产地分布】原产于非洲南部。我国广为栽培。

【应用与养护】天竺葵花色丰富鲜艳，是常见的园林绿化植物。可片植或与其他植物搭配种植在道路旁、花箱中。盆栽用作花坛、花境的配置植物，也可垂吊于立柱、廊架上，或摆放于厅堂、窗台、阳台供观赏。天竺葵喜阳光充足、温暖凉爽的环境，不耐寒，稍耐旱。一般土壤均可种植，不耐积水。北方应放在室内阳光充足的地方越冬，不要过多浇水。

盾叶天竺葵

【别名】蔓性天竺葵、藤本天竺葵　　【学名】*Pelargonium peltatum*

【识别特征】牻牛儿苗科。多年生草本植物。株高可达60cm。茎直立，有分枝。叶互生，盾状着生，近圆形，5～6浅裂，被短毛；叶柄长3～8cm。伞形花序腋生，有长梗，花数朵。托叶长卵形，有缘毛。花紫色、粉红色或白色，上方2瓣大，下方3瓣较小，花瓣上常有紫色彩纹。蒴果，成熟时开裂。温室内盆栽从初冬至夏季可不断开花。

【产地分布】原产于非洲南部。我国各地有栽培。

【应用与养护】盾叶天竺葵叶形奇特，花团锦簇，花期长，是春季至夏季的常见观赏花卉。可丛植或片植于公园、道路旁等处。盆栽主要用作花坛、花境景观的配置植物。喜阳光充足温暖凉爽的环境，生长适温15～25℃，光照不足影响开花，不耐高温。喜肥沃、富含有机质、排水良好的土壤。不耐寒，冬季温度不得低于5℃，冬季不要过多浇水。

家天竺葵

【别名】大花天竺葵、洋蝴蝶、麝香天竺葵　　【学名】*Pelargonium domesticum*

【识别特征】牻牛儿苗科。多年生草本植物。株高可达40cm，被柔毛。茎直立，有分枝。叶互生，近肾圆形，基部近心形或截形，叶缘具不规则的钝齿或3～5浅裂；下部叶柄较长，被柔毛。伞形花序与叶对生或腋生，花梗被柔毛和腺毛。花冠粉红色、淡红色、深红色或白色等，上面2片花瓣较宽大，其上有紫红色条纹；花瓣上部颜色浅。蒴果。温室内盆栽从初冬至夏季可不断开花。

【产地分布】原产于非洲南部。我国各地有栽培。

【应用与养护】家天竺葵花大，色彩丰富，是园林常见的观赏植物。可成片种植在行道路的绿化带中。盆栽用作花坛、花境景观的配置植物。家天竺葵喜阳光温暖的环境，不耐高温，夏季温度超过35℃，叶片容易脱落，进入半休眠期。冬季应放在室内阳光充足的地方养护，不要过多浇水。

香叶天竺葵

【别名】菊叶天竺葵、摸摸香　　【学名】*Pelargonium graveolens*

【识别特征】牻牛儿苗科。多年生草本植物。株高可达90cm，全株密被柔毛，有香味。茎直立，有分枝。叶互生，宽心形或近圆形，5～7羽状深裂或近掌状深裂，裂片倒披针形或长圆形，叶缘具不规则的钝齿或小裂片；叶柄比叶长。伞形花序与叶对生，有花2～5朵。萼片披针形，基部稍结合。花小，花瓣粉红色或紫红色，有紫色条纹，上方2片花瓣稍宽大。蒴果，成熟时开裂，果瓣向上卷曲。花果期5～9月。

【产地分布】原产于非洲南部。我国各地有栽培。

【应用与养护】香叶天竺葵具有芳香气味，是园林常见的观赏植物。盆栽用作花坛、花境景观的配置植物，也可摆放于厅堂、居室等处供观赏。香叶天竺葵喜阳光充足、温暖通风的环境，不耐寒，不耐高温，忌阳光暴晒，盛夏应放置在遮阳处。喜肥沃疏松、排水性良好的土壤，不耐涝。

宿根亚麻

【别名】多年生亚麻、蓝亚麻、豆麻　　【学名】Linum perenne

【识别特征】亚麻科。多年生草本植物，可作一年生栽培。株高可达50cm。叶互生，线条形或狭披针形，先端锐尖，基部渐狭，具1条脉；无叶柄。聚伞花序顶生或腋生，花梗纤细。萼片5，卵形或卵状披针形。花瓣5，宽卵形，先端弧形或微凹，基部宽楔形，淡蓝色或淡蓝紫色。蒴果近球形，成熟时草黄色，开裂。花果期6～9月。

【产地分布】我国分布于北方及西南。生于向阳山坡草地、沙砾地、荒漠草原等地。

【应用与养护】宿根亚麻适生性较强，生长迅速，花期较长，为园林常用观赏植物。常丛植或与其他植物混搭种植在道路旁的绿化带中。宿根亚麻喜阳光充足、温暖、凉爽、干燥的环境，较耐旱，耐寒，稍耐阴。应选择排水良好、通风的地块种植，不耐涝。

旱金莲

【别名】旱荷、金莲花、金钱莲、旱莲花　　【学名】*Tropaeolum majus*

【识别特征】旱金莲科。多年生蔓生草本植物，可作一年生或二年生栽培。叶互生，近圆形，有9条主脉，叶缘具波状钝角；叶柄盾状，着生在叶片的中部。花单生叶腋处，有长花梗。萼片5，基部合生，上面1片延伸成长距。花红色、橘红色或黄色；花瓣5，上面2片较宽大，有纵向深色条纹，下面3片略小。果实扁球形，成熟时裂成含单粒种子的肉质分果。在室内养护可全年开花。一般花果期6～11月。

【产地分布】原产于南美洲秘鲁、巴西等地。我国各地有栽培。

【应用与养护】旱金莲叶似荷花叶，花大美丽，有很好的观赏性。可不同颜色的品种成片种植在公园，形成美丽的花海。盆栽摆放于庭院、阳台等处供观赏。旱金莲喜温暖湿润的环境，不耐严寒和酷暑，生长适温为18～25℃，夏季忌烈日暴晒。喜肥沃疏松、排水良好的土壤，不耐涝。越冬温度应在10℃以上。北方冬季应放在阳光充足的室内养护。

银边翠

【别名】高山积雪　　【学名】*Euphorbia marginata*

【识别特征】大戟科。一年生草本植物，株高可达1m。茎直立，多分枝。叶互生，浅绿色，椭圆形，先端钝具小尖，基部近圆形，全缘；叶柄极短或无柄。总苞片2～3枚，椭圆形，长3～4cm，宽约2cm，先端钝圆具小尖，基部渐狭或宽楔形，全缘。苞片绿色，具较宽的白色边缘。杯状聚伞花序生于上部叶腋处，基部具柄，密被柔毛。总苞钟状，先端4裂，裂片间有4个漏斗状的腺体。蒴果近球形，密被短柔毛，果柄短粗。花果期6～10月。

【产地分布】原产于北美洲。我国大部分地区有栽培。

【应用与养护】银边翠苞片翠绿银白，花朵繁多，具有很好的观赏性。常种植在植物园、公园绿地、行道路边、庭院等处。银边翠喜光照充足、温暖干燥的环境，较耐旱，不耐潮湿，不耐严寒，不耐贫瘠，喜肥沃疏松、排水良好的沙质土壤，不耐涝。

凤仙花

【别名】指甲花、凤仙透骨草　　【学名】*Impatiens balsamina*

【识别特征】凤仙花科。多年生草本植物。株高可达80cm。茎直立，圆柱形。叶互生，披针形，先端渐尖，基部楔形，叶缘具锯齿；叶柄具腺体。花单生或数朵簇生叶腋处。花紫红色、红色、粉色或白色；中央花瓣大，圆形，先端凹，两侧片宽大，2裂；花萼距细长向下弯曲。蒴果纺锤形，密被短柔毛，成熟时弹裂。花果期7～10月。

【产地分布】原产于亚洲热带。我国各地广为栽培。

【应用与养护】凤仙花花色鲜艳，开花期长，为夏季常见花卉。可丛植或片植于公园、庭院等处。盆栽用作花坛、花境的配置植物，或摆放于阳台等处供观赏。凤仙花喜光照充足、温暖的环境，不耐寒。一般土壤均可生长。夏季高温高湿容易发生白粉病，应及时防治。

苏丹凤仙花

【别名】非洲凤仙花、何氏凤仙、玻璃翠　　【学名】*Impatiens walleriana*

【识别特征】凤仙花科。多年生草本植物。株高30～70cm。茎直立或铺展，半透明状，多分枝。叶互生，宽卵圆形或卵圆状披针形，先端尖，基部楔形，叶缘具钝锯齿；叶柄长约2cm。花单生或2～3朵生于叶腋处。花瓣平展，颜色有粉红色、淡粉红色、红色、紫红色等；萼距细长弯曲。室内养护可全年开花。一般不结果实，花期4～10月。

【产地分布】原产于东非。我国各地广为栽培。

【应用与养护】苏丹凤仙花株体有透明感，花色丰富鲜艳，开花期长，为常见的观赏植物。可成片种植在行道路疏林下。常用于立体花坛造型或作花境景观的配置植物。也常箱栽、垂吊在廊架上或作大门立柱的装饰植物。苏丹凤仙花喜温暖湿润半阴环境，不耐寒。喜肥沃、富含有机质的沙质土壤，耐水性好，枝条插水中极易成活。北方冬季应放置在室内向阳处养护。

新几内亚凤仙花

【别名】五彩凤仙花、霍克凤仙花　　【学名】*Impatiens hawkeri*

【识别特征】凤仙花科。多年生草本植物。株高30～50cm。茎直立或铺展，半透明，多分枝。茎上部叶轮生，下部叶互生；叶片深绿色，宽卵形或卵状披针形，先端渐尖，基部渐狭，叶缘具尖锯齿；叶柄长1～2cm。花1～2朵生于叶腋处，颜色有紫色、红色、橙色、白色等。萼距细长弯曲。室内养护可全年开花。一般不结实，花期6～9月。

【产地分布】原产于新几内亚。我国各地引种栽培。

【应用与养护】新几内亚凤仙花叶片深绿色，花朵色彩丰富，开花期长，具有很好的观赏价值。可成片种植在行道路疏林下。常作花坛、花境景观的配置植物。也常种植在花箱中。新几内亚凤仙花喜温暖湿润、半阴的环境，夏季忌强光暴晒。喜肥沃、富含有机质的沙质土壤，枝条扦插极易成活。不耐寒冷，北方冬季应放置在室内向阳处养护。

蜀葵

【别名】熟季花、一丈红、戎葵　　【学名】*Alcea rosea*

【识别特征】锦葵科。多年生草本植物。株高可达2m。茎直立，密被刺毛。叶互生，叶片粗糙，圆心形，掌状5～7浅裂至中裂，裂片边缘具钝齿；叶柄粗长。花单生或簇生呈总状花序。花大，单瓣或重瓣，颜色有红色、紫色、粉色、黄色、黑紫色、白色等。果实盘果状，外被短柔毛，分果爿近圆形。花果期5～9月。

【产地分布】我国分布于西南。各地广为栽培。

【应用与养护】蜀葵植株高大，花色繁多，花大艳丽，是夏季常见的观赏植物。可种植在公园、道路旁、庭院、楼前空地、村落边、宾馆、学校等处。也可作绿篱花墙。矮生园艺品种可盆栽作花坛、花境景观的配置植物。蜀葵喜阳光充足、温暖凉爽的环境。一般土壤均可生长，稍耐盐碱土，不耐涝，养护管理较粗放。夏季应注意及时防治棉大卷叶螟为害叶片。

黄蜀葵

【别名】棉花葵、黄芙蓉　　【学名】*Abelmoschus manihot*

【识别特征】锦葵科。一年生或多年生草本植物。株高可达2m。茎直立，密被黄色刚毛。叶互生，掌状5～9深裂，裂片长圆状披针形，边缘具不规则齿；叶柄长，被疏毛。花单生枝端叶腋，花直径约12cm，花梗较长。小苞片4～5，卵状披针形，密被长硬毛。花黄色或黄绿色，中央紫色，直径约12cm。蒴果卵状椭圆形，密被白色刚毛。花果期6～9月。

【产地分布】我国除东北、西北外，各地有分布。生于山谷、草丛、农田边。

【应用与养护】黄蜀葵花大美丽，为常见观赏植物。可丛植或成片种植在公园、道路边、庭院、村寨旁等处。黄蜀葵喜光照充足、温暖的环境，开花最适温度为26～28℃。一般土壤均可生长，不耐涝，养护管理较粗放。

大花秋葵

【别名】草芙蓉、美芙蓉　　【学名】*Hibiscus grandiflorus*

【识别特征】锦葵科。多年生草本植物。株高可达2m。茎粗壮直立，基部稍木质化。叶互生，宽卵形或3浅裂，先端渐尖或尾尖，基部近圆形或微心形，叶缘具钝齿，叶背面密被星状毛；叶柄长，密被星状毛。花单生枝上部叶腋处，朝开夕落。萼片红色或紫红色。花大，直径可达20cm；花瓣5，颜色有红色、粉红色、紫红色、白色等。蒴果扁球形。花果期6～10月。

【产地分布】原产于北美洲。我国各地区有栽培。

【应用与养护】大花秋葵植株高大，花色艳丽，是夏秋季很好的观赏植物。可丛植或成片种植在公园、道路旁、绿化带等处。大花秋葵喜阳光充足、温暖的环境，稍耐阴，耐高温，较耐旱。对土壤要求不严，一般土壤均可生长，弱盐碱性土壤也可种植，养护管理较粗放。

堇菜科

三色堇

【别名】蝴蝶花、猫脸花、鬼脸花　　【学名】*Viola tricolor*

【识别特征】堇菜科。一年生或二年生草本植物。株高可达30cm。茎直立或斜升。基生叶长圆状卵形或长圆状披针形，先端钝或圆，基部近圆形，叶缘具圆钝锯齿；有叶柄。花单生于花梗顶端，花梗细长微弯。小苞片卵状三角形，近膜质。花直径3～5cm，花瓣5，颜色有紫色、蓝色、黄色、古铜色、白色等。蒴果椭圆形，无毛。花果期4～8月。

【产地分布】原产于欧洲。我国各地广为栽培。

【应用与养护】三色堇园艺品种较多，花色丰富，为常见的观赏花卉。可成片种植形成地被景观。也可与其他植物搭配种植在公园绿地、行道路旁。盆栽常作花坛、花境等的配置植物。三色堇喜光照，喜温暖凉爽的环境，光照不足影响开花结果。喜肥沃、富含有机质、排水良好的中性土壤或微黏性土壤，不耐旱，不耐高温和积水。夏季高温干旱应注意及时浇水。

角堇菜

【别名】香堇菜、角堇　　【学名】*Viola cornuta*

【识别特征】堇菜科。多年生草本植物，可作一年生栽培。株高10～30cm。叶互生，披针形或卵形，先端钝，基部近圆形，叶缘具疏钝齿。花单生花梗顶端。花直径2～3.5cm，花瓣5，上面2片较大，无条纹，下面3片略小，花瓣基部有深色长短不等的条纹；花色有深紫色、蓝色、黄色、浅粉色等。蒴果椭圆形，成熟时3瓣裂。花果期4～7月。

【产地分布】原产于欧洲。生于山坡草地。我国引种栽培。

【应用与养护】角堇菜花色丰富，开花期长，有很好的观赏价值。可成片种植形成地被景观。也常种植在行道路旁。盆栽可作花坛的配置植物。角堇菜喜光照充足、温暖凉爽的环境，光照不足影响开花，生长适温为10～15℃，超过30℃生长受阻。耐寒，稍耐阴，不耐高温（但比三色堇耐高温）。种植应选择有机质含量较高、排水良好的沙质土壤。

丽格海棠

【别名】玫瑰海棠、丽格秋海棠　　【学名】*Begonia × hiemalis*

【识别特征】秋海棠科。多年生草本植物。株高约40cm。茎直立，肉质光滑，有分枝或无。叶互生，心形或卵状心形，先端钝尖，基部不对称心形，表面光滑，掌状脉，叶缘具重锯齿或缺刻；叶柄较粗壮。花多为重瓣，花色有红色、粉红色、橙色、黄色、白色等。蒴果常具带红色的翅。养护好可全年开花。一般盛花期4～6月和9～11月。

【产地分布】园艺杂交种。我国各地广为栽培。

【应用与养护】丽格海棠株形丰满，花色丰富，花大艳丽，有蜡质感，开花期长，为常见的观赏花卉。常盆栽或箱栽，可摆放于厅堂、客厅、办公室、书房、卧室等处。丽格海棠喜光照充足、温暖湿润的环境，生长适温为15～22℃，耐半阴，不耐旱，忌高温和烈日暴晒。喜排水性良好的泥炭土加少量沙质土壤，扦插易成活。不耐寒，北方冬季应放置在室内阳光充足、温暖处养护。

四季秋海棠

【别名】四季海棠、蚬肉海棠　　【学名】*Begonia cucullata*

【识别特征】秋海棠科。多年生草本植物。株高可达40cm。茎直立，稍肉质光滑，多分枝。叶互生，卵形、宽卵形或近圆形，先端钝尖或钝圆，基部偏心形，两面光滑，叶缘具锯齿和睫毛；有叶柄。托叶大，干膜质。花数朵聚生在总花梗上，花粉红色、粉白色、红色等。蒴果常具带红色的翅。花果期4～12月。

【产地分布】原产于巴西。我国各地广为栽培。

【应用与养护】四季秋海棠园艺品种较多，花色鲜艳，为常见的观赏植物。可成片种植在公园、路边绿地。盆栽主要用于花坛造型和景观配置，也是摆放于室内的理想花卉。四季秋海棠喜光照充足、温暖凉爽的环境，生长适温为15～25℃，稍耐阴，较耐旱，不耐高温和阳光暴晒。喜微酸性至中性的沙质土壤，扦插易成活。不耐寒，北方冬季应放室内阳光充足处养护。

斑叶竹节秋海棠

【别名】竹节海棠、银星海棠、白斑叶秋海棠

【学名】*Begonia maculata 'Wightii'*

【识别特征】秋海棠科。多年生草本植物。株高可达1m。茎直立，茎节明显，有分枝。叶互生，斜长圆形或长圆状卵形，先端渐尖，基部心形偏斜，全缘或微波状，叶面密布不规则银白色圆点，叶背面褐红色或紫红色；叶柄较长。聚伞花序生枝端叶腋处。花梗细长，花粉红色簇生在短总梗上，常呈下垂状。花期一般春季至夏季。

【产地分布】原产于巴西。我国各地有栽培。

【应用与养护】斑叶竹节秋海棠叶片布满银色斑点，红色花序娇艳美丽，开花期长，是观叶、观花的良好植物。盆栽可摆放在厅堂、窗台、阳台等处。温室中养护几乎可全年开花。斑叶竹节秋海棠喜阳光充足、温暖的环境，稍耐阴，不耐高温和烈日暴晒。对土壤要求不严，一般土壤均可种植。不耐寒冷，北方冬季应放在室内阳光充足、温暖的地方养护。

倒挂金钟

【别名】灯笼花、吊灯海棠　　【学名】*Fuchsia hybrida*

【识别特征】柳叶菜科。多年生半灌木状草本植物。茎直立，光滑，多分枝。叶对生，卵形或长卵形，先端尖，基部圆形，两面光滑，叶缘疏生细齿；叶柄长约2cm。花生叶腋处，具长梗，花下垂。萼裂片与萼筒近等长，红色。花瓣长1.5～2.5cm，粉紫色、蔷薇色或白色，较萼片短。浆果，4室。花果期4～12月。

【产地分布】原产于南美洲。我国各地广为栽培。

【应用与养护】倒挂金钟花形奇特美观，色彩鲜艳，为常见的观赏植物。盆栽

可摆放于厅堂、阳台、窗台、书房，或吊挂于廊架等处。也可作花坛、花境的配置植物。倒挂金钟喜光照，喜温暖湿润、凉爽通风的环境，不耐酷暑和强光暴晒，夏季温度高达30℃时生长受抑制。喜肥沃、富含有机质、排水良好的微酸性至中性土壤。不耐寒，冬季应放置在室内阳光充足、温暖湿润、空气流通的地方养护。

美丽月见草

【别名】粉晚樱草　　【学名】*Oenothera speciosa*

【识别特征】柳叶菜科。多年生草本植物，可作一年生或二年生栽培。株高可达50cm。茎直立，被柔毛。叶互生，披针形或长圆状卵形，先端钝尖，基部楔形，叶缘具疏齿；有些叶片自中部向下渐狭，并有不规则羽状深裂下延至叶柄；叶柄长1～2cm。花单生于茎枝端叶腋处。花淡粉红色或淡紫红色，花瓣4，宽倒卵形，先端中部微凹，羽脉明显。蒴果棒状，具4条纵翅，翅间有棱，顶端具短喙。花果期4～11月。

【产地分布】原产于美国南部。我国引种栽培。

【应用与养护】美丽月见草花大美丽，为新兴的园林观赏植物。可成片种植形成美丽的地被景观。也可作花坛、花境景观的配置植物。美丽月见草喜光照，喜温暖湿润的环境，稍耐阴，较耐旱，不耐积水。对土壤要求不严，微酸性至微盐碱性，排水良好的土壤均可生长。生长期不宜过多施用氮肥，以防徒长倒伏。

山桃草

【别名】千鸟花、白桃花、玉蝶花　　【学名】*Gaura lindheimeri*

【识别特征】柳叶菜科。多年生草本植物。株高可达1m。茎直立，多分枝，密被短柔毛。叶互生，倒披针形或椭圆状披针形，先端锐尖，基部楔形，两面被贴生的短柔毛，叶缘具疏齿或呈微波状；无叶柄。花序穗状，长20～50cm。花瓣5，倒卵形或宽倒卵形，白色或粉红色。蒴果坚果状，狭纺锤形，具明显的棱。花果期5～9月。

【产地分布】原产于美国、墨西哥。我国引种栽培。

【应用与养护】山桃草花形似桃花，是晚春至初秋极具观赏性的新兴园林植物。可成片种植为地被景观。常与其他植物搭配种植。也可作插花用。盆栽用作花坛景观的配置植物。山桃草喜阳光充足、温暖半湿润、凉爽的环境，耐半阴，较耐旱。喜肥沃疏松、排水良好的沙质土壤。花开败后应及时剪除枯枝残花，以利于促进生长成新的花序。

野天胡荽

【别名】香菇草、盾叶天胡荽、南美天胡荽、金钱莲、铜钱草

【学名】*Hydrocotyle vulgaris*

【识别特征】伞形科。多年生挺水或湿生草本植物。株高可达20cm。茎蔓节上常生根。叶互生，盾圆形，直径2～4cm，叶缘具稀疏的圆齿，叶脉15～20条呈放射状；叶柄着生在叶片的中部。轮伞花序生茎端部。小花白色，5瓣裂，裂片三角形，向下反折。果实扁圆形，花果期6～9月。

【产地分布】原产于欧洲。生于沼泽及湿地。我国各地有栽培。

【应用与养护】野天胡荽叶片美观似荷叶，繁殖力强，生长迅速，是很好的观叶植物。主要为盆栽，可摆放于书桌、几案、窗台、阳台等处供观赏。也可种植在池塘边、浅水岸边及水缸中。野天胡荽喜光照，喜温暖湿润的环境，以半日照为佳，在10～25℃时生长良好，稍耐阴，耐水性强。喜微酸性至中性土壤。北方冬季应放置在室内向阳温暖处养护。

扁叶刺芹

【别名】刺芹、滨刺芹　　【学名】*Eryngium planum*

【识别特征】伞形科。多年生草本植物。株高可达80cm。茎直立，灰白色，中上部多分枝。基生叶长椭圆状卵形或卵状心形，先端钝尖，基部心形，叶缘具锯齿；有叶柄。茎生叶浅裂或3～5深裂，边缘疏生齿；有叶柄或无柄。头状花序着生在茎枝的顶端，圆形、阔卵形或半球形。苞片灰白色，条形或披针形，先端尖，边缘疏生1～2尖刺。花瓣灰白色，膜质。果实长椭圆形、卵形或近圆形，外面被鳞片。花果期6～8月。

【产地分布】我国分布于新疆。生于荒地、路边、沙丘、山坡等地。各地区有引种栽培。

【应用与养护】扁叶刺芹是近些年新发展起来的观赏植物。可与其他植物搭配种植，景观效果很好。也可作鲜切花或干花的材料。扁叶刺芹喜光照充足、温暖的环境，耐半阴，耐旱，不耐高温。喜肥沃、富含有机质、排水良好的沙质土壤。

白芷

【别名】兴安白芷、河北独活、香白芷　　【学名】*Angelica dahurica*

【识别特征】伞形科。多年生草本植物。株高1～2m。茎直立，上部分枝。基生叶和茎下部叶2～3回羽状全裂，叶鞘长圆形或卵状长圆形抱茎。中上部叶渐简化，叶柄基部膨大成囊状鞘。花序下面的叶简化成鞘状，通常开展不抱茎。复伞花序顶生或侧生，伞幅多数。小总苞片多数，条状披针形。花瓣白色，倒卵形，先端深凹裂。双悬果椭圆形。花果期7～9月。

【产地分布】我国分布于东北、华北。生于山坡草地、林缘、灌丛。

【应用与养护】白芷植株高大，花序茂密，具有较好的观赏性，为园林常用的绿化美化植物。常与其他植株搭配种植在公园行道路旁、宿根植物园、林缘、疏林下。白芷喜阳光充足、温暖湿润的环境，耐半阴，耐寒，较耐旱。对土壤要求不严，但在肥沃疏松、富含有机质的沙质土壤中生长最佳，养护管理粗放。

狼尾花

【别名】珍珠菜、狼尾巴花、虎尾草　　【学名】*Lysimachia barystachys*

【识别特征】报春花科。多年生草本植物。株高可达70cm，全株密被细柔毛。地下根状茎细长。茎直立，圆柱形。叶互生，长圆状披针形，先端钝或锐尖，基部渐狭，两面及叶缘被柔毛；叶柄短。总状花序生于茎顶，长可达20cm，常下弯。苞片线状钻形。花萼先端5～7深裂。花冠白色，5～7深裂，裂片长圆状披针形。蒴果球形。花果期6～9月。

【产地分布】我国大部分地区有分布。生于山坡、丘陵、草地。

【应用与养护】狼尾花花序洁白而弯垂，美丽素雅，是园林中常见的观赏植物。可成片种植形成地被景观。也可与其他植物搭配种植。狼尾花喜阳光充足、温暖凉爽的环境，耐寒，耐旱，耐高温，耐贫瘠，一般土壤均可种植，无需经常浇水，易于养护管理。

金叶过路黄

【别名】金钱草、黄金串钱草　　【学名】*Lysimachia nummularia* 'Aurea'

【识别特征】报春花科。多年生蔓性草本植物。匍匐茎簇生，圆柱形，长可达80cm。叶对生，金黄色或黄绿色，近圆形、卵形或阔卵形，长1.5～4cm，宽1.2～3cm，全缘；叶柄很短。花单生茎叶腋处。花冠亮黄色，直径约2cm，裂片狭卵形或近披针形。蒴果球形，具稀疏黑色腺条。花期5～7月。

【产地分布】原产于欧洲、美国东部。我国南方有栽培。北方偶见栽培。

【应用与养护】金叶过路黄的叶片就像金色的元宝璀璨夺目，是极具观赏价值的新兴园林地被植物。常种植在公园行道路边、花箱、岩石沙砾园等处。盆栽可垂吊于厅堂、花架上供观赏。金叶过路黄喜光照充足、温暖的环境，生长适温为15～30℃，能耐-15℃低温，也耐阴，盛夏进入休眠期。在微酸性土壤中生长最佳，耐旱，不耐涝，繁殖速度快，扦插易成活。

仙客来

【别名】萝卜海棠、一品冠、兔耳朵　　【学名】*Cyclamen persicum*

【识别特征】报春花科。多年生草本植物。具扁圆形肉质球茎。叶丛生肉质球茎顶端，叶片卵状心形，叶面常有白色斑纹，先端急尖，基部心形，叶缘有细锯齿；叶柄长。单花生花葶顶端，花葶长可达20cm。花萼5裂，裂片宽卵形。合瓣花冠，基部有短筒，花瓣长4～5cm，颜色有红色、粉红色、暗紫色、白色等。雄蕊5，着生在花冠管基部。蒴果球形，成熟后5瓣裂。花果期12月至翌年5月。

【产地分布】原产于希腊、叙利亚、黎巴嫩等地。我国广为栽培。

【应用与养护】仙客来品种较多，花色丰富，艳丽多姿，为著名的观赏花卉。主要为盆栽，可摆放于客厅、书桌、卧室、窗台或垂吊花架上供观赏。仙客来喜阳光温暖、湿润凉爽的环境，生长适温为15～22℃，忌强光照射，不耐炎热。喜肥沃疏松、富含腐殖质的沙质土壤。

荇菜

【别名】莕菜、驴蹄菜、水荷叶　　【学名】*Nymphoides peltata*

【识别特征】睡菜科。多年生水生草本植物。茎圆柱形，多分枝，沉水中，具不定根。叶漂浮水面，圆形或深心形，两面光滑，全缘或微波状；叶柄基部膨大抱茎。花生在圆柱形花莛端部的叶腋处。萼片5，近分离，卵状披针形。花冠黄色，直径2～3cm，裂片5，裂片卵圆形，边缘呈短须状，喉部有毛。蒴果扁卵圆形，不开裂。花果期5～10月。

【产地分布】我国各地均有分布。生于池塘、静水河湖中。

【应用与养护】荇菜叶片形似睡莲叶片，花色鲜黄，是绿化美化水面的良好植物。可成片种植在池塘或河湖中，有较好的水面绿化效果。也可种植在水盆中供观赏。荇菜喜阳光充足、温暖的静水域，适生在多腐殖质、微酸性至中性的泥土中，水深以20～100cm为佳。

长春花

【别名】日日春、日日新、四时春、时钟花　　【学名】*Catharanthus roseus*

【识别特征】夹竹桃科。多年生草本或半灌木植物。株高可达60cm。茎直立，近四方形，有纵条纹。叶对生，长椭圆形，先端钝圆而具小短尖，基部宽楔形，全缘；叶柄短。花单生或2～3朵排成聚伞花序，生茎顶或叶腋处。花萼5深裂。花高脚碟状，5瓣裂，瓣片倒卵形，粉红色、紫红色或白色。蓇葖果双生。南方花果期几乎全年。北方花果期6～10月。

【产地分布】原产于非洲东部。我国长江以南广为栽培。北方有少量栽培。

【应用与养护】长春花可持续开花，为南方常见的观赏植物。可成片种植或与其他植物搭配种植。盆栽用作花坛、花境的配置植物，或摆放于庭院、阳台供观赏。长春花喜光照充足温暖湿润的环境，耐高温高湿，耐半阴，生长适温为20～33℃。不耐涝，不耐盐碱土，以肥沃、富含有机质、排水良好的沙质土壤为佳。不耐寒，北方冬季应放在室内向阳处养护。

柳叶水甘草

【别名】蓝星　　【学名】*Amsonia tabernaemontana*

【识别特征】夹竹桃科。多年生草本植物。株高可达1m。茎直立，圆柱形。叶互生，披针形，先端渐尖，基部近圆形，全缘；叶柄短。圆锥花序生茎端，花密生。花萼5深裂，裂片卵圆形。花冠高脚碟状，直径约1.5cm，花冠管圆筒形，花冠裂片5，狭披针形，喉部密被短毛，花淡蓝色或银灰色。蓇葖果双生，细长圆柱形。花果期5～9月。

【产地分布】原产于美国中部。我国引种栽培。

【应用与养护】柳叶水甘草花朵淡雅秀丽，是新兴的园林观赏植物。可成片种植在公园草地、道路旁及庭院中。也可与其他植物搭配种植形成景观。柳叶水甘草喜光照充足、温暖湿润的环境，稍耐阴，较耐旱，耐寒。喜肥沃、排水良好的土壤，养护管理简单。

茑萝松

【别名】羽叶茑萝、五角星花、茑萝　　【学名】*Ipomoea quamoclit*

【识别特征】旋花科。一年生草本植物。茎细长柔弱缠绕，多分枝。叶互生，羽状深裂，长4～7cm，裂片细条形；叶柄细长，基部常有假托叶。由少数花组成腋生的聚伞花序，总花梗细长。萼片5，近椭圆形。花冠高脚碟状，深红色，冠檐5中裂，形似五角星。蒴果圆形或卵圆形，先端花柱宿存。花果期4～11月。

【产地分布】原产于南美洲。我国各地广为栽培。

【应用与养护】茑萝松茎蔓纤细，叶片形似秀丽的羽毛，红色花朵星罗棋布，开花期长，为常见的观赏植物。常种植在篱笆墙、花架或竹架上。茑萝松喜光照充足、温暖湿润的环境，耐热、不耐寒。一般土壤均可生长。生长期应注意防治红蜘蛛。

槭叶茑萝

【别名】葵叶茑萝　　【学名】*Ipomoea × sloteri*

【识别特征】旋花科。一年生草本植物。茎细长柔弱缠绕，多分枝。叶互生，掌状深裂，长5～10cm，裂片披针形，叶基部的裂片宽，先端再3裂；叶柄细长，基部假托叶长约1cm。由少数花组成腋生的聚伞花序，总花梗比叶柄长。萼片5，卵圆形或近圆形。花冠高脚碟状，深红色，长3～5cm，冠檐5

裂，形似五角星。蒴果近圆形，花柱宿存。花果期7～10月。

【产地分布】原产于南美洲。我国各地有栽培。

【应用与养护】槭叶茑萝叶片呈扇形，红色花朵小巧玲珑，花期长，具有较好的观赏性。常种植在篱笆栏、廊柱、花架上。槭叶茑萝喜光照充足、温暖湿润的环境，耐热、不耐寒。一般土壤均可生长。生长期应注意防治红蜘蛛。

五爪金龙

【别名】五叶藤、掌叶牵牛　　【学名】*Ipomoea cairica*

【识别特征】旋花科。多年生缠绕草本。叶互生，掌状5深裂达基部，裂片椭圆状披针形，有时最下一对裂片再分裂。花单生或2～3朵生于叶腋处。花冠漏斗形，淡紫色或紫红色，冠檐5浅裂；雄蕊5。蒴果近球形，4瓣裂。华南地区几乎全年可开花。

【产地分布】我国分布于西南、华南、华东等地。生于杂木林、灌丛、路边、山坡等地。

【应用与养护】五爪金龙生长速度快，攀爬覆盖度大，花期长，有较好的观赏性。南方常种植在宾馆、庭院、村寨的篱笆墙或棚架上。五爪金龙喜光照充足、温暖湿润的环境，稍耐阴，不耐寒。对土壤无严格要求，一般土壤均可生长。五爪金龙攀援能力强，繁殖速度快，对树木等有危害，应加以控制。

金叶番薯

【别名】金叶薯 　　【学名】*Ipomoea batatas* 'Margarita'

【识别特征】旋花科。一年生草本植物。茎蔓生匍匐状，多分枝。叶互生，叶形变化较大，通常为宽卵形或心形，先端渐尖，基部心形，全缘或有分裂；叶柄长。叶片金黄色或绿黄色。聚伞花序腋生。花冠漏斗形，淡粉红色或淡粉白色。一般很少见开花结果。

【产地分布】园艺品种。我国各地有栽培。

【应用与养护】金叶番薯色泽金黄，生长速度快，覆盖度好，是近些年来兴起的观叶植物。可丛植或与其他植物搭配种植在公园、道路绿化带、立交桥隔离带、花箱等处。盆栽用作花坛、花境景观的配置植物，也可垂吊在花架或走廊上。金叶番薯喜光照充足、湿润的环境，光照充足叶片呈金黄色，光照不足及水肥条件差时叶片呈绿黄色；耐高温，不耐阴，稍耐旱。喜肥沃、富含有机质的沙质土壤。

天蓝绣球

【别名】宿根福禄考　　【学名】*Phlox paniculata*

【识别特征】花葱科。多年生草本植物。株高可达1m。茎直立，单一或上部分枝。叶交互对生，卵状披针形或长圆形，先端渐尖，基部楔形，全缘；叶柄短或无叶柄。伞房状圆锥花序，多花密集。花冠高脚碟状，花色有紫红色、红色、粉红色、淡粉红色、白色等；花冠筒长2 ～ 3cm，有柔毛，冠檐5裂，裂片宽倒卵形。蒴果卵形，3瓣裂。花果期6 ～ 10月。

【产地分布】原产于北美洲。我国各地广为栽培。

【应用与养护】天蓝绣球花色丰富，花姿美丽，是园林中常见的观赏植物。可丛植或成片种植形成壮丽景观。可与其他植物搭配种植在公园、道路旁、花箱等处。盆栽用作花坛、花境的配置植物，或垂吊在花架上。也可作鲜切花。天蓝绣球喜光照充足、温暖湿润的环境，耐半阴，不耐高温，不耐旱，较耐寒。喜肥沃疏松、排水良好的沙质土壤，不耐涝。

倒提壶

【别名】蓝布裙、狗尿蓝花　　【学名】*Cynoglossum amabile*

【识别特征】紫草科。多年生草本植物。株高可达60cm，密被贴生的短柔毛。茎直立，分枝。基生叶有长柄，叶片长圆状披针形或披针形。茎生叶无柄，披针形或长圆形。花序分枝成锐角展开。花萼5深裂，裂片卵形，外被密生的短柔毛。花冠蓝色，5裂，裂片近圆形，喉部有5个排列成圆圈形的附属物。小坚果4，卵形，密被锚状刺。花果期5～9月。

【产地分布】我国分布于西北地区。生于山坡草地、路边、荒地、林缘。

【应用与养护】倒提壶花朵稠密，花冠蓝色清雅，花期长，是新发展起来的观赏植物。可成片种植形成美丽的景观，也可与其他植物搭配种植。倒提壶喜阳光充足、温暖凉爽的环境，日照充足则花色更加亮丽，稍耐阴，较耐旱，不耐高温。一般土壤均可种植，黏重土壤则生长不良，养护管理较粗放。

聚合草

【别名】爱国草、有益草、外来聚合草　　【学名】*Symphytum officinale*

【识别特征】紫草科。多年生草本植物。株高30～90cm，全株被硬毛和短伏毛。主根粗壮，淡紫褐色。茎直立或斜升，有分枝。基生叶多数，卵状披针形、卵形或带状披针形，叶面皱；叶柄长。茎中上部叶渐小，无叶柄。花多数，排成聚伞花序。花萼5裂，外被长毛。花白色、黄色、紫色或玫瑰色；花冠筒状，喉部有5枚线形鳞片，花冠裂片短而向内曲。小坚果卵形，黑色，有2条纵脊。花果期5～8月。

【产地分布】国外引入植物。我国大部分地区有栽培。

【应用与养护】聚合草花盛开时繁花似锦，具有较好的观赏效果。可成片种植作地被观赏植物。也可与其他植物搭配种植在公园道旁路、疏林下、河岸边、荒地等处。聚合草喜阳光充足、温暖湿润的环境，稍耐阴，耐旱。耐高温和强光，气温高达40℃时仍可正常生长。耐寒性强，可抵御-40℃低温。除盐碱地、低洼地外，一般土壤均可种植。

柳叶马鞭草

【别名】南美马鞭草、长茎马鞭草、铁马鞭　　【学名】*Verbena bonariensis*

【识别特征】马鞭草科。多年生草本植物，可作一年生栽培。株高可达1m，全株密被短柔毛。茎直立，四棱形，分枝对生。叶对生，基部叶为椭圆形，花茎抽出后茎生叶为狭柳叶形，叶缘具锯齿；无叶柄。聚伞穗状花序顶生或腋生，小花密生。花冠管圆筒形，紫红色；花冠淡蓝紫色或淡粉红色，5深裂，裂片近方形，先端凹。小坚果。花果期5～9月。

【产地分布】原产于南美洲巴西、阿根廷等地。我国引种栽培。

【应用与养护】柳叶马鞭草花期很长，群植观赏效果好，具有不易倒伏等特点。特别适合大面积种植营造壮丽的花海景观。也可与其他植物搭配种植。柳叶马鞭草喜阳光充足、温暖的环境，生长适宜温度为20～30℃，耐热，耐旱，不耐寒冷。对土壤要求不严，一般土壤均可种植，不耐积水。生长季节应注意防治红蜘蛛、蓟马等害虫。

美女樱

【别名】麻绣球、四季绣球、铺地锦、草五色梅

【学名】*Glandularia × hybrida*

【识别特征】马鞭草科。多年生草本植物，可作一年生栽培。株高约30cm。茎四棱形，密被短柔毛。叶对生，长圆形或长圆状披针形，先端钝尖，基部宽楔形，叶缘具齿。穗状花序生茎顶。花萼管状，被腺毛。花冠管细，长于花萼管；花冠5深裂，裂片先端凹；花淡蓝色、红色、大红色、玫瑰色、白色等。小坚果，包藏在宿存萼内。花果期4～10月。

【产地分布】原产于南美洲。我国各地广为栽培。

【应用与养护】美女樱花序紧密，色彩丰富，具有很好的观赏效果。可单独种植或与其他植物搭配种植在公园、绿化带、公路主干道两侧等地。盆栽可作花坛的配置植物。美女樱喜阳光充足、温暖湿润的环境，在炎热的夏季也能正常开花，不耐阴，较耐寒。一般土壤均可生长，但以肥沃疏松、湿润的中性土壤生长最好。生长期不宜过多浇水，以防徒长影响开花。

细叶美女樱

【别名】羽叶马鞭草、草五色梅　　【学名】*Glandularia tenera*

【识别特征】马鞭草科。多年生草本植物，可作一年生栽培。株高约30cm。茎四棱形，密被短柔毛。叶对生，2回羽状深裂，裂片狭条形，先端钝尖或钝圆。穗状花序生茎顶。花萼管状，被腺毛。花冠管细，长于花萼管；花冠5深裂，裂片先端凹；花淡蓝色、红色、大红色、玫瑰色、白色等。小坚果，包藏在宿存萼内。花果期4～10月。

【产地分布】原产于南美洲。我国各地有栽培。

【应用与养护】细叶美女樱叶形秀丽，花色丰富，花期长，具有很好的观赏价值。可单独种植或与其他植物搭配种植在公园道路旁、绿化带等地。盆栽可作花坛的配置植物。美女樱喜阳光充足、温暖湿润的环境，在炎热的夏季也能正常开花，不耐阴，较耐寒。一般土壤均可生长，管理较粗放。生长期不宜过多浇水，以防徒长影响开花。

一串红

【别名】串串红、爆仗红、西洋红　　【学名】*Salvia splendens*

【识别特征】唇形科。一年生草本植物。株高可达90cm。茎直立，四棱形，具浅槽。叶对生，卵圆形或三角状卵圆形，先端渐尖，基部近圆形或截形，叶缘具锯齿；叶柄较长。轮伞花序2～6花，组成顶生的总状花序。花萼钟形，红色。花冠红色，二唇形，上唇直伸，略内弯；下唇短，3裂，中裂片半圆形，侧裂片长卵形。小坚果椭圆形。花果期5～10月。

【产地分布】原产于巴西。我国广为栽培。

【应用与养护】一串红花序长，花朵紧凑，红色鲜艳，花期长，为最常见的观赏花卉。主要为盆栽，常用作花坛、花境、绿化带、花箱、路旁、厅堂等处景观的主体或配置植物。一串红喜阳光充足、温暖的环境，生长适温为20～25℃，温度低于12℃时叶片容易枯黄脱落，耐半阴，不耐高温酷暑。喜肥沃疏松、排水良好的沙质土壤，忌盐碱土壤，不耐积水。

假龙头花

【别名】囊萼花、芝麻花、随意草　　【学名】*Physostegia virginiana*

【识别特征】唇形科。多年生草本植物。株高可达80cm。茎直立，四棱形。叶对生，披针形，先端渐尖或急尖，基部渐狭，叶缘具锯齿；无叶柄。穗状花序顶生，每轮有花2朵，花序长可达30cm。花萼筒状钟形，先端有三角形齿。花冠二唇形，白色或淡粉色。小坚果近圆形。花果期6～10月。

【产地分布】原产于北美洲。我国各地区有栽培。

【应用与养护】假龙头花株形紧凑，穗状花序渐次开放，花色淡雅，花期持久，是非常好的夏季至秋季的观赏植物。可成片种植在公园、行道路绿化带中，或与其他植物搭配种植形成景观，也可作鲜切花。假龙头花喜阳光充足、温暖通风的环境，耐高热，耐旱，耐寒。一般土壤均可种植，不耐涝，雨季应注意排水，夏季高温干旱要及时浇水，养护管理较粗放。

彩叶草

【别名】五彩苏、洋紫苏、锦紫苏

【学名】*Coleus hybridus*

【识别特征】唇形科。多年生草本植物。株高20～50cm。茎直立，少分枝。叶对生，通常为卵圆形，先端钝尖，基部宽楔形或近圆形，叶缘具钝齿，叶色紫红色、暗红色、黄色、花色等；叶柄短。轮伞花序顶生，花多数密集排列。花萼钟形，萼檐二唇裂。花冠淡紫色至淡粉白色，花冠筒下弯，冠檐二唇形。小坚果褐色，具光泽。花果期7～10月。

【产地分布】我国各地普遍栽培。

【应用与养护】彩叶草园艺品种较多，叶色丰富，为园林常见的观叶植物。可成片种植在公园绿地、道路边绿化带等处。盆栽特别适合作花坛、花境景观和花篮的配置植物，也可摆放室内供观赏。彩叶草喜阳光充足、温暖湿润的环境，光照充足叶色更加鲜艳，忌盛夏烈日暴晒，不耐旱，不耐寒。一般土壤均可种植，不耐涝。养护中应适时浇水，保持湿润的环境。

水果蓝

【别名】银石蚕、灌丛石蚕、魔法水果蓝　　【学名】*Teucrium fruticans*
【识别特征】唇形科。多年生草本或半灌木植物。株高可达1m以上。株体多分枝，枝条四棱形，密被灰白色茸毛。叶对生，卵圆形，长1～2cm，宽约1cm，先端钝圆或钝尖，基部宽楔形，全缘；叶柄短。轮伞花序2～3花，在茎枝上部形成假穗状花序。花萼筒形或钟形，先端具5齿。花冠仅为单唇，唇片长椭圆形，3～5裂，顶端裂片大，侧裂片小，唇片淡蓝色或淡蓝紫色，上面脉纹色深。小坚果倒卵形。花期4～6月。

【产地分布】原产于地中海地区和西班牙。我国引种栽培。

【应用与养护】水果蓝植株灰白色，花淡蓝色。常与其他颜色的植物搭配种植在公园、道路边绿地。水果蓝生长迅速，分枝多，耐修剪，可修剪出多种造型供观赏。水果蓝喜光照充足、温暖的环境，稍耐阴，较耐旱。耐贫瘠，一般土壤均可种植。

荆芥

【别名】樟脑草、猫薄荷　　【学名】*Nepeta cataria*

【识别特征】唇形科。多年生草本植物。株高可达1m。茎直立，四棱形，多分枝。叶对生，卵形或卵状心形，先端锐尖，基部浅心形，叶缘具齿；叶柄短。聚伞花序下部的腋生，上部的组成间断的顶生圆锥状。花冠浅蓝白色或浅蓝紫色，二唇形，有许多紫色斑点；上唇短，先端浅裂；下唇3裂，中裂片近圆形，先端具圆齿。小坚果卵形，灰褐色。花果期5～9月。

【产地分布】我国分布于西南、华中、华东、西北、华北。各地有栽培。

【应用与养护】荆芥具有芳香气味，为常见的观赏植物。可成片种植形成蓝紫色的花海。也可作景观的点缀植物。盆栽可作花坛的配置植物。荆芥喜阳光充足、温暖的环境，生长适温为20～25℃，适生性强，耐高温，耐寒，较耐旱。一般土壤均可种植，管理较粗放。

美国薄荷

【别名】马薄荷、佛手甜、洋薄荷　　【学名】*Monarda didyma*

【识别特征】唇形科。一年生草本植物。株高可达1.2m。茎直立，四棱形，多分枝。叶对生，卵形或卵状披针形，先端渐尖，基部近圆形或平截，叶缘有锯齿；叶柄较短。花朵密集在茎枝顶端形成头状花序。花萼管状，萼齿5，钻形。花冠紫红色、粉红色等，二唇形，上唇斜上稍内弯，全缘；下唇近平展，舌形。小坚果倒卵形，顶部平截。花果期6～10月。

【产地分布】原产于美洲。我国各地有栽培。

【应用与养护】美国薄荷生长繁茂，花朵美丽，花期长，盛花期十分引人注目。适合丛植或片植在花园、疏林下、行道路旁、河岸边等。可与其他植物搭配种植形成景观，也可作鲜切花。美国薄荷喜向阳、温暖湿润的环境，耐半阴。喜富含有机质、湿润的沙质土壤。在华北地区可露地越冬。生长期不宜过多施用氮肥，防止徒长倒伏。

薰衣草

【别名】香水植物、灵香草、黄香草　　【学名】*Lavandula angustifolia*

【识别特征】唇形科。多年生草本植物。株高可达80cm，全株被星状茸毛。茎直立，具纵条纹。叶对生，狭条形或披针状条形，先端钝尖，基部渐狭，全缘；叶柄极短或无。轮伞花序具6～10朵花，在枝端聚集成间断或近连续的穗状花序。花冠蓝色、蓝紫色、紫色、粉红色、白色、黄色等。花冠二唇形，上唇圆形2裂；下唇近平展3裂，裂片较小。小坚果椭圆形。一般花果期6～9月。

【产地分布】原产于地中海地区。我国各地广为栽培。

【应用与养护】薰衣草园艺品种较多，细长的花茎亭亭玉立、蓝色花序优美雅致，是著名的观赏植物。适合丛植或片植，也适合作园林花境的配置植物。盆栽摆放厅堂可散发清新浓郁的香气。喜疏松、排水良好的土壤，耐40℃高温，也耐低温，不耐阴。

羽叶薰衣草

【别名】羽裂薰衣草、薰衣草　　【学名】*Lavandula pinnata*

【识别特征】唇形科。多年生草本或半灌木植物。株高可达1m，密被茸毛。叶对生，灰绿色，2回羽状深裂，裂片线形或披针形，先端钝圆。穗状花序生在细长的花茎顶端，花密生，花穗长约10cm。花冠蓝色，具深色条纹，二唇形，上唇直立宽大，先端中间凹裂；下唇较小，3裂。小坚果椭圆形。室内养护冬季至春季也可开花。一般花果期6～9月。

【产地分布】原产于加那利群岛。我国各地有栽培。

【应用与养护】羽叶薰衣草芳香，花朵紧凑，花期长，具有较好的观赏价值。可大面积种植形成蓝色的花海。可作园林景观的配置植物。盆栽可摆放室内供观赏。羽叶薰衣草喜光照充足、温暖通风的环境，光照少不利于开花，荫蔽处则生长不良，较耐热，不耐寒。喜肥沃、富含有机质、排水良好的沙质土壤。

蓝花鼠尾草

【别名】一串蓝、鼠尾草、蓝丝线　　【学名】*Salvia farinacea*

【识别特征】唇形科。多年生草本植物，可作一年生或二年生栽培。株高可达60cm。茎直立，四棱形，密被微毛。叶对生，浅绿色，长椭圆形或卵状披针形，先端钝尖，基部楔形，叶缘疏生钝齿；叶柄短。轮伞花序2～6花，组成顶生的总状花序，长可达30cm。花萼筒蓝色，密被短柔毛。花冠蓝色或蓝紫色；花冠二唇形，上唇短，近椭圆形，密被短柔毛；下唇大，3裂，中间的裂片先端中部凹裂。小坚果倒卵状圆形。花果期5～9月。

【产地分布】原产于北美洲。我国各地广为栽培。

【应用与养护】蓝花鼠尾草叶色浅绿，花蓝紫色，是常见的观赏植物。可大面积种植形成蓝色花海。可作公园绿地、道路绿化、花坛景观等的配置植物。蓝花鼠尾草喜光照充足、温暖湿润的环境，耐寒性强，耐半阴，不耐炎热。对土壤要求不严，一般土壤均可生长。

林荫鼠尾草

【别名】森林鼠尾草、林地鼠尾草　　【学名】*Salvia nemorosa*
【识别特征】唇形科。多年生草本植物，可作一或二年生栽培。株高
30～60cm。茎直立，四棱形。叶对生，卵形或卵状三角形，先端钝尖，基部
截形，叶缘有钝齿，叶面皱缩不平；基部叶具长柄。轮伞花序组成间断或密集
的顶生总状花序。花萼筒状，具棱，褐紫色。花冠蓝紫褐色或蓝紫色，二唇
形；上唇呈镰刀状，先端具短小而彼此靠合的3齿，密被短柔毛；下唇3裂，
先端裂片大，近圆形，侧裂片小。小坚果倒卵状圆形。花果期5～9月。
【产地分布】原产于欧洲中部及亚洲西部。我国各地广为栽培。
【应用与养护】林荫鼠尾草花序挺拔秀丽，是常见的观赏植物。可大面积种植
在道路边、林缘空地形成花海。也可与其他植物搭配作花坛、花境的配置植
物。林荫鼠尾草喜光照、喜温暖湿润的环境，耐半阴，较耐寒。喜肥沃疏松、
排水良好的沙质土壤，养护管理较粗放。

雪山林荫鼠尾草

【别名】雪山鼠尾草　　【学名】*Salvia nemorosa* 'Schneehugel'

【识别特征】唇形科。多年生草本植物，可作一或二年生栽培。株高可达40cm。茎直立，分枝。叶对生，长椭圆形或狭卵形，先端钝尖，基部钝圆形略抱茎，叶面皱褶，叶缘略波状具钝齿。轮伞花序多花，形成顶生的总状花序，长可达15cm。花萼钟形，先端3齿裂。花冠白色，二唇形，上唇长而弯曲，下唇较上唇短而宽，3裂。小坚果椭圆形。花果期6～9月。

【产地分布】园艺品种，我国各地有栽培。

【应用与养护】雪山林荫鼠尾草花色洁白素雅，花期长，是一种新发展起来的观赏植物。可成片种植在公园、道路绿化带及庭院中，也可与其他植物搭配种植。常作花坛、花境的配置植物。雪山林荫鼠尾草喜阳光充足、温暖通风的环境，稍耐阴，较耐寒，不耐高温酷暑。喜排水良好的微碱性或中性土壤。炎热的夏季应及时浇水，养护管理较粗放。

彩苞鼠尾草

【别名】彩顶鼠尾草、彩绘鼠尾草

【学名】*Salvia viridis*

【识别特征】唇形科。一年生草本植物。株高可达70cm。茎直立，密被短绒毛。叶对生，长椭圆形，先端钝尖，基部钝圆，叶面皱褶，叶缘具钝齿；有叶柄。轮伞花序多花，成顶生直立的总状花序。花有纸质苞片环绕，苞片粉红色、蓝紫色、白色等。花小，花冠二唇形，上唇粉红色，弯曲，先端具尖，下唇较宽，淡粉色。小坚果椭圆形。花果期5～9月。

【产地分布】原产于地中海地区。我国引种栽培。

【应用与养护】彩苞鼠尾草株形美丽，色彩丰富，花期长，是新发展起来的极具观赏性的植物。可成片种植形成花海。可与其他植物搭配种植形成景观，也可作切花。盆栽或花箱栽培可摆放于路边、走廊、庭院等处。彩苞鼠尾草喜阳光充足、温暖湿润的环境，较耐热，不耐阴，不耐寒，稍耐旱。喜肥沃疏松、排水良好的土壤。

天蓝鼠尾草

【别名】沼生鼠尾草　　【学名】*Salvia uliginosa*

【识别特征】唇形科。多年生草本植物。株高50～90cm。茎四棱形，多分枝。叶对生，长椭圆形或卵状披针形，先端钝尖，基部渐狭或楔形，叶缘具锯齿；有叶柄。轮伞花序多花，形成顶生的总状花序。花天蓝色，花冠二唇形，上唇狭短，近盔形，密被短柔毛；下唇较宽大，中部至基部有白色条斑。小坚果近圆形。花果期6～10月。

【产地分布】原产于南美洲。生于山坡草丛、林缘、沟边。我国引种栽培。

【应用与养护】天蓝鼠尾草呈蓝色，花序细长，观花期长，是新发展起来的观赏植物。可与其他植物搭配种植在公园绿地、草本园、假山石旁、道路边。也是花境景观很好的配置植物。天蓝鼠尾草喜阳光充足、温暖湿润的环境，生长适温15～30℃，稍耐阴，稍耐旱，较耐寒。喜排水良好的微碱性或中性土壤，不耐涝。

绵毛水苏

【别名】棉毛水苏、羊毛花　　【学名】*Stachys byzantina*

【识别特征】唇形科。多年生草本植物。株高30～80cm，全株密被白色丝状绵毛。茎直立，分枝或无。叶对生，长圆状椭圆形，先端钝尖，基部渐狭，叶缘具小齿；有叶柄。轮伞花序多花，成顶生的总状花序，长可达20cm。花紫红色，花冠二唇形，上唇近卵圆形，外面被长柔毛；下唇较上唇宽而平展，3裂，中裂片先端凹裂。小坚果椭圆形。花期5～7月。

【产地分布】原产于黑海沿岸至西亚余部。我国引种栽培。

【应用与养护】绵毛水苏叶片宽大，植体银白素雅，小花紫红色，具有很好的观赏性。可与其他植物搭配种植在公园、假山石旁、道路旁，是较理想的花境配置植物。绵毛水苏喜阳光充足、温暖通风的环境，稍耐阴，不耐炎热潮湿，耐寒，耐旱。耐贫瘠，一般土壤均可生长。生长期勿过多施用氮肥，防止徒长，避免从叶上浇水。

碧冬茄

【别名】矮牵牛、撞羽朝颜、矮喇叭

【学名】*Petunia × hybrida*

【识别特征】茄科。多年生草本植物，可作一年生或二年生栽培。株高15～40cm。茎直立或铺散，被短柔毛。叶互生或上部叶对生，卵形，先端钝尖，基部楔形，全缘。花单生叶腋处，直径可达15cm。花萼5深裂，裂片披针形。花冠质地柔软，漏斗形，先端5钝裂，颜色有紫色、红色、粉色、蓝色、白色、杂色等。蒴果，种子极小。花果期4～11月。

【产地分布】原产于南美洲阿根廷。我国各地广为栽培。

【应用与养护】碧冬茄园艺品种很多，花大色彩艳丽，为常见的观赏植物。可成片种植不同颜色的矮牵牛形成彩色花海。可与其他植物搭配种植在公园、道路旁、立交桥绿化带等处。可作花坛、花境、花架等景观的配置植物。碧冬茄喜阳光充足温暖的环境，生长适温为15～30℃，不耐阴。喜肥沃疏松、排水良好的沙质土壤，怕暴雨和水涝。

舞春花

【别名】小花矮牵牛、非洲矮牵牛、迷你矮牵牛

【学名】*Calibrachoa hybrids*

【识别特征】茄科。多年生草本植物，可作一或二年生栽培。株高15～40cm。茎细弱铺散，密被短柔毛。叶片卵形或卵状披针形，先端钝尖，基部楔形，全缘，密被柔毛。花单生叶腋处。花萼5深裂，裂片披针形，密被短柔毛。花冠漏斗形，先端5钝裂，颜色有紫色、红色、黄色、蓝色、白色等。蒴果，种子极小。花果期4～11月。

【产地分布】园艺杂交种，我国各地有栽培。

【应用与养护】舞春花花色鲜艳，花期长，为新发展起来的观赏植物。盆栽可垂吊于花架上或摆放厅堂，也可作花坛等的配置植物。舞春花喜阳光充足、温暖的环境，光照充足开花多、色彩鲜艳，生长适温18～26℃，稍耐阴，耐寒，较耐雨淋。喜肥沃疏松、排水良好的土壤，适量多施磷钾肥，花朵开得更加鲜艳。夏季应及时浇水，防止土壤干旱。

花烟草

【别名】烟花草、美花烟草、大花烟草、长花烟草　　【学名】*Nicotiana alata*

【识别特征】茄科。一年生或二年生草本植物。株高可达1.2cm，全株被黏毛。茎直立，圆柱形。叶互生，卵形或卵状长圆形，先端钝尖，基部稍抱茎、具翅状柄。小花由花茎逐渐向上开放。花萼杯状或钟状，先端裂片钻状披针形。花淡粉红色、桃红色、白色等；花冠筒细长，冠檐5深裂，裂片宽卵形，中间有1条下凹纵纹。蒴果球形。花果期5～9月。

【产地分布】原产于南美洲阿根廷和巴西。我国引种栽培。

【应用与养护】花烟草开花繁茂，花期长，具有很好的观赏价值。常与其他植物搭配种植在公园、路边、庭院等处。盆栽可作花坛的配置植物。花草烟喜温暖向阳、湿润的环境，生长适温为10～25℃，较耐热，稍耐旱，不耐寒。喜肥沃疏松的土壤。生长前期适当控水，防止徒长。

乳茄

【别名】五指茄、黄金果　　【学名】*Solanum mammosum*

【识别特征】茄科。一年生草本植物或半灌木。株高可达1m，全株密被短柔毛及皮刺。茎直立，分枝或无。叶互生，阔卵形，常5浅裂，先端钝尖，基部宽微凹；叶柄长。花萼浅杯状，5深裂，裂片卵状披针形。花冠紫色，冠檐5深裂，外面被长柔毛。浆果倒梨形，基部常有数个乳头状突起，成熟时金黄色或橙黄色。花果期春季至秋季。

【产地分布】原产于北美洲。生于林下灌丛。我国引种栽培。

【应用与养护】乳茄果形奇特，色泽金黄，果期长，是一种美丽的观果植物。盆栽用于摆放大堂、客厅、阳台等处。也可用于作花篮的装饰。乳茄喜光照充足、温暖通风的环境，结果最佳温度为20～35℃。喜肥沃疏松、排水良好的沙质土壤，不耐旱，不耐涝。冬季温度不得低于12℃，北方冬季应放在室内向阳处养护。生长期应注意防治红蜘蛛、粉虱等害虫。

毛地黄

【别名】洋地黄、紫花毛地黄、吊钟花　　【学名】*Digitalis purpurea*

【识别特征】玄参科。二年生或多年生草本植物。株高可达1m，密被短柔毛和腺毛。茎直立，单一或分枝。基生叶和茎下部的叶卵形或长椭圆形，先端尖，基部渐狭，叶缘具钝齿；叶柄具狭翅。茎上部的叶渐小，近无柄。总状花序生茎上部，长可达40cm。花冠紫红色、深红色等，内面具深色斑点；花冠筒长，冠檐4浅裂。蒴果卵形。花果期5～9月。

【产地分布】原产于欧洲。我国各地广为栽培。

【应用与养护】毛地黄植株挺立，长花序挂满形似铃铛的花朵，极为美丽，是常见的观赏植物。可成片种植在公园、道路绿化带及庭院中，也可与其他植物搭配种植。盆栽常作花坛、花境的配置植物。毛地黄喜光照温暖的环境，耐半阴，稍耐旱、耐寒。耐贫瘠，一般土壤均可种植。

钓钟柳

【别名】吊钟柳、象牙红　　【学名】*Penstemon campanulatus*
【识别特征】玄参科。多年生草本植物，可作一年生栽培。株高15～45cm。茎直立，圆柱形。叶对生，披针形，先端渐尖或钝尖，基部贴茎，全缘。聚伞圆锥花序顶生。花冠筒状，二唇形，上唇先端2裂，下唇3裂，反卷，被白色长柔毛。小花颜色有粉红色、蓝色、紫色、红色等。蒴果球形。花果期5～10月。
【产地分布】原产于美洲。我国引种栽培。

【应用与养护】钓钟柳株形秀丽，花色鲜艳，花期长，是新兴的观赏植物。常与其他植物搭配种植在公园、行道路、绿化带等处。盆栽可作花坛、花境的配置植物。钓钟柳喜阳光充足温暖通风的环境，忌炎热和干旱，不耐寒，稍耐阴。喜肥沃、富含石灰质、排水良好的沙质土壤，不耐酸性土壤，不耐涝。

毛地黄钓钟柳

【别名】毛地黄叶钓钟柳、铃铛花　　【学名】*Penstemon digitalis*

【识别特征】玄参科。多年生草本植物。株高可达1m，全株被短柔毛。茎直立，圆柱形。叶对生，紫红色或绿色，卵形或披针形，先端渐尖或急尖，基部宽贴茎，全缘或具疏齿。聚伞圆锥花序生茎顶。花冠基部窄筒状，外被短柔毛；花冠二唇形，上唇小，先端2深裂；下唇大，3深裂，被长柔毛。小花颜色有粉白色、粉红色、白色等。花果期5～10月。

【产地分布】原产于北美洲。我国引种栽培。

【应用与养护】毛地黄钓钟柳花色淡雅，花期长，是一种很好的观赏植物。可成片种植在公园、道路绿化带中形成单色景观。盆栽适合作花坛、花境景观的配置植物。毛地黄钓钟柳喜阳光充足、温暖凉爽的环境。一般土壤均可种植，不宜过多施用氮肥，避免植株徒长倒伏。较耐寒，北方大部地区可越冬。不耐高温和干旱，夏季应注意及时浇水。

毛蕊花

【别名】毛蕊草、假毒鱼草、一炷香　　【学名】*Verbascum thapsus*

【识别特征】玄参科。二年生或多年生草本植物。株高可达1.5m，全株密被短柔毛。茎直立，通常不分枝。叶互生，茎基部的叶片大，卵状长圆形或阔卵形，先端急尖或钝尖，基部下延成翅，叶缘具钝齿。茎上的叶片渐变小，无叶柄。穗状花序长圆柱形顶生，长可达50cm，花密集。花萼5裂，裂片披针形。花冠黄色，5裂，裂片宽倒卵形。蒴果卵形，与宿存萼片等长。花果期6～10月。

【产地分布】我国分布于新疆、四川、云南、西藏等地。生于山坡、河滩、荒地、村寨旁等处。

【应用与养护】毛蕊花叶片宽大，花序挺拔直立，密生鲜黄色小花，花期长，具有较好的观赏性。我国西南地区郊野、公园常见有种植，以供观赏。村寨旁、庭院、农田边也常有种植。北方则见于作公园花境景观的点缀植物。毛蕊花喜阳光充足、温暖湿润、凉爽的环境，不耐暑热，稍耐寒。喜微酸性的土壤。

金鱼草

【别名】龙头花、龙口花、吉祥花、洋彩雀　　【学名】*Antirrhinum majus*

【识别特征】玄参科。多年生草本植物。株高30～70cm。茎直立。茎下部叶对生，上部叶互生，长圆状披针形，先端钝尖，基部楔形，全缘；叶柄短。总状花序顶生，密被腺毛。花萼5深裂，裂片卵形。花冠二唇形，上唇较大，2瓣裂，裂片近圆形；下唇似铲形，3深裂，裂片近方形。花色有红色、玫瑰色、黄色、粉色、白色等。蒴果卵形。花果期5～9月。

【产地分布】原产于地中海地区。我国各地有栽培。

【应用与养护】金鱼草花色丰富，形似游动的小金鱼，是园林广泛栽培的观赏植物。将不同颜色的品种进行成片条植，可形成五颜六色的花海景观，也可与其他植物搭配种植在行道路、绿化带等处。盆栽可摆放于室内、阳台。金鱼草喜阳光温暖的环境，生长适温16～26℃，稍耐半阴，不耐酷暑，盛夏进入休眠，较耐寒。喜肥沃疏松、排水良好的土壤。

  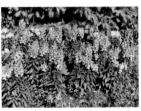

蒲包花

【别名】荷包花、元宝花　　【学名】Calceolaria crenatiflora

【识别特征】玄参科。一年生草本植物。株高20～50cm，全株被细小绒毛。茎基部叶大，阔卵形，先端钝圆，基部楔形，叶缘具齿；叶柄长。茎上部叶较小，无叶柄。聚伞花序顶生。花冠二唇形，上唇小，伞盖形；下唇膨大成荷包状；花色有淡黄色、深黄色、淡红色、鲜红色、橙红色等，常缀有深色斑纹或斑点。蒴果近圆形。一般花果期4～7月。

【产地分布】原产于南美洲。我国各地有栽培。

【应用与养护】蒲包花色彩丰富，荷包状的花冠独特而艳丽，为春季常见的观

赏植物。盆栽用于摆放室内、书房、几案、阳台、窗台等处。可作花坛、花境、花箱等的配置植物。蒲包花喜阳光温暖、湿润凉爽、通风的环境，生长适温10～22℃，不耐暑热，不耐寒，不耐旱。喜富含腐殖质、疏松透气的沙质土壤。生长期不宜过多施用氮肥，防止徒长，应及时浇水保持土壤湿润。

【别名】囊距花、爱蜜西、耐美西亚　【学名】*Nemesia strumosa*

【识别特征】玄参科。一年生或二年生草本植物。株高30～50cm。茎直立，四棱形，有分枝。叶对生，卵形或卵状披针形，先端钝尖，基部宽楔形，叶缘疏生锯齿；叶柄短或无。总状花序顶生，花多数。花冠二唇形，上唇3～4深裂，裂片近匙形；下唇近圆形，先端中间微浅裂，基部囊状，其上有黄色斑块；花色有粉红色、紫色、白色等。花期4～7月。

【产地分布】原产于南非。我国引种栽培。

【应用与养护】龙面花色彩丰富美丽，花朵有蜡质感，花期长，是新发展起来的观赏植物。可片植在公园、道路绿化带、疏林下等形成地被景观。也可与其他植物搭配种植。盆栽可作花坛、花境的配置植物。龙面花喜光照，喜温暖湿润的环境，生长适温15～30℃，耐半阴，较耐寒，稍耐旱。喜肥沃疏松、富含腐殖质、排水良好的沙质土壤，不耐涝。

穗花

【别名】穗花婆婆纳、琉璃狐尾　　【学名】*Pseudolysimachion spicatum*

【识别特征】玄参科。多生草本植物。株高可达80cm。茎直立，不分枝。叶对生，椭圆形或卵状披针形，长可达8cm，宽可达3cm，先端钝圆或钝尖，基部钝圆或宽楔形，叶缘具粗锯齿。总状花序生茎顶呈长穗状，较粗且直立。花萼4深裂。花冠筒长不到花冠的1/3，喉部有毛；花冠蓝色或蓝紫色，4裂，裂片卵形，后方的1枚裂片较大；雄蕊略伸出，花药白色。蒴果卵圆形。花果期6～9月。

【产地分布】原产于北欧、中亚及东亚。我国各地广为栽培。

【应用与养护】穗花株形紧凑，蓝色的长花序直立美观，花期长，有很高的观赏价值。可大面积种植形成独立的花海。常与其他植物搭配种植在公园、道路旁、山石园中。盆栽可作花坛、花境的配置植物。穗花喜阳光，喜温暖湿润的环境，生长适温15～25℃，耐半阴，耐寒。对土壤要求不严，但在肥沃疏松、排水良好的土壤中生长最佳。

蓝猪耳

【别名】夏堇、蝴蝶花、蚌壳草、散胆草　　【学名】*Torenia fournieri*
【识别特征】玄参科。一年生草本植物。株高15 ～ 30cm。茎直立或斜展，近四棱形。叶对生，卵形或宽卵形，先端短尖，基部近截形或微心形，叶缘具锯齿；叶柄长约1cm。花梗长1 ～ 2cm，在叶腋或枝端排列成总状花序。花萼筒椭圆形，具5条宽翅，翅棱边上有短毛。花冠近二唇形，上唇宽倒卵形，先端微凹；下唇3裂，裂片近相等，近圆形，中间裂片中后部有黄色斑块；花蓝色或桃红色。蒴果长椭圆形。花果期6 ～ 12月。
【产地分布】原产于越南。我国引种栽培。
【应用与养护】蓝猪耳株形矮小，花姿柔美，花期长，是新发展起来的观赏植物。可与其他植物搭配种植在行道路边等处。盆栽可作花坛、花境景观的镶边植物，也可摆放于阳台、花台、花架或垂吊观赏。蓝猪耳喜光照，喜温暖湿润的环境，生长适温15 ～ 30℃，耐高温，耐半阴。喜肥沃疏松、排水良好的微酸性土壤。盛夏季节应防止烈日暴晒，并及时浇水。

香彩雀

【别名】天使花、蓝天使、柳叶香彩雀、水仙女

【学名】*Angelonia salicariifolia*

【识别特征】玄参科。多年生草本植物，可作一年生或二年生栽培。株高30～70cm。茎直立，被短腺毛。叶对生，条状披针形，先端钝尖，基部渐狭，叶缘具锯齿，中脉明显；叶柄极短或无。花单生茎上部叶腋处，形成总状花序。花冠二唇形，上唇4瓣裂，裂片椭圆形；下唇宽舌形，基部稍隆起；花色有紫色、淡紫色、粉红色等。蒴果。花期春季至秋季。

【产地分布】原产于南美洲。我国引种栽培。

【应用与养护】香彩雀株形紧凑，花色丰富，花量大，花期长，是新发展起来的观赏植物。常与其他植物搭配种植在公园路边。盆栽可作花坛、花境的围边植物。香彩雀喜光照充足、高温湿润的环境，生长适温26～28℃，耐热，耐湿，耐雨淋，稍耐阴。喜肥沃疏松、排水良好的土壤，养护较简单。

金鱼吊兰

【别名】金鱼花、袋鼠吊兰　　【学名】*Nematanthus wettsteinii*

【识别特征】苦苣苔科。多年生草本植物。茎长可达40cm。叶对生，卵形，肉质较厚，深绿色，有光泽，长3～4cm，先端钝尖，基部楔形，全缘；叶柄短。花单生叶腋处。萼片5裂，裂片披针形。花黄色、橘黄色或红色，长2～3cm；花冠呈唇形，下部膨大，先端缢缩5裂，裂片近圆形，形似金鱼状。蒴果。花期冬季至春季。

【产地分布】原产于哥斯达黎加、巴拿马。我国各地有引种栽培。

【应用与养护】金鱼吊兰金黄色的花朵就像游动的小金鱼招人喜爱，具有较好的观赏性。盆栽摆放于窗台、阳台、客厅，或垂吊在花架上供观赏。金鱼吊兰喜光照温暖湿润的环境，生长适温18～22℃，耐半阴，不耐寒。喜肥沃疏松、排水良好的微酸性至中性土壤。

蓝花草

【别名】翠芦莉、竹叶草、日日新　　【学名】*Ruellia simplex*
【识别特征】爵床科。多年生草本植物。株高可达1m。茎直立，分枝。茎生叶对生，条状披针形，先端渐尖，基部渐狭，叶脉明显，叶缘近全缘；叶柄短或无。总状花序数个组成圆锥花序。小苞片生花梗中部，钻形。花冠喇叭形，冠檐5深裂反卷，边缘具不规则浅齿；花色以浅蓝紫色为主，尚有粉红色及白色等。蒴果，长约1.4cm。花果期7～9月。
【产地分布】原产于墨西哥。我国引种栽培。

【应用与养护】蓝花草花姿优雅美丽，是具有发展前景的夏季观赏植物。常与其他植物搭配种植在公园行道路边。蓝花草喜光照充足、温暖湿润的环境，半日照也能正常生长。对土壤要求不严，在贫瘠和盐碱地均能生长，但以肥沃疏松、富含腐殖质、排水良好的土壤为佳。适生性强，耐高温，耐干旱，亦耐水湿，不耐寒冷，养护简单。

十字爵床

【别名】半边莲、鸟尾花　　【学名】*Crossandra infundibuliformis*

【识别特征】爵床科。多年生草本植物。株高20～60cm。茎直立，分枝。叶对生，卵形或宽卵形，先端钝尖，基部宽楔形，叶缘略波状，叶面深绿色光亮；叶柄长约2cm。总状花序顶生，四棱形，花由下向上渐次开放。花冠高脚碟状，花瓣近基部有黄色斑，花橙红色或橙粉红色。蒴果长椭圆形。花期春季至夏季。

【产地分布】原产于非洲。我国引种栽培。

【应用与养护】十字爵床枝繁叶茂，花序奇特，花色艳丽，为新兴的观赏植物。可作盆栽摆放室内供观赏。也可与其他盆栽植物组合形成景观。十字爵床喜光照，喜温暖湿润的环境，生长适温为18～26℃，夏季忌烈日暴晒。对土壤要求不严，一般土壤均可生长。夏季应及时浇水，保持环境湿润。不耐寒，北方冬季应放在室内向阳处养护。

虾蟆花

【别名】鸭嘴花、茛力花、毛老鼠筋　　【学名】*Acanthus mollis*

【识别特征】爵床科。多年生草本植物。株高可达80cm。茎直立，不分枝。基生叶长椭圆形，不规则深裂，裂片边缘有不规则的齿；叶柄较长。穗状花序直立，花密集，长可达40cm。苞片3，中央苞片大，边缘具尖刺；两侧苞片狭披针形，先端尖刺状。花萼紫色，二唇形，上唇较长，略呈盔状。花冠白色，上唇退化，下唇宽，3裂，常具紫色斑纹。蒴果椭圆形。花果期5～11月。

【产地分布】原产于地中海沿岸。生于荒地、路边等处。我国引种栽培。

【应用与养护】虾蟆花株形紧凑，穗状花序长，色彩淡雅，是新发展起来的观赏植物。常与其他植物搭配种植在公园道路边、山石旁、疏林下。虾蟆花喜光照充足，温暖的环境，也耐阴，较耐旱，耐热，耐寒。喜肥沃疏松、排水良好的土壤，养护管理较粗放。

红背耳叶马蓝

【别名】紫背爵床、红背马蓝、紫背叶、波斯红草

【学名】*Perilepta dyeriana*

【识别特征】爵床科。多年生草本或小灌木植物。株高30～70cm。茎直立，四棱形，具纵棱。叶对生，卵状披针形，先端渐尖，基部渐狭耳状下延，叶缘具细锯齿，无叶柄；叶面绿色，有蓝色光泽及淡玫瑰色，叶片背面紫红色。穗状花序腋生，花密集。苞片宽卵形。花萼5裂，裂片线条形。花冠稍弯曲，堇色。蒴果狭长圆状倒卵形。花果期夏季至秋季。

【产地分布】原产于缅甸、越南。我国华南、西南有栽培。

【应用与养护】红背耳叶马蓝叶色丰富，是较好的观叶植物。南方种植在植物园、公园绿地、路旁林荫下。盆栽可摆放宾馆、大厦、庭院、客厅等处。红背耳叶马蓝喜光照，喜高温湿润的环境，生长适温18～30℃，耐半阴，忌强光暴晒，不耐寒冷。喜肥沃疏松、排水良好的微酸性土壤。

虾衣花

【别名】虾衣草、狐尾木、麒麟吐珠　　【学名】*Justicia brandegeeana*

【识别特征】爵床科。多年生草本植物。株高50～80cm。茎圆柱形，细弱，多分枝，被短毛。叶对生，卵形或长椭圆形，长3～6cm，先端短尖或渐尖，基部楔形，两面被短毛，全缘；有叶柄。穗状花序顶生，下垂，长6～9cm；苞片较大，多而重叠，形似虾衣，呈暗红色或砖红色。花萼淡绿色，5裂；花冠白色，长约3cm，伸出苞片外，二唇形，上唇全缘或稍2裂；下唇3浅裂，具紫色斑点。雄蕊2，2个药室不等高，基部具极短的距。蒴果长椭圆形，具4粒种子。一般花果期6～9月，南方可全年开花。

【产地分布】原产于墨西哥。我国各地栽培。

【应用与养护】虾衣花花形奇特美观，花期较长，为园林常见的观赏花卉。盆栽主要用作花坛、花境的配置植物，也适合摆放于窗台、客厅、花架等处供观赏。虾衣花喜温暖湿润的环境，生长适温为18～28℃，稍耐阴，忌烈日暴晒，不耐寒，不耐涝。喜肥沃疏松、富含有机质的土壤。

五星花

【别名】繁星花、埃及众星、雨伞花　　【学名】*Pentas lanceolata*

【识别特征】茜草科。多年生草本植物。株高30～70cm，密被短柔毛。茎直立，圆柱形。叶对生，卵状披针形，先端钝尖，基部楔形，全缘；叶柄短。聚伞花序顶生，花密集。花冠高脚碟状，冠檐5深裂，呈五角星状开展，花冠喉部被白色柔毛；花紫红色、红色、粉红色等。蒴果。花果期3～10月。

【产地分布】原产于非洲和阿拉伯地区。我国引种栽培。

【应用与养护】五星花色彩艳丽，花朵美丽，花期持久，为新发展起来的园林花卉。可成片种植形成美丽的花海。常与其他植物搭配种植。盆栽用于作花坛的配置植物，或摆放庭院、走廊等处供观赏。五星花喜光照温暖的环境，光照充足花色鲜艳，耐高温，不耐寒冷。喜肥沃、富含有机质、排水良好的沙质土壤。较耐旱，生长期不宜过多浇水。

距药草

【别名】红鹿子草、红缬草　　【学名】*Centranthus ruber*

【识别特征】忍冬科。多年生草本植物。株高可达1m。茎直立，多分枝。叶对生，淡蓝绿色，长卵形或菱状卵形，先端渐尖，基部楔形，全缘；叶柄极短或无。聚伞花序生枝端。花小，深红色或白色；花冠筒细长，冠檐呈星状，上端1片长椭圆形，下端1片呈扇形，4深裂。花期5～8月。

【产地分布】原产于地中海地区。我国引种栽培。

【应用与养护】距药草叶色蓝绿，花色鲜艳，花量大，花期长，是新发展起来的观赏植物。常与其他植物搭配种植在公园道路两旁、草坪边缘或疏林下。盆栽可作花坛、花境的配置植物。距药草喜光照温暖的环境，耐半阴，稍耐寒。喜肥沃疏松的沙质土壤。

蓝盆花

【别名】轮锋菊、松虫草　　【学名】*Scabiosa comosa*

【识别特征】忍冬科。多年生草本植物。株高30～50cm。茎直立，被短柔毛。叶对生，基生叶卵形，叶缘具重锯齿或羽状深裂，裂片狭条形；有叶柄。茎生叶羽状深裂至全裂。头状花序生花梗顶端，花梗细长被短柔毛。花冠蓝色、粉紫色等，直径3～4cm，边花花冠二唇形，上唇小，2裂；下唇大，3裂，中间的裂片最长。瘦果椭圆形。花果期6～9月。

【产地分布】原产于南欧。我国北方有栽培。

【应用与养护】蓝盆花色彩丰富，花朵含蓄委婉而优雅，具有很好的观赏价值。常与其他植物搭配种植形成景观。盆栽可作花坛等的配置植物。蓝盆花喜光照充足、温暖的环境，不耐高温，耐寒。喜肥沃疏松、排水良好的土壤，不耐涝，养护较粗放。

桔梗科

桔梗

【别名】铃铛花、和尚帽　　【学名】*Platycodon grandiflorus*

【识别特征】桔梗科。多年生草本植物。株高可达80cm。茎直立，单一或分枝。叶片3枚轮生、互生或对生，卵形或卵状披针形，先端钝尖，基部楔形或近圆形，叶缘具锯齿；叶柄极短或无。花1至数朵生于茎枝端部。花萼钟形，先端5裂，裂片三角形。花冠蓝紫色，浅钟形，先端浅5裂开展，裂片宽三角形。蒴果近球形或倒卵形。花果期7～10月。

【产地分布】我国大部分地区有分布。生于山坡、丘陵、草甸、灌丛。

【应用与养护】桔梗花蕾形似僧人之帽，开放后花大，蓝紫色，呈五角星状，具有较好的观赏性。常单植或与其他植物搭配种植在公园道路边疏林下。盆栽可作花坛的配置植物。桔梗喜阳光，喜温暖凉爽的环境，耐旱，耐寒。对土壤要求不严，但在富含磷钾肥的中性沙质土壤中生长最佳，不耐涝，养护简单。

风铃草

【别名】风铃花、钟花　　【学名】*Campanula medium*

【识别特征】桔梗科。二年生草本植物。株高可达1m。茎直立，分枝，密被刚毛。叶对生或互生，卵形或倒卵状披针形，先端钝尖，基部略抱茎，叶缘具锯齿而略呈波状，被柔毛。花生叶腋处，聚生成总状花序。花冠钟形，冠檐短，5浅裂而反卷；花色有蓝色、紫色、粉红色、白色等。蒴果。室内养护，冬季也可开花。花期一般5～6月。

【产地分布】原产于南欧。我国引种栽培。

【应用与养护】风铃草花朵似铃铛，花色鲜艳明快，是冬季至春季的观赏花卉。可种植在公园、道路边、绿化带等处。盆栽摆放于厅堂、室内供观赏。风铃草喜光照充足、温暖凉爽的环境，夏季28℃以上高温对其生长不利，耐半阴。对土壤要求不严，但以富含腐殖质、疏松、排水良好的沙质土壤为佳，较耐旱，不耐涝。

六倍利

【别名】翠蝶花、山梗菜、南非半边莲、花半边莲　　【学名】*Lobelia erinus*

【识别特征】桔梗科。多年生草本植物，可作一年生栽培。株高10～20cm。茎枝纤细，被柔毛。叶互生，披针形或宽披针形，先端钝尖，基部渐狭，叶缘疏生锯齿。花腋生或顶生。花萼5深裂，裂片狭条形。花冠管圆柱形，冠檐5深裂，上端2片小，先端锐尖；下端3片大，椭圆形；花色有蓝色、浅蓝色、紫粉色、白色等。花期一般4～6月。

【产地分布】原产于南非。我国引种栽培。

【应用与养护】六倍利花色丰富，花量大，十分美丽，是新兴的观赏植物。可不同颜色的品种片植或群植，形成美丽多彩的景观，也可与其他植物搭配种植。盆栽作花坛、花境的配置植物，也适合吊盆观赏。六倍利喜光照充足、温暖凉爽的环境，生长适宜温度为15～18℃，稍耐阴，较耐寒，不耐酷热。喜富含腐殖质、排水良好的土壤。

长星花

【别名】腋花同瓣草、彩星花、流星花　　【学名】*Lithotoma axillaris*

【识别特征】桔梗科。多年生草本植物。株高30～50cm。茎直立，丛生。叶互生，条状披针形，先端渐尖，基部渐狭，叶缘具不规则的齿裂和小锯齿；叶柄极短或无。花单生叶腋处，花梗细长可达15cm。花萼先端5深裂，裂片细条形。花冠管近方形，长约2.5cm，花冠先端5深裂，裂片狭条形；花有淡蓝色、白色等。蒴果椭圆形。花果期春季至秋季。

【产地分布】原产于大洋洲。我国引种栽培。

【应用与养护】长星花的花瓣十分漂亮，是一种新兴的观赏植物。常与其他植物搭配种植在公园道路边、假山石旁形成美丽的景观。盆栽用于摆放厅堂或吊挂观赏。长星花喜光照充足、温暖凉爽的环境，生长适温22～30℃，稍耐阴，高温高湿容易枯萎，不耐长时间雨淋，不耐寒。喜肥沃疏松、排水良好的土壤，不耐涝。

仙人指

【别名】仙人枝、圣烛节　　【学名】*Schlumbergera bridgesii*

【识别特征】仙人掌科。多年生肉质草本植物。茎多分枝，下垂。茎节扁平，先端近平截或钝圆，下部宽楔形，两侧边缘具3～4对钝齿。花单生茎节顶端。花红色、粉红色或橙红色，花瓣多数，盛开时反卷。浆果梨形。花果期冬季至春季。

【产地分布】原产于巴西。我国各地广为栽培。

【应用与养护】仙人指花大鲜艳，花开繁茂，花期较长，是常见的盆栽观赏植物。盆栽用于摆放在厅堂、阳台、窗台、卧室等处。仙人指喜阳光充足、温暖湿润的环境，生长适温18～28℃，稍耐阴，耐旱，不耐高温。不耐寒，8℃以上可安全越冬。北方冬季应放置在室内温暖向阳处养护。喜肥沃疏松、富含腐殖质、排水良好的土壤，不耐积水。

蟹爪兰

【别名】蟹爪莲、圣诞仙人掌、螃蟹兰、锦上添花

【学名】*Schlumbergera truncata*

【识别特征】仙人掌科。多年生肉质草本。茎多分枝，下垂。茎节扁平，先端近平截，下部宽楔形，两侧边缘具2～3对粗尖齿，形似蟹爪状。花单生茎节顶端。花多为红色，尚有粉红色、橙红色、黄色、淡紫色、淡粉色、白色等；花瓣多数，盛开时常反卷。浆果梨形。花果期冬季至春季。

【产地分布】原产于巴西。我国各地广为栽培。

【应用与养护】蟹爪兰花色丰富、花开繁茂鲜艳，是常见的盆栽观赏植物。盆栽用于摆放厅堂、阳台、窗台、卧室等处。蟹爪兰喜阳光充足、温暖湿润的环境，生长适温18～28℃，稍耐阴，稍耐旱，不耐高温。不耐寒，8℃以上可安全越冬。北方冬季应放在室内温暖向阳处养护。喜肥沃疏松、富含腐殖质、排水良好的土壤，不耐积水。

三棱丝苇

【别名】斛寄生仙人掌　　【学名】*Rhipsalis cereoides*

【识别特征】仙人掌科。多年生附生形肉质草本植物。丝苇为悬垂形仙人掌。茎多分枝，长可达1m；茎圆柱形，具茎节，光滑，无刺。花生在茎枝的刺座上，绿色或乳白色，花瓣略呈半透明状，无梗。果实球形，乳白色，无毛。花期一般春季至夏季，其他时节也会零星开花。

【产地分布】原产于马达加斯加、美洲热带地区。我国华南、西北、西南等地有栽培。

【应用与养护】三棱丝苇茎枝圆润翠绿，果实形似洁白的珍珠，十分可爱，具有很好的观赏效果。盆栽适合摆放于厅堂、阳台、书架或垂吊花架上供观赏。三棱丝苇喜光照充足、温暖干燥的环境，耐半阴，耐干旱。不耐寒冷，北方冬季应放在室内向阳处越冬。夏季半月浇一次水，冬季30天浇一次水，每月施一次肥即可。繁殖多用扦插法，极易成活。

金琥

【别名】金虎仙人球、象牙球　　【学名】*Echinocactus grusonii*

【识别特征】仙人掌科。多年生肉质草本植物。茎呈圆球形，直径可达80cm。球体具纵棱21～37条，排列整齐，棱上密生金黄色的硬刺，后渐变成褐色。花着生在球顶部的绵毛丛中，花钟形，金黄色。花期6～10月。

【产地分布】原产于墨西哥沙漠地区。我国各地有栽培。

【应用与养护】金琥球形，碧绿粗壮，金黄色的刺刚劲有力，金黄色的花朵鲜亮美丽，是常见的观赏植物。可群植在岩石沙砾园或用于温室建造热带沙漠景观。大盆栽多用于摆放厅堂、庭院等处。小盆栽适合摆放办公室、客厅、阳台等处。金琥喜阳光充足、温暖干燥的环境，耐旱、不耐寒。喜肥沃、富含石灰质、排水好的沙质土壤，养护管理较粗放。

草海桐科

蓝扇花

【别名】紫扇花、草海桐、太阳扇　　【学名】*Scaevola aemula*

【识别特征】草海桐科。多年生草本植物。株高25～50cm。茎直立或铺散，褐红色。叶互生，倒卵形或倒披针形，先端钝尖或钝圆，基部渐狭，叶缘疏生重锯齿和短柔毛。花生叶腋处，形成顶生的总状花序。花冠筒半圆柱形，背面密被白色柔毛，花冠筒先端5深裂，呈扇形，裂片椭圆形，先端圆，具小尖；花浅蓝色或淡蓝紫色。核果。花果期春季至夏季。

【产地分布】原产于澳大利亚。我国引种栽培。

【应用与养护】蓝扇花只有半边花，像一把展开的扇子，花形奇特雅致，非常美丽，是新发展起来的观赏植物。可片植或群植形成美丽的地被景观。可与其他植物搭配种植在公园、道路边、庭院等处。盆栽可摆放于阳台、窗台、书房等处供观赏。蓝扇花喜光照充足、温暖湿润的环境，生长适宜温度为18～26℃，稍耐阴，不耐寒，不耐旱。喜肥沃、排水良好的土壤。

木茼蒿

【别名】木春菊、蓬蒿菊、茼蒿菊、玛格丽特
【学名】*Argyranthemum frutescens*
【识别特征】菊科。多年生草本植物，可作一或二年生栽培。株高30～50cm。茎直立，分枝。叶互生，叶片轮廓宽卵形或椭圆形，2回羽状线形深裂，两面无毛；叶柄有狭翅。花单生茎枝顶端。苞片边缘白色宽膜质。园艺品种多，花色有粉色、红色、紫红色、黄色、白色等。瘦果有1～2条具翅的肋，有冠毛。花期一般3～7月。
【产地分布】原产于北非加那利群岛。我国各地有栽培。
【应用与养护】木茼蒿花色丰富，盛开时繁花似锦，富有暖意和活力，观赏价值高。可不同颜色的品种群植形成美丽多彩的景观。可与其他植物搭配种植。盆栽作花坛等的配置植物。木茼蒿喜光照充足、温暖凉爽的环境，生长适宜温度为15～18℃，耐寒性差，忌高温高湿。喜肥沃疏松、富含腐殖质、排水良好的土壤。

宿根天人菊

【别名】车轮菊、大天人菊　　【学名】*Gaillardia aristata*

【识别特征】菊科。多年生草本植物。株高0.4～1m，全株被节毛。茎直立，不分枝或少分枝。叶互生，基生叶和茎下部叶长椭圆形，全缘或具疏齿或羽状缺裂；叶柄较长。茎中上部叶长椭圆形、匙形或披针形，叶基部微抱茎。头状花序生茎枝顶端，花直径5～7cm。舌状花先端3齿裂，黄红双色。瘦果，先端具白色冠毛。花果期春季至秋季。

【产地分布】原产于北美西部。我国各地广为栽培。

【应用与养护】宿根天人菊园艺品种较多，花大，色彩艳丽，花期长，极具观赏性。常片植或群植形成美丽的花海。可与其他植物搭配种植形成景观。盆栽作花坛等的配置植物。宿根天人菊喜光照充足、温暖的环境，稍耐阴，耐热，耐寒，稍耐旱。栽培以壤土或沙壤土为宜，不耐积水。花期追肥以磷钾肥为主。

银叶菊

【别名】雪叶菊、雪叶莲、雪艾、白茸毛矢车菊　　【学名】*Senecio cineraria*

【识别特征】菊科。多年生草本植物，可作一或二年生栽培。株高可达80cm，全株密被银白色茸毛。茎直立，单一或分枝。叶互生，叶片轮廓椭圆状披针形，1～2回羽状深裂，正反两面均密被白色茸毛。头状花序多数，生茎枝顶端。花小，舌状花和管状花均为黄色。瘦果圆柱形，具纵棱。花果期6～9月。种子7月开始陆续成熟。

【产地分布】原产于地中海地区。我国各地广为栽培。

【应用与养护】银叶菊从幼株到成株均为银白色，素雅优美，为园林中常见的观叶植物。银叶菊特别适合与其他植物搭配种植，形成鲜明的色彩反差，效果极佳。盆栽作花坛、花境的配置植物。银叶菊喜阳光充足、湿润凉爽的环境，生长适温为20～25℃，可耐-10℃低温，较耐旱，高温高湿容易死亡。喜肥沃疏松、富含有机质的沙质土壤或轻黏质土壤。

黄金菊

【别名】情人菊、梳黄菊　　【学名】*Euryops pectinatus*'Viridis'

【识别特征】菊科。多年生草本植物，可作一年生栽培。株高30～60cm。茎直立，分枝或无。叶互生，长椭圆形，叶缘具不规则重齿裂，叶基部渐狭抱茎或耳状抱茎。头状花序单生花梗顶端，花梗细长。舌状花和管状花均为金黄色。瘦果圆柱状线形，先端具长喙，冠毛灰白色。花果期5～9月。

【产地分布】园艺品种。我国各地有栽培。

【应用与养护】黄金菊株形开展，花色金黄，是近些年发展起来的观赏植物。可片植或条植于公园、山石园、路边绿化带等处。可与其他植物搭配种植形成景观。黄金菊喜光照充足、温暖湿润的环境，耐半阴，稍耐寒。喜富含腐殖质、排水良好的土壤。

白晶菊

【别名】晶晶菊、小白菊　　【学名】*Mauranthemum paludosum*

【识别特征】菊科。一年生或二年生草本植物。株高20～40cm。茎直立，圆柱形。叶互生，1～2回羽状裂或叶缘具不规则的深重锯齿。头状花序单生茎顶端，盘状，直径约3cm。边缘舌状花白色有光泽，先端微凹；中央管状花金黄色，后渐变黄褐色。瘦果。花果期4～6月。

【产地分布】原产于北非及西班牙。我国各地有栽培。

【应用与养护】白晶菊株形低矮健壮，花朵洁白高雅，开花早，花量大，花期长，为新兴的观赏花卉。可成片种植形成花海，盛开时节璀璨夺目。适合与其他植物搭配种植形成景观。盆栽可作花坛、花境的围边植物。白晶菊喜阳光充足、温暖凉爽的环境，生长适温为15～25℃，较耐寒。对土壤要求不严，但在肥沃疏松、排水良好的壤土或沙质土中生长最佳。

黄晶菊

【别名】春俏菊 　【学名】*Chrysanthemum multicaule*

【识别特征】菊科。一年生或二年生草本植物。株高20 ～ 40cm。茎直立，不分枝。叶互生，长条匙形，先端钝圆，基部渐狭，全缘或具疏齿。头状花序单生茎顶端，盘状，直径2 ～ 3cm。边缘舌状花椭圆形，金黄色光亮，先端近圆形或中间微凹；中央管状花金黄色，后渐变黄褐色。瘦果。花果期4 ～ 6月。

【产地分布】原产于北非阿尔及利亚。我国各地有栽培。

【应用与养护】黄晶菊金灿灿的花朵十分耀眼，开花早，花量大，花期很长，为新兴的观赏花卉。可成片种植形成金色的花海。可与其他植物搭配种植形成反差强烈的景观。盆栽作花坛景观的围边植物。黄晶菊喜阳光充足、温暖凉爽的环境，生长适温为15 ～ 25℃，较耐寒。对土壤要求不严，但在肥沃疏松、排水良好的沙壤土中生长最好。

蜡菊

【别名】麦秆菊、脆菊、麦藁菊、贝细工　　【学名】*Xerochrysum bracteatum*

【识别特征】菊科。一或二年生草本植物。株高30～80cm。茎直立，被短柔毛。叶互生，长披针形，先端钝圆或急尖，基部渐狭，全缘。头状花序单生茎顶，花直径2～5cm。总苞片数层，覆瓦状排列，外层短，内层长披针形，先端尖，基部较厚，有蜡质感。园艺品较多，花色有黄色、红色、粉红色等。瘦果短棒状四棱形，冠毛白色。花果期5～9月。

【产地分布】原产于澳大利亚。我国引种栽培。

【应用与养护】蜡菊株形紧凑，花大鲜亮，十分美丽，是近些年发展起来的观赏植物。可单独种植或与其他植物搭配种植在公园、路边、绿化带等处。因其含有硅酸而膜质化，干后有光泽不易褪色，可制作干花。蜡菊喜光照充足、温暖湿润的环境，不耐阴，不耐寒，不耐酷热。喜肥沃、富含腐殖质、排水良好的沙质土壤。及时剪掉开败的花枝，有利于促进新枝生长。

勋章菊

【别名】勋章花、非洲太阳花　　【学名】*Gazania rigens*

【识别特征】菊科。多年生草本植物，可作一年生或二年生栽培。株高20 ～ 40cm。茎直立，不分枝或少分枝。基生叶丛生，披针形或倒卵状披针形，叶背面密被银白色柔毛，全缘或羽状深裂。茎生叶小，披针形，一般不裂。头状花序单生茎顶，直径7 ～ 12cm。舌状花1层或3层，花色有橙黄色、黄色、白色等，有些还有条纹和圆形深色斑。花果期5 ～ 10月。

【产地分布】原产于南非。我国各地有引种栽培。

【应用与养护】勋章菊花大美丽，就像一枚金光闪烁的勋章，是新发展起来的具有很高观赏性的花卉。可单独种植或与其他植物搭配种植在公园、路边绿化带、花箱等处。盆栽可用作花坛等的配置植物。勋章菊喜光照充足、温暖凉爽的环境，较耐热，稍耐旱，不耐寒。喜肥沃疏松、排水良好的土壤。

大滨菊

【别名】西洋滨菊、大白菊　　【学名】*Leucanthemum maximum*

【识别特征】菊科。二年生或多年生草本植物。株高40～80cm。茎直立，单一或分枝。叶互生，长倒披针形，先端钝圆或钝尖，基部渐狭，叶缘具锯齿。头状花序单生茎顶，花直径5～8cm。舌状花白色，多为2层；管状花黄色。瘦果，无冠毛。花果期5～9月。

【产地分布】原产于欧洲。我国各地有栽培。

【应用与养护】大滨菊花大洁白，端庄素雅，是新发展起来的观赏植物。可片植或条植于公园、道路边、坡地等处。可与其他植物搭配种植形成景观。大滨菊喜光照充足、温暖湿润的环境，生长适宜温度为15～30℃，稍耐阴，耐寒，不耐热。大滨菊对土壤要求不严，微酸性或微盐碱性土壤均可生长。

朝雾草

【别名】银蒿、细叶银蒿、银叶草　　【学名】*Artemisia schmidtiana*

【识别特征】菊科。多年生草本植物。株高40～90cm，全株密被柔软的短绒毛。茎直立，分枝或不分枝。叶互生，羽状深裂，裂片细线条形，先端呈3叉状。头状花序顶生，花小，淡黄色。瘦果椭圆形。花果期夏季至秋季。

【产地分布】我国分布于西藏、新疆等地。生于荒漠、山石缝中。各地有引种栽培。

【应用与养护】朝雾草株形蓬松柔软，叶片银灰色纤细如发丝，有晨雾般玲珑剔透的美感，是非常好的观叶植物。可作花园、山石沙砾园等的点缀植物。可与其他植物搭配种植形成景观。盆栽可摆放厅堂或作吊篮观赏。朝雾草喜光照充足、温暖凉爽的环境，不耐高温高湿，耐寒，耐旱。对土壤要求不严，一般土壤均可种植。

大花金鸡菊

【别名】大花波斯菊　　【学名】*Coreopsis grandiflora*

【识别特征】菊科。多年生草本植物。株高可达1m。茎直立，分枝。叶互生，基生叶披针形或匙形，有长柄。茎生叶披针形、羽状全裂或3～5深裂。头状花序单生茎枝顶端，花直径4～5cm。边缘舌状花6～8片，花黄色，舌片宽大，先端具不规则的齿裂；中央管状花黄色。瘦果椭圆形或近圆形，边缘具膜质宽翅。花果期5～9月。

【产地分布】原产于美洲。我国各地广为栽培。

【应用与养护】大花金鸡菊花大色艳，盛开时一片金黄，花期长，是非常好的观赏植物。可成片种植在公园、道路旁、坡地等处形成花海。也可种植在庭院等处。可与其他植物搭配种植形成景观。盆栽可作花坛等的配置植物。大花金鸡菊喜光照充足、温暖湿润的环境，可耐40℃高温，也可耐-20℃低温。一般土壤均可种植，较耐旱，养护管理较粗放。

轮叶金鸡菊

【别名】无　　【学名】*Coreopsis verticillata*

【识别特征】菊科。多年生草本植物。株高40～90cm。茎直立，单一或上部分枝。叶片似轮生状，掌状3深裂几达基部，裂片长5～7cm，1～2回羽状深裂，小裂片线条形。头状花序单生茎顶或数朵排成松散的伞房状圆锥花序，花直径3～4cm。边缘舌状花8片，近椭圆形，先端钝尖，黄色；中央管状花黄色。瘦果略扁，长圆形至纺锤形。花果期6～9月。

【产地分布】原产于美洲及北非。我国有引种栽培。

【应用与养护】轮叶金鸡菊叶片细如发丝，花色鲜艳秀丽，是新发展起来的观赏植物。可与其他植物搭配种植在公园、道路旁、疏林下。轮叶金鸡菊喜光照充足、温暖的环境，稍耐阴，耐热，耐寒。喜肥沃疏松、排水良好的土壤，不耐涝，养护较简单。

姬小菊

【别名】细叶鹅河菊、狭叶鹅河菊　　【学名】*Brachyscome angustifolia*

【识别特征】菊科。多年生草本植物。株高25～50cm。叶互生，叶片轮廓倒披针形或倒卵形，不规则羽状裂。头状花序单生花梗顶端，花直径约3cm。边缘舌状花长椭圆形，粉红色、淡蓝色、玫瑰色、白色等；中央的管状花黄色。瘦果。花果期4～10月。

【产地分布】我国各地有栽培。

【应用与养护】姬小菊花朵美丽，花期长，是近些年发展起来的观赏植物。可种植在公园、路边绿化带、花箱等处。可与其他植物搭配种植形成景观。盆栽可作花坛等的围边植物，或垂吊花架上供观赏。姬小菊喜光照充足、温暖凉爽、通风的环境，光照不足易徒长，耐热，耐寒，不耐旱。对土壤要求不严，在微酸性或微盐碱性土壤中均可生长。

荷兰菊

【别名】纽约紫菀、荷兰紫菀、柳叶菊、联毛紫菀

【学名】*Symphyotrichum novi-belgii*

【识别特征】菊科。多年生草本植物，可作一或二年生栽培。株高0.4～1m。茎直立，分枝。叶互生，狭披针形或倒卵状披针形，先端渐尖，基部渐狭，叶缘具锯齿；无叶柄。头状花序生茎顶，或数朵顶生排成伞房状，花直径约3cm。边缘舌状花长条形，淡蓝色、淡蓝紫色、粉红色或白色；中央的管状花黄色。瘦果长圆形，冠毛淡黄色。花果期5～10月。

【产地分布】原产于北美洲。我国各地广为栽培。

【应用与养护】荷兰菊株形紧凑，花色鲜艳，花期长，为园林常见观赏植物。可片植或丛植于公园、道路边等处。可与其他植物搭配种植形成景观。盆栽适合作花坛的围边植物，或摆放厅堂、阳台等处供观赏。荷兰菊喜光照充足、温暖湿润、通风的环境。适生性较强，耐旱，耐寒冷，耐贫瘠，一般土壤均可种植，管理较粗放。

蓝花矢车菊

【别名】蓝芙蓉、荔枝菊、翠蓝、车轮花　　【学名】*Cyanus segetum*

【识别特征】菊科。一年生或二年生草本植物。株高可达80cm，全株被蛛丝状毛。茎直立，多分枝。叶互生，茎下部叶长披针形或羽状深裂。茎中上部叶狭长条形，先端渐尖，基部楔形。头状花序生茎顶。边花喇叭形，冠檐5～8裂，裂片三角形，蓝色或粉红色；中央管状花蓝色或红色。瘦果椭圆形，冠毛白色。一般花果期5～8月。

【产地分布】原产于西欧。生于山坡、田野、路边等处。我国引种栽培。

【应用与养护】蓝花矢车菊株形挺立，花形美丽，是近些年发展起来的观赏植物。特别适合大面积种植形成美丽的花海。也可作鲜切花。蓝花矢车菊喜光照充足、温暖凉爽的环境，不耐阴湿，较耐寒，不耐炎热。喜肥沃疏松、排水良好的沙质土壤，管理较粗放。

松果菊

【别名】紫松果菊、紫锥菊、紫锥花　　【学名】*Echinacea purpurea*

【识别特征】菊科。多年生草本植物。株高可达1.5m，全株密被粗毛。茎直立，圆柱形。叶互生，卵状披针形或卵形，先端渐尖，基部宽楔形，全缘或疏生锯齿；有叶柄。头状花序单生茎顶，花直径可达10cm。边缘舌状花1层，粉红色，先端具2浅齿；花的中部凸起呈球形，其上为管状花，橙红色。瘦果具四棱，先端具齿状冠毛。花果期6～9月。

【产地分布】原产于北美。我国各地广为栽培。

【应用与养护】松果菊株形直立挺拔，花朵美丽，为常见的观赏植物。可群植于公园、坡地、路边绿化带、疏林下等处形成花海。可与其他植物搭配种植形成景观。盆栽用作花坛、花境的配置植物。松果菊喜光照充足、温暖湿润、凉爽的环境，较耐旱，稍耐阴。喜肥沃疏松、排水良好的微酸性至中性土壤，不耐涝。

金光菊

【别名】黄菊花、假向日葵　　【学名】*Rudbeckia laciniata*

【识别特征】菊科。多年生草本植物。株高0.5～1m，全株被糙毛。茎直立，分枝或不分枝。叶互生，茎中下部叶卵形，不裂或羽状3～7深裂。茎上部叶狭卵形，不裂。头状花序单生枝端，花直径7～10cm。边缘舌状花鲜黄略带淡绿色，倒披针形，先端具2～3短齿；中央管状花鲜黄色或淡绿黄色。瘦果压扁，稍有四棱，先端为具4齿的小冠。花果期6～9月。

【产地分布】原产于北美洲。我国引种栽培。

【应用与养护】金光菊株形健壮，花大色艳，为美丽的观赏植物。可片植或条植于公园、道路边绿化带等处。可与其他植物搭配种植形成景观。盆栽用作花坛等的配置植物。可作切花。金光菊喜光照充足、温暖通风的环境，生长适温18～25℃，稍耐阴，耐寒，耐旱。一般土壤均可种植，不耐积水，管理较粗放。

黑心金光菊

【别名】黑心菊、黑眼菊　　【学名】*Rudbeckia hirta*

【识别特征】菊科。一或二年生草本植物。株高可达1m，全株被粗刺毛。茎直立，不分枝或分枝。叶互生，茎中下部叶长卵形或宽卵形，先端尖，基部楔状下延，3出脉明显，叶缘有细齿；叶柄具翅。茎上部叶长圆状披针形，叶缘具锯齿或全缘。头状花序单生茎顶端，花直径5～10cm。边缘舌状花鲜黄色，10～14片，长椭圆形，先端具2～3短齿；中央管状花黑紫色或暗紫色。瘦果稍呈四棱形，黑褐色，无冠毛。花果期6～9月。

【产地分布】原产于北美洲。我国各地有栽培。

【应用与养护】黑心金光菊花大色艳，为常见的观赏植物。可大面积种植形成花海，也可与其他植物搭配种植形成景观。盆栽可作花坛等的配置植物。黑心金光菊喜阳光充足、温暖通风的环境，稍耐阴，耐寒，耐旱。一般土壤均可种植，不耐积水，管理较粗放。

大头金光菊

【别名】蒲棒菊　　【学名】*Rudbeckia maxima*

【识别特征】菊科。二年生或多年生草本植物。株高可达2m，全株浅绿色或银灰绿色。茎直立，圆柱形。基生叶卵形，先端钝尖，基部渐狭，全缘；叶具长柄。茎生叶宽卵形或卵状披针形，先端急尖，基部宽楔形略抱茎。头状花序单生茎顶。边缘舌状花长椭圆形，鲜黄色；中部管状花紫褐色或棕黑色。瘦果。花果期7～10月。

【产地分布】原产于北美洲。我国引种栽培。

【应用与养护】大头金光菊植株高大，花朵奇特艳丽，是近些年发展起来的大型观赏植物。可与其他植物搭配种植在公园、路旁绿地、草地边缘等处形成花境景观，也可作切花材料。大头金光菊喜光照充足、温暖通风的环境，耐旱，耐寒。对土壤要求不严，一般土壤均可种植，不耐积水，管理较粗放。

堆心菊

【别名】翼锦鸡菊　　【学名】*Helenium autumnale*

【识别特征】菊科。多年生草本植物。株高30～60cm。茎直立，圆柱形。基生叶丛生，线条状披针形，有叶柄。茎生叶互生，线条状披针形，先端钝尖，基部渐狭，全缘；无叶柄。头状花序单生茎枝顶端，花直径1.5～2cm。边缘舌状花黄色，倒卵形，先端3圆齿裂；中央管状花黄色，先端5齿裂。瘦果长圆形，冠毛白色。花果期6～10月。

【产地分布】原产于北美洲。我国各地有栽培。

【应用与养护】堆心菊株形蓬松柔润，花多繁密，色泽鲜黄，花期长，即使在炎热的夏季花开得也十分茂盛，是近些年发展起来的具有观赏价值的植物。可单独种植或与其他植物搭配种植形成景观。可作花坛、花境的镶边植物。堆心菊喜阳光充足、温暖的环境，耐高温高湿，较耐旱，较耐寒。喜肥沃疏松、排水良好的中性沙壤土。

蛇鞭菊

【别名】马尾花、麒麟菊、棒菊　　【学名】*Liatris spicata*

【识别特征】菊科。多年生草本植物。株高0.6～1.5m。茎直立，具纵棱。叶互生，条状披针形，先端渐尖，基部下延无柄，全缘。由多数小头状花序聚集排列成穗状花序，长可达60cm，约占茎长的一半。小花渐次开放，粉红色或白色。花果期6～10月。

【产地分布】原产于美国。我国各地有栽培。

【应用与养护】蛇鞭菊穗状花序挺拔秀丽，姿态优美，野味十足，是非常好的观赏植物。可丛植或片植于公园、行道路旁等处。可与其他植物搭配种植形成景观，也可作插花。蛇鞭菊喜光照充足、温暖的环境，耐热，耐寒，稍耐阴。对土壤要求不严，在肥沃疏松、排水良好的沙质土壤中生长最佳，不耐涝。

赛菊芋

【别名】日光菊　　【学名】*Heliopsis helianthoides*

【识别特征】菊科。多年生草本植物。株高可达1.5m。茎直立，上部分枝。叶对生，卵状披针形或矩圆形，先端渐尖，基部宽楔形，叶缘具锯齿；有叶柄。头状花序单生茎枝顶端，花直径5～7cm。边缘舌状花黄色，阔条形，先端2～3齿裂；中央管状花黄色或黄褐色。瘦果，无冠毛或有具齿的边缘。花果期6～9月。

【产地分布】原产于北美洲。生于草地、林缘或岩石缝中。我国引种栽培。

【应用与养护】赛菊芋开花繁茂，花色鲜艳，有自然野趣之美，花期长，是夏季花境常用材料。常与其他植物搭配种植在公园行道路旁、篱笆墙边、庭院、林缘等处。赛菊芋喜阳光充足、温暖干燥的环境，稍耐阴，耐寒。耐贫瘠，一般土壤均可生长，稍耐涝，管理较粗放。

澳洲鼓槌菊

【别名】金槌菊、黄金球　　【学名】*Pycnosorus globosa*

【识别特征】菊科。多年生草本植物，可作一年生栽培。株高50～70cm，全株被银灰色蛛丝状毛。茎直立，圆柱形。基生叶丛生，细长条形。茎生叶互生，细条形，先端钝圆或钝尖，叶片稍向内卷，两面均被银灰色蛛丝状毛，全缘。由多数小筒状花组成顶生的金黄色圆球形花序，直径2.5～3.5cm。花果期6～9月。

【产地分布】原产于澳大利亚。我国引种栽培。

【应用与养护】澳洲鼓槌菊植体银灰色，金黄色的圆球花序十分招人喜爱，是近些年发展起来的观赏植物。常与其他植物搭配种植在公园、行道路旁等处供观赏，也可作鲜切花及干花，经久耐放。澳洲鼓槌菊喜光照充足、温暖的环境，不耐阴，稍耐旱。喜肥沃、排水良好的土壤。

菊花

【别名】家菊、药菊、秋菊　　【学名】*Chrysanthemum morifolium*

【识别特征】菊科。多年生草本植物。株高0.5～1m。茎直立，密被短柔毛。叶互生，卵形或披针形，先端钝或尖，基部宽楔形或近心形，羽状深裂或浅裂，边缘具锯齿或缺刻；叶柄长或短。头状花序单个或数个集生在茎枝顶端，花大小及颜色因品种而异。舌状花常见颜色有白色、黄色、红色等；管状花黄色，或无。瘦果一般不发育。花期多为秋季至冬季。

【产地分布】原产于中国。各地广为栽培。

【应用与养护】菊花园艺品种极多，花形千姿百态，花色丰富典雅，是最常见极具观赏价值的花卉。多为盆栽供观赏，或作花坛景观的主配材料。有些品种还可作鲜切花。菊花喜光照充足、温暖凉爽的环境，不耐炎热，稍耐旱。喜肥沃疏松、排水良好的土壤。

乒乓菊

【别名】乒乓球菊　　【学名】*Chrysanthemum × morifolium* 'Pompon'

【识别特征】菊科。多年生草本植物。株高40～60cm。茎直立，圆柱形。叶互生，卵形或卵状披针形，羽状浅裂或深裂，先端钝尖，基部心形或楔形，边缘具不整齐的锯齿；具叶柄。头状花序单生茎顶，大小形状似乒乓球。花色有黄色、白色、红色、绿色等。花期9～10月。

【产地分布】原产于日本。我国云南等地有栽培。

【应用与养护】
乒乓菊花形独特，具有很好的观赏价值。我国云南等地有大面积种植。主要为盆栽，用于摆放厅堂、室内供观赏。可作鲜切花，保鲜时间较长。乒乓菊喜光照充足、温暖通风的环境，生长适宜温度为18～21℃，不耐寒。喜肥沃疏松、富含腐殖质、排水良好的土壤，不耐涝。养护上应注意及时防治蚜虫、白粉病等。

百日菊

【别名】百日草、对叶菊、步步登高、十样锦　　【学名】*Zinnia elegans*

【识别特征】菊科。一年生草本植物。株高30～80cm，全株被糙毛和硬长毛。茎直立，被糙毛。叶对生，宽卵形或长椭圆形，先端钝尖，基部稍心形抱茎，基出3脉明显，两面粗糙，全缘。头状花序单生茎顶，花直径5～8cm。边缘舌状花红色、粉色、橙色、黄色、白色等；中央管状花多为黄色。瘦果倒卵圆形，扁平。花果期6～10月。

【产地分布】原产于墨西哥。我国各地广为栽培。

【应用与养护】百日菊花色丰富，花朵鲜艳亮丽，花期长，是最常见的观赏植物。可成片种植形成花海。可与其他植物搭配种植形成景观。矮化品种盆栽可作花坛等的配置植物。百日菊喜光照充足、温暖的环境，生长适温18～26℃，稍耐阴，较耐旱，不耐寒。耐贫瘠，一般土壤均可种植，养护管理较粗放。

【别名】金盏菊、黄金盏、长生菊、常春花　　【学名】*Calendula officinalis*

【识别特征】菊科。一年生草本植物。株高30～50cm，全株被微毛。茎直立，通常自基部分枝。基生叶长圆状倒卵形或匙形，先端钝圆，基部渐狭，全缘。茎生叶长椭圆状倒卵形或长圆状披针形，先端钝圆，基部微抱茎。头状花序单生茎顶，直径3～5cm。舌状花和管状花均为黄色或橘黄色，舌片先端3齿裂。瘦果弯曲形，两侧具狭翅。花果期4～7月。

【产地分布】原产于欧洲南部。我国广为栽培。

【应用与养护】金盏菊花朵亮丽，为常见的观赏植物。可成片种植形成花海。可与其他植物搭配种植形成景观。盆栽作花坛等的配置植物。金盏菊喜光照充足、温暖凉爽的环境，生长适温为15～25℃，稍耐阴，耐寒，不耐暑热。喜肥沃疏松、排水良好的土壤。

孔雀草

【别名】孔雀花、小芙蓉花、小万寿菊、红黄草　　【学名】*Tagetes patula*

【识别特征】菊科。一年生草本植物。株高30 ～ 50cm。茎直立，有分枝。叶对生，少有互生，羽状全裂，裂片条状披针形，叶缘具锯齿，有油腺点，有异味。头状花序单生花梗顶端，花直径3 ～ 4cm；花梗先端稍增粗。边缘舌状花金黄色、橙色或红色等，舌片近圆形，先端微凹；中央管状花黄色，先端5齿裂。瘦果线条形，黑色。花果期6 ～ 10月。

【产地分布】原产于墨西哥。我国各地广为栽培。

【应用与养护】孔雀草株形紧凑，花色艳丽，是常见的观赏植物。可种植在公园、山坡、道路边、庭院、花箱等处。可与其他植物搭配种植形成景观。盆栽可作花坛等的围边植物。孔雀草喜光照充足、温暖的环境，稍耐半阴，较耐旱。一般土壤均可种植，但以肥沃、排水良好的沙质土壤为佳，不耐涝，管理较粗放。

万寿菊

【别名】臭芙蓉、蜂窝菊　　【学名】*Tagetes erecta*

【识别特征】菊科。一年生草本植物。株高0.5～1m。茎直立，具细纵棱。叶互生或对生，羽状全裂，裂片长椭圆形，叶缘有少数腺体，具异味。头状花序单生花梗顶端，花直径5～8cm，花梗先端呈棍棒状膨大。边缘舌状花黄色或橘黄色，舌片倒卵形，基部收缩成长爪，边缘有皱或无；管状花黄色，先端5齿裂。瘦果条形，黑色。花果期6～10月。

【产地分布】原产于墨西哥。我国各地广为栽培。

【应用与养护】万寿菊株形紧凑，花大色彩鲜艳，花期长，是最常见的观赏植物。可成片种植形成花海。可与其他植物搭配种植形成景观。盆栽可作花坛等的搭配植株。万寿菊喜光照充足、温暖的环境，生长适宜温度为15～25℃，光照不足不利于开花。一般土壤均可种植，但以肥沃、排水良好的沙质土壤为佳，较耐干旱，管理粗放。

非洲菊

【别名】扶郎花、灯盏菊、舞娘花　　【学名】*Gerbera jamesonii*

【识别特征】菊科。多年生草本植物。株高30 ～ 60cm，全株被柔毛。茎直立，不分枝。基生叶呈莲座状，长椭圆形或长圆形，叶缘不规则羽状分裂；叶背面具短柔毛；叶柄较长。头状花序单生花葶顶端，花直径6 ～ 10cm，花葶长，被柔毛。舌状花条状披针形，颜色有红色、粉色、黄色、白色等。瘦果圆柱形，密被短柔毛，冠毛污白色。花果期4 ～ 10月。

【产地分布】原产于非洲。我国引种栽培。

【应用与养护】非洲菊色彩丰富，花大端庄，为著名的园林观赏花卉。可群植或片植于公园、道路绿化带等处。可与其他植物搭配种植形成景观。盆栽可作花坛的配置植物，或摆放于庭院、室内供观赏。可作鲜切花。非洲菊喜光照充足、温暖的环境，生长适温为20 ～ 25℃。在肥沃、富含腐殖质、排水良好的沙质土壤中生长最佳，不耐积水。

南非万寿菊

【别名】蓝目菊、蓝眼菊、非洲万寿菊　　【学名】*Osteospermum ecklonis*

【识别特征】菊科。多年生草本植物，可作一或二年生栽培。株高可达50cm，矮生种20～30cm。基生叶丛生，茎生叶互生，叶片倒卵形或倒卵状披针形，先端钝圆，基部渐狭，叶缘疏生齿或浅羽裂。头状花序单生花梗顶端，直径5～7cm，花梗细长。舌状花1层或多层，颜色有红色、橙色、粉色、白色等；管状花蓝紫色等。瘦果。花期2～7月。

【产地分布】原产于非洲。我国引种栽培。

【应用与养护】南非万寿菊园艺品种较多，株形紧凑，色彩缤纷，花朵端庄秀丽，开花早，具有非常好的观赏价值。可片植或条植于公园、路边绿化带等处。可与其他植物搭配种植形成景观，亦可盆栽用于花坛或室内装饰。南非万寿菊喜阳光温暖、湿润的环境，较耐旱，稍耐阴，不耐寒，不耐暑热。喜肥沃疏松、富含腐殖质、排水良好的沙质土壤。

秋英

【别名】波斯菊、大波斯菊　　【学名】*Cosmos bipinnatus*

【识别特征】菊科。一年生或多年生草本植物。株高1～1.5m。茎直立，具分枝。叶对生，2回羽状深裂，裂片线形或丝状线形，全缘。头状花序单生花梗顶端，花直径4～6cm，花梗细长。舌状花8片，椭圆状倒卵形，先端具3～5钝齿，颜色有红色、粉红色、白色、杂色等；管状花黄色。瘦果紫黑色，先端具2～3尖刺。花果期6～10月。

【产地分布】原产于墨西哥至巴西。我国各地广为栽培。

【应用与养护】秋英株形飘逸，色彩丰富，花朵亮丽，花期长，是常见的观赏植物。常群植在公园、山坡、道路旁、村寨等处形成花海。可与其他植物搭配种植形成景观。秋英喜光照充足、温暖凉爽的环境，较耐旱，耐寒，不耐酷暑。耐贫瘠，一般土壤均可种植，管理较粗放。

黄秋英

【别名】黄花波斯菊、硫华菊、硫磺菊　　【学名】*Cosmos sulphureus*

【识别特征】菊科。一年生草本植物。株高可达1m。茎直立，多分枝，被柔毛。叶对生，2～3回羽状深裂，裂片披针形，先端短尖。头状花序单生花序梗顶端，花直径4～6cm，花序梗长可达20cm。花有单瓣和重瓣；边缘舌状花橘黄色，先端具齿；中央管状花黄色。瘦果，先端具长喙。花果期6～10月。

【产地分布】原产于墨西哥。我国各地广为栽培。

【应用与养护】黄秋英的花朵色彩鲜艳，具有野趣之美，开花期长，具有很好的观赏效果。常片植或群植在公园、道路旁、坡地、绿化带、林缘等处。也可盆栽摆放于庭院、阳台等处。黄秋英喜光照充足、温暖的环境，较耐旱，不耐酷暑。耐贫瘠，一般排水良好的土壤均可种植，管理较粗放。

蓍

【别名】锯草、蓍草　　【学名】*Achillea millefolium*
【识别特征】菊科。多年生草本植物。株高可达1m，密被白色柔毛。茎直立，上部分枝或不分枝。叶互生，披针形至条形，2～3回羽状全裂，末回裂片披针形或线条形，顶端具软骨质短尖；无叶柄。头状花序多数，密集成伞房状。边缘舌状花5片，舌片近圆形，白色，先端具2～3齿；中央管状花黄色。瘦果长圆形，无冠毛。花果期6～9月。

【产地分布】原产于亚洲和欧洲。生于山坡草地、灌丛中。我国各地广为栽培。
【应用与养护】蓍花小密集，美丽素雅，花期较长，是园林中常见的观赏植物。可种植在公园、路边绿化带等处。可与其他植物搭配种植形成景观，亦可盆栽作花坛的配置植物。蓍喜光照充足、温暖湿润的环境，稍耐阴，耐旱、耐寒。对土壤要求不严，但以富含腐殖质及石灰质、排水良好的土壤生长最佳。

皇冠蓍草

【别名】金盘凤尾蓍　　【学名】*Achillea millefolium* 'Coronation Gold'

【识别特征】菊科。多年生草本植物。株高可达1m。茎直立，被灰白色短柔毛。叶互生，灰白色，叶片轮廓为卵形，羽状深裂，裂片椭圆状披针形，边缘不规则齿裂。头状花序生茎顶，花多数，密集成伞房状，直径可达10cm以上。舌状花和管状花均为鲜黄色。花果期6～9月。

【产地分布】园艺品种。我国各地有栽培。

【应用与养护】皇冠蓍草株形紧凑直立，叶片形态优美，花色鲜黄，开花比较整齐，是近些年发展起来具有较高观赏价值的植物。可与其他植物搭配种植在公园、假山石旁、沙砾园、道路旁等处。皇冠蓍草喜光照充足、温暖的环境，稍耐阴，耐旱，耐寒，不耐水湿。喜富含腐殖质及石灰质、排水良好的土壤。

红辣椒千叶蓍

【别名】西洋蓍草　　【学名】*Achillea millefolium*'Paprika'

【识别特征】菊科。多年生草本植物。株高35～60cm。茎直立，具纵棱，被短柔毛。叶互生，矩圆状披针形，羽状深裂，小裂片再齿状深裂。头状花序生茎顶，小花多数，形成伞房状。边缘舌状花近圆形，红色；中央管状花黄色。瘦果矩圆形。花果期6～9月。

【产地分布】园艺品种。我国各地有栽培。

【应用与养护】红辣椒千叶蓍花朵稠密，艳丽中带着典雅，是近些年发展起来具有很好观赏效果的植物。可群植在公园、行道路边、假山石旁，也常作花境、岩石沙砾园等处的配置植物。盆栽可作花坛等的围边植物。红辣椒千叶蓍喜光照充足、温暖的环境，耐旱，耐寒。喜肥沃、排水良好的土壤。

大丽花

【别名】大丽菊、大理菊、大理花　　【学名】*Dahlia pinnata*

【识别特征】菊科。多年生草本植物。株高1～1.5m。地下具纺锤形肉质块根。茎直立。叶对生，1～3回羽状全裂，裂片卵形或长圆状卵形；叶柄基部扩展。头状花序大，直径6～12cm，花梗长。舌状花单层或多层，颜色有红色、白色、紫色等；管状花黄色，有些品种全部为舌状花。瘦果长圆形，黑色，先端具2个不明显的齿。花果期6～10月。

【产地分布】原产于墨西哥。我国各地广为栽培。

【应用与养护】大丽花园艺品种很多，花大而端庄秀丽，花期长，是园林中常见的观赏植物。可丛植或群植公园、庭院、林缘等处。矮生品种盆栽可作花坛、花境景观的配置植物，或摆放于厅堂、室内供观赏。大丽花喜温暖湿润、凉爽的环境，光照过强影响开花，稍耐旱，不耐寒。对土壤要求不严，一般土壤均可生长，管理较粗放。

串叶松香草

【别名】串叶草、菊花草　　【学名】*Silphium perfoliatum*

【识别特征】菊科。多年生草本植物。株高可达2m以上。茎直立，四棱形，上部分枝，茎从每对叶片基部连接处贯穿而出。叶对生，卵形，长可达30cm，宽可达20cm，先端急尖，叶缘具粗齿；茎基部的叶有长柄。头状花序在茎顶形成伞房状。边缘舌状花2～3层，黄色，长条形；中央管状花黄色。瘦果扁，倒卵形，具翅，冠毛芒状。花果期6～10月。

【产地分布】原产于北美洲。我国各地有栽培。

【应用与养护】串叶松香草植株高大，叶片奇特，花色金黄，是园林较常见的观赏植物。可与其他植物搭配种植在公园、行道路旁等处。串叶松香草喜光照充足、温暖湿润的环境。适生性强，耐热，耐寒，在微酸性至中性土壤中生长良好，不耐盐碱性土壤，管理较粗放。

大吴风草

【别名】大马蹄香、活血莲　　【学名】*Farfugium japonicum*

【识别特征】菊科。多年生草本植物。株高30～70cm。基生叶近革质，肾形，全缘或有小齿或掌状微裂，基部深心形，叶脉明显；有叶柄。头状花序在茎顶形成伞房状。边缘舌状花8～12片，黄色，长椭圆形，长1.5～2cm，宽0.3～0.4cm；中央管状花，黄色。瘦果圆柱形。花果期7～10月。

【产地分布】我国分布于华南、华中等地。生于山谷草丛、疏林下。

【应用与养护】大吴风草叶片酷似荷叶，花色艳丽，是园林常见的观赏植物。常种植在公园绿地、道路旁、疏林下。可作花坛、花境的配置植物。大吴风草喜光照温暖、湿润的环境，生长适温12～25℃，耐半阴，耐高温，不耐旱，不耐寒。喜肥沃疏松、排水良好的土壤。

翠菊

【别名】江西腊、七月菊、蓝菊　　【学名】*Callistephus chinensis*

【识别特征】菊科。一或二年生草本植物。株高0.3～1m。茎直立，具纵棱，被白色糙毛。叶片卵形、菱状卵形或近圆形等，先端渐尖，基部宽楔形或近截形，叶缘具不规则粗锯齿；叶柄有狭翅。头状花序单生枝端。花红色、淡红色、蓝色、粉色等。边缘舌状花多层；中央管状花先端5齿裂。瘦果倒卵形，淡褐色，冠毛2层。花果期7～10月。

【产地分布】我国分布于东北、华北、西北、华中、西南。生于山坡、草地。

【应用与养护】翠菊花色丰富，色彩鲜艳，是园林常见的观赏植物。可成片种植形成花海。可与其他植物搭配种植在公园、行道路旁、山石园等处。盆栽可摆放于庭院、阳台供观赏。翠菊喜光照充足、温暖湿润的环境，不耐热，耐寒。一般土壤均可种植，管理较粗放。

林泽兰

【别名】泽兰、白鼓钉、白头婆、佩兰　　【学名】*Eupatorium lindleyanum*

【识别特征】菊科。多年生草本植物。株高可达1.5m。茎直立，分枝或无。叶对生，披针形或卵状披针形，先端渐尖，基部楔形，两面粗糙，叶缘具锯齿；无叶柄或近无柄。头状花序多数，在茎顶排成复伞房状。总苞钟状，苞片淡粉红色。头状花序内含5朵筒状两性花，粉白色或淡紫粉色。瘦果椭圆形，具棱，黑褐色，冠毛白色。花果期7～10月。

【产地分布】我国除新疆外均有分布。生于山谷阴湿处、林缘、草甸、小溪边湿润地。

【应用与养护】林泽兰植株挺立，花序淡粉红色，有较好的观赏效果。可与其他植物搭配种植在公园、行道路旁、疏林下、池塘旁、河岸边等处。林泽兰喜光照温暖、湿润的环境，耐半阴，不耐旱，耐寒。不择土壤，一般土壤均可生长，管理较粗放。

香蒲科

水烛

【别名】香蒲、蒲草　　【学名】*Typha angustifolia*

【识别特征】香蒲科。多年生水生或沼生草本植物。株高可达3m。叶片扁平长条形，长可达1.5m，宽0.5～1.2cm，叶背面向下逐渐隆起，横切面呈弧形，细胞间隙大，呈海绵状，叶鞘抱茎。肉穗花序，长30～60cm；雄花序在上，雌花序在下，两者之间间隔2～8cm。小坚果长椭圆形，长约0.15cm，具褐色斑点，纵裂。花果期6～9月。

【产地分布】我国大部分地区有分布。生于池塘、沼泽地及河湖浅水中。

【应用与养护】水烛植株高大，叶片细长，花序奇特，是常见的水生观赏植物。常种植在公园水生园、池塘、河湖浅水域、湿地等处供观赏。肉穗花序（蒲棒）可作插花材料。水烛喜光照充足、温暖的环境，耐热，耐寒。对土壤要求不严，一般土壤均可生长。

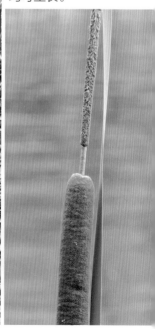

黑三棱

【别名】三棱草、泡三棱、皮三棱　　【学名】*Sparganium stoloniferum*

【识别特征】香蒲科。多年生水生或沼生草本植物。株高可达1.2m。茎直立，上部分枝。叶片条形，长可达80cm，上部扁平，下部背面呈龙骨状突起或呈三棱形，基部鞘状。圆锥形花序长20～60cm，具多个侧枝。雄花序球形，小花密集；雌花序球形。聚花果球形，直径约2cm，果实广卵形，先端具尾尖。花果期6～8月。

【产地分布】我国分布于东北、华北、华东、西南等地。生于河湖、沟渠、池塘中。

【应用与养护】黑三棱株形高大，叶形如剑，花果优美，是常见的水域观赏植物。常见种植在公园水生园、池塘、河湖浅水域、湿地等处供观赏。黑三棱喜光照充足、温暖的环境，耐热，耐寒。一般土壤均可生长。

野慈姑

【别名】狭叶慈姑、燕尾草　　【学名】*Sagittaria trifolia*

【识别特征】泽泻科。多年生水生或沼生草本植物。株高可达1m。叶基生，叶片箭形，叶脉明显；叶柄长30～60cm，基部粗壮。总状花序生花梗端部，每3朵花轮生在花梗节上，小花梗长1～2cm。花瓣白色，宽倒卵形，先端微凹。瘦果偏斜倒卵形，扁平，具翅。花果期6～10月。

【产地分布】我国分布于大部分地区。生于水塘、河湖边、沼泽地。

【应用与养护】野慈姑叶片箭形优美，花朵洁白，是常见的水生观赏植物。常种植在公园水域区、池塘、小溪边、河岸边、湿地等处。也可水盆养殖摆放于庭院。喜阳光充足温暖湿润的环境，稍耐阴，耐热，不耐寒。一般土壤均可生长，管理较粗放。

荻

【别名】荻草、荻花　　【学名】*Miscanthus sacchariflorus*

【识别特征】禾本科。多年生草本植物。株高可达1.5m以上。秆直立，多节，节部有柔毛。叶互生，长条形，长可达60cm，宽1～2cm，先端渐尖，下部叶鞘长于节间，中脉白色。叶舌先端钝圆，具小纤毛。圆锥花序生秆顶，长可达30cm，具10～20条细弱的分枝。颖果长圆形。花果期7～10月。

【产地分布】我国分布于东北、华北、西北、华东等地。生于山坡草地、河岸边等。

【应用与养护】荻株形高大，秋季花序展开，洁白飘逸，是常见的野生引用植物。常种植在公园河岸边、假山石旁、池塘边、坡地、道路边等处供观赏。荻喜光照充足、温暖的环境。适生性强，耐热，耐寒，耐旱，不耐阴。耐贫瘠，一般土壤均可生长。

狼尾草

【别名】油草　　【学名】*Pennisetum alopecuroides*

【识别特征】禾本科。多年生草本植物。株高可达1m以上。秆丛生，直立。叶片细条形，长可达50cm，宽0.2～0.6cm，先端渐尖；叶鞘光滑。叶舌具长约0.25cm的纤毛。穗状圆锥花序顶生，长5～20cm，主轴密生柔毛；刚毛粗糙，长1～2.5cm，成熟后紫色。颖果长圆形，扁平。花果期7～10月。

【产地分布】我国分布于东北、华北、华南、华东、西南等地。生于山坡、沟旁。

【应用与养护】狼尾草丛生，花序直立健壮，是园林常见的野生引用植物。常丛植或片植在公园的行道路旁、河岸边、假山石旁等处供观赏。狼尾草喜光照充足的环境。适生性强，耐旱、耐湿、耐寒、耐热、耐半阴、耐贫瘠，一般土壤均可生长。

丝带草

【别名】玉带草、花茅草　　【学名】*Phalaris arundinacea* var. *picta*

【识别特征】禾本科。多年生草本植物。株高0.6～1.2m。秆直立，单生或丛生，具节。叶互生，长条状扁平形，长可达30cm，宽1～2cm，先端渐尖内卷，基部近圆形，叶面具白、绿、黄绿色相间的纵向条带。叶舌薄膜质。圆锥花序生秆顶，长可达15cm，分枝斜上，密生小穗。颖果。花果期6～8月。

【产地分布】我国大部分地区有分布。生于草地、林缘下。

【应用与养护】丝带草叶片黄绿相间，优美大方，是园林常见的观叶植物。可群植形成独立景观。可与其他植物搭配种植在公园、山石园、行道路旁等处。丝带草喜光照充足、温暖湿润的环境。适生性强，耐寒，耐热，稍耐阴，一般土壤均可生长。

斑叶芒

【别名】花叶芒　　【学名】*Miscanthus sinensis* 'Zebrinus'

【识别特征】禾本科。多年生草本植物。株高可达1.2m。秆丛生，直立。叶互生，长条形向下弯曲，长可达50cm，宽0.6～1cm，叶面具多数横向的黄色斑；叶鞘长于节间，鞘口有长柔毛。圆锥花序生秆顶。小穗成对着生，芒长1cm，膝曲状；基盘有白色或黄褐色丝状毛，到秋季展开成白色大花序。颖果。花果期8～10月。

【产地分布】我国分布于东北、华北、华中、华东、华南等地。生于山坡、丘陵等处。

【应用与养护】斑叶芒叶片具有黄色横斑，十分美丽，具有很好的观赏价值。可成片种植在行道路旁或疏林下。可与其他植物搭配种植在公园路旁、假山石旁、水域边形成景观。斑叶芒喜光照充足温暖湿润的环境。适生性强，耐旱、耐寒、耐半阴、耐涝、耐贫瘠，一般土壤均可生长。

芦竹

【别名】芦荻竹、旱地芦苇、楼梯秆　　【学名】*Arundo donax*

【识别特征】禾本科。多年生草本植物。株高可达3～6m。秆丛生，粗大直立。叶互生，长条形向下弯曲，长可达50cm，宽3～5cm，先端渐尖，基部圆形抱茎；叶鞘长于节间。圆锥花序生秆顶，长可达60cm；分枝斜升稠密，小穗长约1cm，具2～4小花。颖果细小，黑色。花果期9～12月。

【产地分布】我国分布于西南、华南、华中等地。生于河边、潮湿地。各地有引种栽培。

【应用与养护】芦竹株形高大，叶片稠密，为水域湿地常见的观赏植物。常种植在公园水域区旁边、池塘边、河岸边、湿地等处。盆栽可摆放在庭院等处。花序也可作切花。芦竹喜光照充足、温暖湿润的环境，生长适温为18～35℃，稍耐寒。喜肥沃疏松、排水良好的微酸性至中性沙质土壤。

花叶芦竹

【别名】彩叶芦竹、斑叶芦竹、变叶芦竹

【学名】*Arundo donax* var. *versicolor*

【识别特征】禾本科。多年生草本植物。株高可达3～6m。秆丛生，粗大直立。叶互生，长条形向下弯曲，长可达50cm，宽3～5cm，先端渐尖，基部圆形抱茎，叶片具黄绿相间的纵条纹；叶鞘长于节间。圆锥花序生秆顶，长可达60cm；分枝斜升稠密，小穗长约1cm，具2～4小花。颖果细小，黑色。花果期9～12月。

【产地分布】我国主要分布于广东、海南岛等地。生于河边、沼泽地等。各地有引种栽培。

【应用与养护】花叶芦竹株形高大，叶片稠密美观，为水域湿地常见的观赏植物。常种植在公园水域区旁、池塘边、河岸边等处。盆栽可摆放在庭院等处。花序也可作切花。花叶芦竹喜光照充足、温暖湿润的环境，生长适温18～35℃，稍耐寒。喜肥沃疏松、排水良好的微酸性至中性沙质土壤。

蓝滨麦

【别名】无　　【学名】*Leymus condensatus*

【识别特征】禾本科。多年生草本植物。株高0.9 ～ 1.5m，全株蓝绿色。秆丛生，直立，多节。叶互生，长条形向下弯垂，长可达60cm，先端渐尖，基部钝圆略抱茎，上部叶鞘短于节间。穗状花序生秆顶，直立，长可达50cm，小花棕色。颖果。一般花果期6 ～ 8月。

【产地分布】原产于大西洋及北欧海岸。我国引种栽培。

【应用与养护】蓝滨麦株体呈蓝绿色，花序修长直立，别具自然情趣，是新发展起来的园林观赏植物。可单独丛植或片植供观赏。可与其他植物搭配种植在公园、行道路旁、岩石沙砾园等处。蓝滨麦喜光照充足、温暖的环境。喜疏松排水良好的沙质土壤。适生性强，耐旱、耐热、耐湿、较耐寒、耐贫瘠，一般土壤均可种植，养护管理简单。

芒颖大麦草

【别名】狐尾大麦草、芒麦草　　【学名】*Hordeum jubatum*

【识别特征】禾本科。越年生草本植物。株高可达50cm。秆丛生，3～5节，光滑无毛。叶互生，长条形扁平，斜上展，长可达20cm，先端渐尖。叶舌干膜质。秆下部叶鞘长于节间，中上部者短于节间。穗状花序生秆顶，长约10cm，初期为绿色，后渐变金黄色略带褐色；外稃披针形，先端具长约7cm的芒；内稃芒与外稃芒近等长。颖果。花果期5～8月。

【产地分布】原产于北美洲及欧亚大陆的寒温带。我国引种栽培。

【应用与养护】芒颖大麦草株体丛生，果穗成熟时金黄色，蓬松飘逸，是新发展起来的园林观赏植物。可丛植或片植在公园行道路两旁、假山石旁、池塘边等处。盆栽可作花坛景观的配置植物。芒颖大麦草喜光照充足、温暖的环境，耐寒，不耐水湿。一般土壤均可生长，也耐轻微盐碱性土壤。

兔尾草

【别名】狐狸尾、布狗尾、狸尾豆　　【学名】 *Lagurus ovatus*

【识别特征】禾本科。一年生草本植物。株高可达50cm。秆丛生，多节。叶互生，长条形扁平，长15～20cm，宽约1cm，先端钝尖或渐尖，基部近圆形略抱茎；秆中上部叶鞘短于节间。圆锥花序生秆顶，卵圆形，柔软，长3～5cm。小穗多，花白色，雄蕊黄色。颖果。花果期5～7月。

【产地分布】原产于地中海沿岸。我国引种栽培。

【应用与养护】兔尾草的花序形似毛茸茸的兔子尾巴，富有自然田园风光情趣，是园林中较好的观赏植物。可与其他植物搭配种植在公园草地、行道路旁等处。可盆栽作花坛等的配置植物，也是切花及干花的优良材料。兔尾草喜光照充足、温暖的环境，耐寒，耐热，较耐旱。耐贫瘠，一般土壤均可正常生长，不耐涝，养护管理较简单。

蓝羊茅

【别名】银羊茅　　【学名】*Festuca glauca*

【识别特征】禾本科。常绿草本植物。株高可达40cm。秆直立，丛生密集。叶片细长线条形，长20～30cm，稍向内卷，先端渐尖，平滑，银蓝色。圆锥花序顶生，长约10cm，小穗密集，芒长0.2～0.3cm，成熟时黄褐色。颖果。花果期6～9月。

【产地分布】我国大部分地区有栽培。

【应用与养护】蓝羊茅丛生呈银蓝色，叶片细长，穗部黄褐色，是新发展起来的园林观赏植物。可与其他植物搭配种植在公园、行道路两旁等处。蓝羊茅喜光照充足、温暖的环境，光照充足颜色更加美丽。适生性强，耐寒、耐旱、耐贫瘠，在微酸性和微盐碱性土壤中均可生长，不耐低洼积水。养护管理粗放。

卡尔拂子茅

【别名】卡尔福斯特、卡尔福拂子茅

【学名】*Calamagrostis acutiflora* 'Karl Foerster'

【识别特征】禾本科。多年生草本植物。株高可达2m。秆直立，密集丛生。叶片长条形扁平，长可达40cm，宽0.5～1cm，先端渐尖；叶鞘长于秆节。圆锥花序生秆顶，长可达30cm，紧密直立，初为淡黄色，后渐变褐黄色；小穗长约0.8cm，芒长约0.3cm。颖果。花果期6～9月。

【产地分布】园艺品种。我国各地有栽培。

【应用与养护】卡尔拂子茅株形高大，为园林新兴的观赏植物。可成片种植形成独立景观。常与其他植物搭配种植在公园、行道路旁、假山石旁等处。卡尔拂子茅喜光照充足、温暖的环境。适生性强，耐热、耐寒、耐旱、耐半阴。一般土壤均可生长，养护管理粗放。

血草

【别名】日本血草、红叶白茅　　【学名】*Imperata cylindrica* 'Rubra'

【识别特征】禾本科。多年生草本植物。株高可达50cm。秆直立，<u>丛生</u>，多节。叶片长条形，血红色或古铜色，长20～30cm，先端渐尖；叶鞘一般长于秆节。穗状花序生秆顶，向下弯曲，长10～15cm，血红色或古铜色，小穗具长芒。颖果。花果期6～9月。

【产地分布】原产于日本等地。生于山坡、低洼地等。我国各地有栽培。

【应用与养护】血草全株血红色至古铜色，鲜艳夺目，是新兴的观叶植物。特别适合与其他颜色植物搭配种植在公园、行道路旁等处，形成强烈的色彩反差。也可单独成片种植形成景观。血草喜光照充足、温暖湿润的环境，耐热、耐寒、耐贫瘠，一般土壤均可生长，养护管理较粗放。

【别名】银芦　　【学名】*Cortaderia selloana*'Pumila'
【识别特征】禾本科。多年生草本植物。株高1.5m。秆直立，丛生。雌雄异株。叶片聚生于基部，细长条形，长可达80cm，宽1～2cm，先端渐尖，叶缘具小细齿。圆锥花序大而稠密，长可达50cm。雌花序银白色具光泽，小穗轴节处密生绢丝状毛，小穗有2～3花；雄花序较狭窄，无毛。颖果。花果期8～10月。

【产地分布】我国许多地区有栽培。
【应用与养护】矮蒲苇叶片翠绿，银白色具光泽的花序典雅壮观，国外为著名的观赏植物。可单独群植形成景观。可与其他植物搭配种植在公园、行道路旁、山石园、河岸边、小溪旁等处，也可作干花。矮蒲苇喜光照充足、温暖湿润的环境，耐热、耐旱、耐寒、耐贫瘠，一般土壤均可生长，养护管理较粗放。

粉黛乱子草

【别名】毛芒乱子草　　【学名】*Muhlenbergia capillaris*

【识别特征】禾本科。多年生草本植物。株高30～90cm。秆丛生，直立或基部倾斜上升，多分枝。具长而被鳞片的匍匐根茎。叶片绿色，狭披针形，长可达40cm，先端渐尖，叶缘具小细齿。圆锥花序开展，粉红色或紫红色，长可达50cm，每节簇生数个细长分枝。小穗细小，含1～2朵花，粉红色或紫红色。颖果。花果期9～11月。

【产地分布】原产于北美大草原。我国杭州、上海、北京等地有引种栽培。

【应用与养护】粉黛乱子草株体蓬松，呈粉红色彩，如霞云，具有很好的观赏效果，是新发展起来的观赏植物。可单独大面积种植形成红色景观。也可与其他植物搭配种植形成色块景观。粉黛乱子草喜光照充足、温暖湿润的环境，稍耐阴、耐旱、较耐寒、耐水湿、耐贫瘠，亦耐盐碱地，一般土壤均可种植。

风车草

【别名】旱伞草、伞莎草　　【学名】*Cyperus involucratus*

【识别特征】莎草科。多年生草本植物。株高可达1.5m。秆直立，钝三棱形，秆上包有无叶片的叶鞘。秆顶端有多数叶片状的总苞苞片，呈螺旋状排列，形成伞状。花序常有1～2次辐射枝；小穗聚生于辐射枝端，长圆形扁平，每边含6～12朵小花。小坚果三棱状椭圆形，褐色。花果期6～10月。

【产地分布】原产于非洲。生于溪边、沼泽地、湿润地等处。我国广为栽培。

【应用与养护】风车草翠绿挺拔，苞叶呈伞形，自然秀雅，具有较好的观赏价值。可丛植或片植于公园水域区、小溪边、湿地、河岸边等处。也可盆栽摆放厅堂供观赏。风车草喜光照充足、温暖湿润的环境，耐热、不耐旱、不耐寒。一般土壤均可生长，养护管理较粗放。北方须在室内养护越冬。

纸莎草

【别名】纸草、埃及纸草、埃及莎草　　【学名】*Cyperus papyrus*

【识别特征】莎草科。多年生水生草本植物。株高可达2m以上。秆直立，钝三棱形，光滑。叶退化成鞘，包裹茎秆。秆顶端着生叶状簇生的总苞片3～10枚，苞片披针形，长7～15cm；顶生花序梗极多，细长丝状下垂。瘦果三角形。花果期6～9月。

【产地分布】原产于非洲。我国引种栽培。

【应用与养护】纸莎草株形高大，花序梗细长如丝，十分美观，具有较好的观赏价值。多种植在公园水域园、池塘、湿地、河湖边等处。也可盆栽摆放厅堂供观赏。纸莎草喜光照充足、温暖湿润的环境，生长适温18～30℃，稍耐阴，不耐寒冷。在微酸性至中性土壤中生长良好，在湿地中也能正常生长。

涝峪薹草

【别名】崂峪苔草、崂峪薹草　　【学名】*Carex giraldiana*

【识别特征】莎草科。多年生草本植物。株高20～30cm。秆扁三棱形，光滑。叶片长条形，短于秆或与秆等长，宽0.3～0.6cm，苍绿色。苞片短叶状，具鞘。穗状花序3～5个，远离；顶生的为雄性花序，棒状圆柱形；侧生的为雌性，卵形，具3～5朵花；雌花鳞片长圆形，顶端截形延伸成粗糙的短芒。果囊倒卵球形、钝三棱形或三棱形，疏被短柔毛。瘦果倒卵球形或三棱形，包于果囊中。花果期4～6月。

【产地分布】我国分布于河北、北京、陕西等地。生于山谷、山路边等地。

【应用与养护】涝峪薹草植株丛生，叶片苍绿茂密，春季返青早，绿色观赏期比普通草长，为很好的观叶植物。常种植在公园行道路旁、山坡、疏林下。涝峪薹草喜荫蔽、温暖湿润的环境，强光长时间照射叶片易发黄，耐寒性强，也耐旱。一般土壤均可种植。

大薸

【别名】大浮萍、水浮萍　　【学名】*Pistia stratiotes*

【识别特征】天南星科。多年生水生漂浮草本植物。主茎短缩。具匍匐茎和细长的羽状不定根下垂水中。叶片簇生，翠绿色，倒卵状楔形，先端钝圆呈微波状，两面有微毛；无叶柄。花序生叶腋间。佛焰苞白绿色，肉穗花序短于佛焰苞，雌花在佛焰苞下部，雄花在上部。浆果小，卵圆形。花果期5～11月。

【产地分布】我国分布于长江流域以南。生于水田、河渠、池塘。

【应用与养护】大薸叶色翠绿，叶片呈莲座状漂浮水面，具有较好的观赏性，是绿化水面、净化水质的良好观叶植物。常种植在公园的水域园、池塘、小溪、河湖等处，可覆盖水面形成一片绿色景象。也可养殖在水缸中供观赏。大薸喜高温高湿的环境，繁殖力强，不耐寒。

彩色马蹄莲

【别名】彩色花芋　　【学名】*Zantedeschia hybrida*

【识别特征】天南星科。多年生草本植物。株高可达50cm。地下肉质块茎肥大。叶基生，卵形、长圆形或戟形等，先端锐尖，全缘，叶面具白色斑点或无；叶柄长，海绵质，基部鞘状。肉穗花序圆柱形，包于佛焰苞内，佛焰苞马蹄形，颜色有红色、紫色、粉红色、黄色等。浆果短卵圆形，淡黄色，花柱宿存。花期冬季至春季。果期8～9月。

【产地分布】原产于非洲南部。我国各地有栽培。

【应用与养护】彩色马蹄莲花形奇特，色彩丰富，高雅大方，具有很高的观赏价值。盆栽用于摆放厅堂、室内观赏。是著名的鲜切花，可作花束、花篮、瓶花等。彩色马蹄莲喜光照充足、温暖湿润的环境，生长适温为18～23℃，不耐旱，不耐涝。喜肥沃、排水良好的微酸性至中性沙质土壤。不耐寒，北方冬季应放置在室内阳光充足的地方养护。

白鹤芋

【别名】白掌、苞叶芋、和平芋　　【学名】*Spathiphyllum kochii*

【识别特征】天南星科。多年生草本植物。株高40～60cm。叶基生，长椭圆状披针形，先端渐尖或急尖，基部近圆形或宽楔形，叶脉明显，全缘；叶柄基部呈鞘状。佛焰苞生花莛顶端，白色，直立向上，稍内卷。肉穗花序圆柱形，乳黄色，包于白色的佛焰苞内。花果期可全年。

【产地分布】原产于热带美洲哥伦比亚。我国广为栽培。

【应用与养护】白鹤芋花朵洁白无瑕，高雅俊美，是常见的观赏植物。盆栽摆放于厅堂、书房、窗台等处供观赏。可作插花、花篮等。白鹤芋喜半阴、高温高湿的环境，生长适温18～28℃，较耐阴，不耐强光照射。喜肥沃疏松、排水良好的土壤，忌黏重土壤。不耐寒冷，北方冬季应放置在室内养护。

花烛

【别名】红掌、安祖花、火鹤花　　　【学名】*Anthurium andraeanum*

【识别特征】天南星科。多年生草本植物。株高40～80cm。叶片宽长圆形或宽卵状心形，革质，先端渐尖或急尖，基部心形，全缘；叶柄长。佛焰苞生花葶顶端，红色，蜡质光亮，卵心形，平展。肉穗花序圆柱形，黄色或绿黄色，包于佛焰苞内。花果期可全年。

【产地分布】原产于热带美洲。我国广为栽培。

【应用与养护】花烛叶片优雅，花朵鲜红亮丽，观赏价值极高。多为盆栽，可作花坛、花境的配置植物，或摆放于厅堂、会议室、书房等处。可作鲜切花。花烛喜半阴、温暖湿润的环境，生长适温为20～28℃，耐半阴，不耐强光暴晒，不耐旱。喜肥沃疏松、排水良好的土壤。不耐寒冷，北方冬季应放置在室内养护。

刺芋

【别名】刺过江、刺慈姑、笋慈姑、天河芋　　【学名】*Lasia spinosa*

【识别特征】天南星科。多年生草本植物。株高可达1m。茎圆柱形，具弯钩皮刺。叶片幼时箭形或戟形，成株时羽状深裂，侧裂片2～3对，最下部的裂片再3裂；叶柄有刺，基部成鞘状。佛焰苞螺旋状向上，先端尖，紫红色或黑紫色。肉穗花序绿黄色，结果时长5～10cm，宽约2.5cm，花密集。浆果倒圆锥状，顶部四角形。花期9月，果实翌年2月成熟。

【产地分布】我国分布于西南、华南。生于阴湿山谷、沟渠边等地。

【应用与养护】刺芋叶形奇特，佛焰苞扭曲直立，为南方观赏植物。南方常种植在公园疏林下、行道路旁、池塘边等处。盆栽可摆放于厅堂、室内供观赏。刺芋喜温暖湿润的环境，耐热、耐半阴、不耐寒。一般土壤均可生长，养护管理较粗放。

海芋

【别名】大叶野芋头、广东狼毒、观音莲　　【学名】*Alocasia odora*

【识别特征】天南星科。多年生草本。株高可达3m。茎粗壮肉质，外皮黑褐色。叶互生，阔卵形，长30～90cm，宽20～60cm，先端短尖，基部广心状箭形，侧脉9～12对；叶柄粗壮，长可达90cm，基部扩大抱茎。花单生，雌雄同株。佛焰苞浅绿色，长10～20cm。肉穗花序短于佛焰苞。浆果，成熟时红色。花果期春季至秋季。

【产地分布】我国分布于西南、华南、华东。生于林缘、河岸边等。

【应用与养护】海芋株形高大，叶片如扇，果穗红艳美丽，是南方园林常见的观赏植物。在南方常被种植在公园林缘边、行道路旁、水沟边等处。北方大型温室中有栽培供游人观赏。海芋喜高温高湿的环境，耐阴，但在长时间荫蔽条件下常不开花结果，耐热、耐湿、不耐寒冷。喜微酸性土壤，管理较粗放。

黑叶观音莲

【别名】黑叶芋、龟甲观音莲　　【学名】*Alocasia × mortfontanensis*

【识别特征】天南星科。多年生草本植物。株高20～30cm。叶片箭形盾状，
先端渐狭尖，基部心形，叶缘波状浅缺，叶面光亮墨绿色，其上具数条较宽的
白色龟裂形斑纹；叶柄盾状着生在叶背面后端的中部，叶柄基部扩大成鞘状。
佛焰苞近肉质白色，长5～10cm，檐部狭舟形。肉穗花序比佛焰苞短。浆果
近球形。花期5月。

【产地分布】园艺品种。我国各地有栽培。

【应用与养护】黑叶观音莲叶形奇特美丽，是很好的观叶植物。多为盆栽摆放
在客厅、走廊、书房、卧室、办公桌等处供观赏。黑叶观音莲喜半阴温暖湿润
的环境，生长适温为18～28℃，耐半阴，忌强光照射，耐湿。不耐寒冷，8℃
以上可安全越冬。喜肥沃疏松、富含腐殖质、排水良好的土壤。养护管理较
粗放。

羽裂蔓绿绒

【别名】春羽、羽叶喜林芋、维利多蔓绿绒

【学名】*Philodendron bipinnatifidum*

【识别特征】天南星科。多年生草本植物。株高0.5～1.5m。茎短粗壮，稍木质化。叶片大，革质，卵状心形，羽状深裂，裂片边缘呈波状；叶柄长可达30cm，近圆柱形，一侧稍有凹槽。佛焰苞长20～30cm。肉穗花序，乳白色。浆果。花期一般5～6月。

【产地分布】原产于巴西。生长在热带雨林中。我国各地有栽培。

【应用与养护】羽裂蔓绿绒叶片羽裂，奇特典雅，是南方常见的观赏植物。可丛植或片植在公园疏林下、行道路边、假山石旁、水域边等处。盆栽摆放在厅堂、会议室等处供观赏。羽裂蔓绿绒喜半阴温暖湿润的环境，生长适温20～30℃，耐高温，耐阴，不耐旱，忌强光暴晒。不耐寒冷，冬季温度不得低于8℃。喜肥沃疏松、排水良好的微酸性沙质土壤。

白玉黛粉叶

【别名】花叶万年青、白叶万年青　　【学名】*Dieffenbachia amoena* 'Camilla'
【识别特征】天南星科。多年生常绿草本植物。株高可达50cm。茎直立，节间短。叶片长椭圆形，先端渐尖或钝尖，基部近圆形或微心形，全缘；叶柄基部成鞘状。叶片边缘为绿色，叶面淡黄色，其上常分布有不规则形的绿色斑。佛焰苞绿色，卵圆形；肉穗花序圆柱形。浆果橙黄绿色。

【产地分布】栽培种。我国各地广为栽培。

【应用与养护】白玉黛粉叶，叶色美丽，是园林常见的观叶植物。南方常种植在公园疏林下、行道路旁等处。盆栽可作花坛的配置植物，或摆放于厅堂、室内供观赏。白玉黛粉叶喜半阴、温暖湿润的环境，散射光充足叶色更加亮丽，忌强光暴晒，不耐旱。喜肥沃、富含有机质、排水良好的土壤。不耐寒冷，北方应放置在室内养护越冬。

花叶万年青

【别名】黛粉叶、银斑万年青　　【学名】*Dieffenbachia picta*

【识别特征】天南星科。多年生常绿草本植物。株高可达 1～1.5m。叶片长圆形、长椭圆形或长圆状披针形，长可达30cm，先端短尖，基部钝圆或略呈微心形，全缘；叶面光泽，深绿色，叶脉间嵌有不规则的白色或淡黄色斑纹或斑块；叶柄长，中下部具叶鞘。佛焰苞卵圆形，绿色，肉穗花序圆柱形。浆果橙黄绿色。花果期3～7月。

【产地分布】原产于南美洲。我国各地有引种栽培。

【应用与养护】花叶万年青叶片宽大，优美端庄，观赏价值较高。南方常种植在公园林荫处、行道路边、假山石旁等处。盆栽用作花坛景观的围边植物，也常摆放于会议室、客厅、书房等处供观赏。花叶万年青喜散射光充足温暖湿润的环境，生长适温为18～28℃，较耐阴，但光线长时间过暗叶片颜色会变浅，不耐强光暴晒、不耐旱、不耐寒。喜肥沃疏松富含有机质的土壤。

彩叶万年青

【别名】如意万年青　　【学名】*Dieffenbachia sequina*

【识别特征】天南星科。多年生亚灌木状草本植物。株高30 ～ 40cm。茎直立，稍粗壮。叶片长圆形或卵状长圆形，先端渐尖或急尖，基部圆形或微心形，全缘，中脉明显，侧脉下凹，叶柄具鞘；叶片红褐色或淡粉红色等，其上有黑色或墨绿色等不规则的斑纹或斑块。佛焰苞绿色或白绿色，肉穗花序白色或淡黄白色，短于佛焰苞。浆果橙黄绿色。

【产地分布】原产于热带美洲。我国各地有栽培。

【应用与养护】彩叶万年青株形紧密，叶色美丽，是园林常见的观叶植物。多为盆栽，摆放室内供观赏。可作花坛景观的围边植物。彩叶万年青喜光照温暖、通风的环境，耐半阴、不耐旱，夏季忌烈日暴晒。喜肥沃疏松、富含有机质、排水良好的微酸性至中性沙质土壤。不耐寒冷，北方应放置在室内养护越冬。

雪铁芋

【别名】金钱树、泽米叶天南星、美铁芋、金币树

【学名】*Zamioculcas zamiifolia*

【识别特征】天南星科。多年生草本植物。株高50～80cm。地下块茎肥大。地上部无主茎。羽状复叶从地下块茎顶端伸出，叶柄基部膨大，稍木质化；小叶在叶轴上呈对生或近对生，小叶肉质卵形或椭圆形，光亮，具短柄。佛焰苞船形，绿色。肉穗花序较短，花小浅绿色或黄绿色。花期冬季至春季。

【产地分布】原产于非洲热带。我国各地广为栽培。

【应用与养护】雪铁芋肉质羽状叶片浓绿亮丽，端庄大方，是南方常见的观叶植物。主要为盆栽，用于摆放在公园绿荫下、厅堂、会议室、走廊、庭院等处。雪铁芋喜半阴温暖湿润的环境，生长适温20～32℃，较耐阴，忌强光暴晒。喜肥沃疏松、富含有机质的微酸性至中性土壤，忌黏土和积水。不耐寒冷，8℃以上可安全越冬。

星花凤梨

【别名】果子蔓、西洋凤梨　　【学名】*Guzmania lingulata*

【识别特征】凤梨科。多年生草本植物。株高30～50cm。基生叶莲座状，革质光亮，条带形，长可达50cm，先端钝尖。穗状花序从叶筒中央抽出，花梗全部被苞片包裹，苞片为红色或黄色；小花乳黄色、紫色或白色，生在花苞片内。花期冬季至春季。

【产地分布】原产于热带美洲。我国各地广为栽培。

【应用与养护】星花凤梨花色鲜艳美观，花期长，为著名的观赏植物。南方常种植在公园绿荫下、行道路旁林荫下、凤梨观赏园等处。盆栽用作花坛景观的配置植物，或摆放于厅堂、会议室等处供观赏。星花凤梨喜半阴高温高湿的环境，散射光照充足色彩鲜艳，但不耐阳光暴晒，生长适温20～30℃，不耐寒。喜肥沃疏松、富含有机质的微酸性土壤。

大咪头果子蔓

【别名】火炬凤梨、圆锥果子蔓、咪头　　【学名】*Guzmania conifera*

【识别特征】凤梨科。多年生草本植物。株高50～70cm。基生叶莲座状，革质光亮，条带形向外弯，长可达50cm，先端钝尖。穗状花序呈圆锥形，花序上有多个宽阔的红色苞片。每个小花的苞片红色，先端金黄色；小花黄色，包藏在小花的苞片内。花期冬季至春季。

【产地分布】原产于热带美洲。我国各地有栽培。

【应用与养护】大咪头果子蔓花序形似一把燃烧的火炬，鲜艳美丽，花期长，为著名的观赏植物。盆栽用作花坛景观的配置植物，或摆放厅堂、宾馆、会议室、办公室等处供观赏。大咪头果子蔓喜半阴、高温高湿的环境，散射光照充足色彩鲜艳，但不耐强光照射，生长适温20～28℃。喜肥沃疏松、富含有机质的微酸性土壤。不耐寒，温度10℃以上可安全越冬。

紫花凤梨

【别名】铁兰、蓝色铁兰、蓝紫花凤梨　　【学名】*Tillandsia cyanea*

【识别特征】凤梨科。多年生草本植物。株高20～30cm。基生叶莲座状，革质光亮，细条形向外弯，长20～30cm，宽约1cm，先端钝尖，基部紫褐色，全缘。短穗状花序生茎顶端，扁椭圆形。苞片扁平似麦穗状整齐叠生，粉红色或粉紫色；小花蓝紫色或深紫红色，从小苞片内伸出，花瓣3，瓣片卵形。花期冬季至春季。

【产地分布】原产于南美洲厄瓜多尔。我国各地有栽培。

【应用与养护】紫花凤梨花序别致优美，花期长，具有很高的观赏价值。多为盆栽，用于摆放在窗台、书架、案几、办公桌等处供观赏。紫花凤梨喜半阴、高温高湿的环境，散射光照充足色彩鲜艳，但不耐强光照射，生长适温20～30℃。不耐寒，温度10℃以上可安全越冬。喜肥沃疏松、富含有机质的微酸性土壤。

吊竹梅

【别名】吊竹草、吊竹兰　　【学名】*Tradescantia zebrina*

【识别特征】鸭跖草科。多年生草本植物。茎匍匐地面，多分枝，节部生根，紫褐色。叶互生，卵状椭圆形，长4～6cm，宽2.5～3.5cm，先端钝尖，基部钝圆，叶面杂生白色和紫色条纹，叶背面紫红色；无叶柄，有叶鞘。花1至数朵生叶腋内，花瓣宽卵形，玫瑰色或蓝粉色，花丝有长毛。蒴果，一般不常见。花期夏季至秋季。

【产地分布】原产于墨西哥。我国广为栽培。

【应用与养护】吊竹梅叶色美丽，是常见的观赏植物。常种植在公园林荫下、行道路边、坡地等处。盆栽可作花坛、花境的围边植物，也可摆放于室内或作吊篮供观赏。吊竹梅喜半阴温暖湿润的环境，忌强光暴晒，耐水湿，不耐旱，不耐寒。一般土壤均可生长，管理较粗放。

紫露草

【别名】紫大鸭跖草、紫锦草　　【学名】*Tradescantia ohiensis*

【识别特征】鸭跖草科。多年生草本植物。株高30～50cm。茎直立，光滑，淡绿色。叶互生，条状披针形，长15～30cm，宽1～1.5cm，先端钝尖，基部具叶鞘。花数朵簇生在枝顶呈伞房状，托以2个苞片，苞片长10～20cm。萼片3，绿色，卵形，顶端具一束毛。花蓝紫色或粉红色，直径2～3cm，花瓣3，宽卵形或近圆形。蒴果椭圆形。花果期6～9月。

【产地分布】原产于美洲热带。我国各地有栽培。

【应用与养护】紫露草花色鲜艳，花期较长，是常见的观赏植物。可种植在公园林荫处、道路边疏林下。盆栽可摆放于厅堂或室内供观赏。紫露草喜光照、温暖、湿润的环境，生长适温15～25℃，耐半阴，耐寒，忌强光暴晒。一般土壤均可生长，不耐积水，管理较粗放。

白绢草

【别名】白雪姬、乳野水竹草、雪绢　　【学名】*Tradescantia* sillamontana

【识别特征】鸭跖草科。多年生草本植物。株高15 ～ 20cm。茎直立或匍匐。叶互生，绿色或褐绿色，卵形或椭圆形，长3 ～ 4cm，宽2.5 ～ 3cm，叶片与茎均密被白色蛛丝状茸毛。花着生在茎顶端，花瓣3，宽卵形，淡紫粉色。蒴果，一般不常见。花期春季至秋季。

【产地分布】原产于北美洲墨西哥。我国引种栽培。

【应用与养护】白绢草全株密被白色蛛丝毛，小花精致别雅，有很好的观赏性。多为盆栽，可摆放于厅堂、室内或作吊篮观赏。白绢草喜光照充足、温暖湿润、通风的环境，生长适温22 ～ 28℃，稍耐阴，忌强光暴晒。不耐寒，温度在8℃以上可安全越冬，冬季适当控制浇水。喜肥沃疏松、富含有机质、排水良好的土壤，不耐积水。

白花紫露草

【别名】白花鸭跖草　　【学名】*Tradescantia* fluminensis

【识别特征】鸭跖草科。多年生草本植物。茎匍匐，多分枝，节部生根。叶互生，长圆形或卵状长圆形，先端钝尖，叶鞘端部有毛，叶面绿色杂生有不规则的黄白色纵条纹。花数朵生茎顶叶腋处。花小白色，花瓣3，卵形，花丝间有白色长毛。蒴果。花期夏季至秋季。

【产地分布】原产于南美洲。我国引种栽培。

【应用与养护】白花紫露草株形铺散，花色洁白，具有较好的观赏性。多为盆栽，可摆放厅堂、室内或作吊篮观赏。白绢草喜光照、温暖湿润、通风的环境，生长适温15～25℃，稍耐阴，忌强光暴晒。不耐寒，温度8℃以上可安全越冬，冬季适当控制浇水。一般土壤均可生长，不耐涝。

紫竹梅

【别名】紫鸭跖草　　【学名】*Tradescantia pallida*

【识别特征】鸭跖草科。多年生草本植物。株高可达40cm，全株紫褐色。茎直立或斜升。叶互生，长椭圆形，稍卷曲，先端钝尖，叶鞘短于茎节。花生在茎顶总苞片内。花粉红色或玫瑰色，花瓣3，宽卵形，花丝有白色长毛，花药鲜黄色。蒴果。花果期夏季至秋季。

【产地分布】原产于墨西哥。我国广为栽培。

【应用与养护】紫竹梅通体紫褐色，小花红粉色，具有较高的观赏价值。多为盆栽，可摆放于厅堂、室内或作吊篮观赏。紫竹梅喜光照，喜温暖湿润、通风的环境，生长适温20 ～ 30℃，稍耐阴，忌强光暴晒。不耐寒，温度在10℃以上可安全越冬，冬季适当控制浇水。一般土壤均可生长，耐旱，不耐积水，养护管理粗放。

雨久花科

凤眼蓝

【别名】凤眼莲、水葫芦、水浮莲　　【学名】*Eichhornia crassipes*

【识别特征】雨久花科。多年生浮水草本植物。株高30～50cm。叶片倒卵状圆形、近圆形或肾形，绿色光泽，先端钝圆，基部微心形；叶柄长10～20cm，中部下膨大成圆形或长椭圆形的气囊状。穗状花序生花梗顶端。花粉蓝色或粉红色，花被片6，上面1片中部具黄色斑。蒴果卵圆形。花果期8～10月。

【产地分布】原产于巴西。生于河湖、池塘、沟渠中。我国广布于南方各地。

【应用与养护】凤眼蓝株形优雅，花色鲜艳美丽，是常见的水生观赏植物。常见于公园水域园、池塘、河湖等地，有绿化水面和净化水质的作用。水缸中养殖可摆放于庭院、室内供观赏。凤眼蓝喜光照充足、温暖的环境，耐热。不耐寒冷，北方不能在露地越冬。

雨久花

【别名】蓝鸟花、青慈姑花　　【学名】*Monochoria korsakowii*

【识别特征】雨久花科。一年生水生草本植物。株高30～60cm。茎直立，光滑无毛。叶互生，阔卵形或卵状心形，绿色光泽，先端渐尖，基部心形，全缘；叶柄基部阔大成鞘。总状花序顶生。花蓝紫色或蓝色，花被片6，近椭圆形；雄蕊6，其中1枚花药较长，为淡蓝色，其他为黄色。蒴果长卵圆形。花果期6～10月。

【产地分布】我国分布于东北、华北、华中、华东、华南。生于池塘、河沟。

【应用与养护】雨久花淡蓝色的花朵素雅而美丽，是常见的水生植物。可单独或与其他植物搭配种植在公园的水域区、池塘等地。雨久花喜光照充足、温暖湿润的环境，不耐旱。一般土壤均可生长。

梭鱼草

【别名】海寿花、北美梭鱼草　　【学名】*Pontederia cordata*

【识别特征】雨久花科。多年生挺水或湿生草本植物。株高0.8～1.5m。叶互生，灰绿色，卵状披针形，长可达25cm，宽可达15cm，先端渐尖，基部心形，全缘；叶柄长，圆柱形。穗状花序顶生，长5～20cm。小花蓝色密生，花被片6，瓣片近圆形，上方花瓣有2个黄绿斑点。果实褐色，果皮坚硬。花果期5～10月。

【产地分布】原产于美洲热带。生于河湖、池塘、湿地中。我国各地有栽培。

【应用与养护】梭鱼草株形挺拔，穗状花序蓝色美丽，是新兴的水生观赏植物。可单独或与其他植物搭配种植在公园水域区、池塘、河湖浅水中。梭鱼草喜光照充足、温暖湿润的环境，生长适温为15～30℃。不耐寒，越冬温度不得低于5℃。一般土壤均可生长。

郁金香

【别名】洋荷花、荷兰花、草麝香、郁香　　【学名】*Tulipa gesneriana*

【识别特征】百合科。多年生草本植物。鳞茎扁圆形。叶互生，3 ～ 5 片叶，灰绿色、卵状披针形或条状披针形，先端钝尖，基部抱茎，全缘。花单生茎顶，品种不同而颜色不同，常见的颜色有红色、橙色、黄色、粉色、紫色、复合色等。蒴果。花期 3 ～ 5 月。

【产地分布】原产于欧洲。我国各地广为栽培。

【应用与养护】郁金香园艺品种极多，花色丰富，花朵高雅端庄秀丽，是世界著名的观赏花卉。可成片种植形成花海景观。盆栽可作花坛、花境的配置植物，或摆放室内供观赏。是作鲜切花的上好材料。郁金香喜光照温暖凉爽的环境，生长适温为 18 ～ 22℃，不耐炎热，夏季休眠。可耐 -35℃ 低温。喜肥沃疏松、富含有机质、排水良好的沙壤土，不耐积水。

芦荟

【别名】库拉索芦荟、巴巴芦荟　　【学名】*Aloe vera*

【识别特征】百合科。多年生草本植物。株高可达1m。叶片肉质肥厚多汁，狭披针形，表面有灰白色的蜡质粉层，叶缘具刺状小齿。总状花序生花莛顶端，花莛长可达90cm；小花黄色，圆筒形，具短梗。蒴果，一般不结果实。花期春季至秋季。

【产地分布】原产于南美洲。牛于干热河谷。我国南方多有栽培。

【应用与养护】芦荟叶形美观，花色鲜黄，是很好的观叶植物。可单独或与其他植物搭配种植在公园、道路旁等地。盆栽可摆放于厅堂、室内供观赏。芦荟喜光照充足、温暖较干旱的环境，不耐潮湿和积水，生长适温为18～30℃。不耐寒，5℃以上可安全越冬，北方应放置在室内养护越冬。喜肥沃疏松、富含有机质、排水良好的沙质土壤，忌黏重土壤。

木立芦荟

【别名】木剑芦荟、龙爪菊　　【学名】Aloe arborescens

【识别特征】百合科。多年生草本植物。株高可达1m。茎常木质化。叶互生，肉质肥厚多汁，狭披针形，长25～35cm，宽2.5～3.5cm，稍向上卷，先端渐尖，基部鞘状抱茎，叶缘具刺状小齿。圆锥花序生花莛顶端，花莛细长；小花橘红色，长圆筒形，具短梗。蒴果，一般不结果实。花期春季至秋季。

【产地分布】原产于南非。我国各地广为栽培。

【应用与养护】木立芦荟叶形美观，花色橙黄，是常见的观赏植物。多为盆栽摆放于厅堂、室内等处供观赏。木立芦荟喜光照充足、温暖的环境，生长适温为15～28℃，较耐阴、耐热、耐旱。对土壤要求不严，但在肥沃疏松、富含有机质、排水良好的沙质土壤中生长最佳，忌黏重土壤，不耐涝、不耐寒，北方应放置在室内养护越冬。

麝香百合

【别名】百合花、药百合 　　【学名】*Lilium longiflorum*

【识别特征】百合科。多年生草本植物。地下鳞茎球形或近球形。株高可达1m。叶互生，披针形或长圆状披针形，先端渐尖或钝尖，基部渐狭，两面无毛，全缘。花单生或2～3朵生茎顶。花喇叭形，乳白色，花被筒外面略带绿色，蜜腺两边无乳头状突起，具香气；花被上部开展稍向外弯。瘦果长圆形，具棱。花果期5～10月。

【产地分布】我国分布于台湾。各地广为栽培。

【应用与养护】麝香百合花色洁白，有百年好合之意，为著名的观赏植物。可种植在公园、庭院等处。盆栽供观赏。是著名的鲜切花材料。麝香百合喜光照充足、温暖湿润、凉爽的环境，夏季高温时会休眠，稍耐阴。喜肥沃疏松、富含腐殖质、排水良好的微酸性土壤，不耐涝，土壤湿度过高会引起根部腐烂。

卷丹

【别名】虎皮百合、山百合　　【学名】*Lilium lancifolium*

【识别特征】百合科。多年生草本植物。地下鳞茎宽卵状球形。株高0.8～1.5m。茎直立，常呈紫褐色。叶互生，长圆状披针形或披针形，两面光滑，叶片先端常有白毛，上部叶腋处生有近圆形的黑褐色珠芽。花3至数朵生茎顶组成总状花序。花下垂，花被片披针形反卷，橙红色，具紫黑色斑点。瘦果狭卵状长圆形。花果期7～10月。

【产地分布】我国大部分地区有分布。生于山坡草地、灌丛林下。

【应用与养护】卷丹花大色红，花瓣反卷似垂吊的灯笼十分好看，为常见的观赏植物。可单独或与其他植物搭配种植在公园、道路旁、庭院等地。也可作鲜切花。卷丹喜光照充足温暖湿润的环境，稍耐阴，不耐干旱，较耐寒。喜肥沃疏松、富含有机质、排水良好的微酸性至中性土壤，忌黏重土壤。

黄花菜

【别名】金针菜、忘忧草、萱草　　【学名】*Hemerocallis citrina*

【识别特征】百合科。多年生草本植物。株高可达1m。叶基生，长条形，长30～50cm，宽2～3cm，先端渐尖，全缘或微波状。花数朵生花梗上端。花被片6，黄色，花被片长椭圆形；花丝长约8cm，花药黄色。蒴果椭圆形。花果期5～9月。

【产地分布】我国大部分地区有分布。生于山坡草地、林缘。各地广为栽培。

【应用与养护】黄花菜花大色泽鲜黄，为常见的观赏植物。常丛植或片植于公园、道路两边、村寨旁供观赏和食用。黄花菜喜光照充足、温暖干燥的环境，开花期适温为20～25℃，较耐寒，耐干旱。耐贫瘠，对土壤要求不高，一般土壤均可生长，忌土壤过湿和积水，管理较粗放。

大花萱草

【别名】萱草　　【学名】*Hemerocallis hybridus*

【识别特征】百合科。多年生草本植物。株高可达1m。叶基生，排成2列，绿色，长条形向下弯，长30～60cm，宽2～3cm，先端渐尖，叶背面有龙骨状突起，全缘。花数朵生花梗顶端，花梗长可达1m。花大漏斗形，花被片6，分2层，橙黄色，被片宽披针形外弯，中部有1条黄色纵条；花丝长约10cm，花药黑褐色。蒴果。花果期5～10月。

【产地分布】园艺品种。我国各地有栽培。

【应用与养护】大花萱草园艺品种较多，花大，色泽艳丽，为园林绿化常用植物。常片植于公园、道路两边、坡地、疏林下等处。盆栽可作花坛、花境的配置植物。可作鲜切花。大花萱草喜光照，喜温暖湿润的环境，稍耐阴、耐旱、耐寒、耐贫瘠，一般土壤均可生长，偏盐碱性土壤也可生长，耐水湿，管理较粗放。开花后应及时割除地上部，以利于长出新株。

金娃娃萱草

【别名】黄百合、萱草、忘萱草　　【学名】*Hemerocallis fulva* 'Golden Doll'

【识别特征】百合科。多年生草本植物。株高30～40cm。叶基生，排成2列，长条形，长约30cm，宽约1cm，先端渐尖，全缘。花数朵生花莛顶端，花莛高可达30cm。花大，漏斗形，直径6～8cm，花被片6，分2层，金黄色或橘黄色，被片宽卵形外弯；花丝细长，花药黄色。蒴果钝三角形。花果期5～10月。

【产地分布】原产于美国。园艺品种，我国各地引种栽培。

【应用与养护】金娃娃萱草株形矮壮，花大鲜艳，花期长，为园林绿化常用植物。常片植于公园、道路两边、疏林下等处。盆栽可作花坛等的配置植物。金娃娃萱草喜光照，喜温暖湿润的环境，耐热、耐旱、耐水湿、耐寒。对土壤要求不严，但以肥沃、富含腐殖质、排水良好的沙质土壤为佳，略偏盐碱性土壤也可生长，管理较粗放。

皇冠贝母

【别名】帝王贝母、花贝母、王贝母　　【学名】*Fritillaria imperialis*

【识别特征】百合科。多年生草本植物。株高0.6～1m。茎直立，单一。叶对生或轮生，披针形或卵状披针形，长约15cm，先端渐尖，全缘。花数朵轮生在总花梗上端，梗顶叶丛之下。花下垂，花色有橙红色、大红色、黄色、硫黄色等，花被片6，分离。蒴果，3室。花期4～5月。

【产地分布】原产于印度北部、阿富汗及伊朗。生于石砾山坡、灌丛。我国引种栽培。

【应用与养护】皇冠贝母花形别致，色彩鲜艳，有很好的观赏价值。可成片种植在公园疏林下、道路旁、庭院等处。皇冠贝母喜光照，喜温暖、湿润、凉爽的环境，耐半阴、耐寒、不耐酷热。喜肥沃疏松、富含有机质、排水良好的沙质土壤，不耐积水。

风信子

【别名】五彩水仙、时样锦　　【学名】*Hyacinthus orientalis*

【识别特征】百合科。多年生草本植物。株高20～40cm。地下鳞茎球形或扁球形，直径约3cm。叶基生，条带状披针形，肉质肥厚，先端急尖，全缘。总状花序生花葶上端，花小密集。小花漏斗形，基部筒状，花被裂片6，裂片长椭圆形反卷；颜色有粉红色、红色、蓝色、紫色、白色等，有清香味。蒴果球形。花果期3～6月。

【产地分布】原产于欧洲南部。我国各地有栽培。

【应用与养护】风信子园艺品种多，开花期也不同，花色丰富，花姿优美，是早春开花的著名花卉。可种植于公园、路边绿化带、疏林下等处。盆栽摆放于厅堂、室内，还可在瓶罐中水养。可作鲜切花。风信子喜光照，喜温暖、湿润、凉爽的环境，生长适温15～20℃，耐寒、耐半阴、耐积水、不耐高温。喜肥沃疏松、富含有机质的沙质土壤。

葡萄风信子

【别名】串铃花、蓝瓶花、葡萄百合、蓝壶花　　【学名】*Muscari botryoides*

【识别特征】百合科。多年生草本植物。株高15～40cm。叶基生，线条形，稍肉质，长15～20cm，宽约0.6cm，先端渐尖，叶缘稍向内卷。总状花序生花葶上端，其上密生许多形似小灯笼状的小花。小花梗下垂，花蓝色或淡蓝色，花冠先端缢缩分裂，小裂片三角形，白色。蒴果。花果期3～6月。

【产地分布】原产于地中海沿岸。我国各地区有栽培。

【应用与养护】葡萄风信子株形低矮，花序端庄典雅，花期长，为早春观赏植物。常成片种植在公园草地、道路边、疏林下、庭院形成地被景观。盆栽可摆放厅堂、室内供观赏。葡萄风信子喜光照，喜温暖、凉爽的环境，亦耐阴，生长适温15～30℃，不耐热，夏季休眠。喜肥沃疏松、富含有机质、排水良好的沙质土壤。

虎尾兰

【别名】千岁兰、老虎尾、虎皮兰　　【学名】*Sansevieria trifasciata*

【识别特征】百合科。多年生草本植物。株高30～80cm。地下根状茎横走。叶片革质扁平，长条形，先端渐狭具长尖，两面具不规则的深绿色横向斑纹。花葶较长，花淡黄绿色，每3～8朵簇生，排成总状花序；花梗近中部有关节。花被管先端裂片6，裂片狭条形。浆果球形，直径约0.3cm。花果期冬季至春季。

【产地分布】原产于非洲西部。我国广为栽培。

【应用与养护】虎尾兰叶片挺拔直立，嵌有虎皮斑纹，是四季常绿的观叶植物。多为盆栽，特别适合摆放于厅堂、会议室、客厅、书房、宾馆、饭店等处。虎尾兰喜光照，喜温暖湿润的环境，生长适温为20～30℃，耐阴性强，耐干旱，不耐强光暴晒。喜肥沃疏松、富含有机质、排水良好的沙质土壤，不耐积水，管理较粗放。不耐寒，北方应放置在室内向阳处越冬。

金边虎尾兰

【别名】金边虎皮兰　　【学名】*Sansevieria trifasciata* var. *laurentii*

【识别特征】百合科。多年生草本植物。株高30～70cm。地下根状茎横走。叶片革质扁平，条状披针形，先端渐狭具长尖，两面具不规则的深绿色横向斑纹，叶片边缘具金黄色宽边。花葶较长，花淡黄绿色，每3～8朵簇生，排成总状花序。花梗近中部有关节，花被管先端裂片6，裂片狭条形。浆果球形。花果期冬季至春季。

【产地分布】原产于非洲西部。我国广为栽培。

【应用与养护】金边虎尾兰是虎皮兰的栽培变种，叶片挺拔美丽，是四季常绿的观叶植物。多为盆栽，特别适合摆放于会议室、客厅、书房、宾馆、饭店等处。虎尾兰喜光照温暖湿润的环境，生长适温为20～30℃，耐阴性强，耐旱，不耐强光暴晒。喜肥沃疏松、富含有机质、排水良好的沙质土壤，不耐涝，管理较粗放。不耐寒冷，北方应放置在室内向阳处越冬。

火炬花

【别名】火把莲、剑叶兰、红火棒　　**【学名】**_Kniphofia uvaria_

【识别特征】百合科。多年生草本植物。株高0.8～1.2m。叶丛生，长条形弯曲，长可达60cm，宽2～2.5cm，先端渐尖，基部常内折，抱合成假茎。穗形总状花序生花莛上端，密生许多筒状小花。小花先端齿裂，裂片三角形；花冠橘红色、红色、黄色等。蒴果，黄褐色。花果期6～10月。

【产地分布】原产于南非。我国各地有栽培。

【应用与养护】火炬花花序形似火把而美丽，具有很高的观赏价值。常种植在公园绿地、道路两边、庭院等处。盆栽可作花坛、花境的配置植物。可作鲜切花。火炬花喜光照温暖的环境，稍耐阴、耐热、较耐寒。喜肥沃疏松、富含有机质、排水良好的壤土。

玉簪

【别名】内消花、白鹤仙、白玉簪、白萼　　【学名】*Hosta plantaginea*

【识别特征】百合科。多年生草本植物。株高40～80cm。根状茎粗壮。基生叶片大，卵状心形或卵圆形，先端钝圆或钝尖，基部心形，叶脉明显，全缘；叶柄长。总状花序生茎顶。花大，白色，有芳香味；花冠筒状漏斗状，先端6裂，裂片长椭圆形。蒴果圆柱形，长约6cm。花果期7～10月。

【产地分布】我国分布于西南、东南、华东、华中。各地广为栽培。

【应用与养护】玉簪叶片宽大，花朵洁白素雅，花期长，为园林绿化常用植物。常成片种植在公园荫蔽处、道路边疏林下。也可盆栽摆放厅堂、室内供观赏。玉簪喜半阴、温暖湿润的环境，强光照射叶片易枯黄，耐寒。耐贫瘠，一般土壤均可生长，不耐涝，管理较粗放。

波叶玉簪

【别名】花叶玉簪　　【学名】*Hosta undulata*

【识别特征】百合科。多年生草本植物。株高30～50cm。基生叶丛生，长卵形或卵圆形，先端钝尖，基部微心形，叶脉明显，叶面具不规则的白色或黄白色的纵纹及斑块，叶缘常呈微波状；叶柄长。总状花序生茎顶，花数朵。花白色或淡紫色，有芳香味；花冠筒状漏斗状，先端6裂，裂片长椭圆形。蒴果圆柱形。花果期7～10月。

【产地分布】原产于中国及日本。我国各地广为栽培。

【应用与养护】波叶玉簪园艺品种较多，高矮不一，花朵素雅，为园林绿化常用植物。常成片种植在公园荫蔽处、道路边疏林下。也可盆栽摆放于厅堂、室内供观赏。波叶玉簪喜半阴、温暖湿润的环境，强光照射或干旱叶片易枯黄，耐寒。耐贫瘠，一般土壤均可生长，不耐涝，管理较粗放。

紫萼

【别名】紫玉簪、紫鹤、红玉簪　　【学名】*Hosta ventricosa*

【识别特征】百合科。多年生草本植物。株高40～70cm。根状茎粗壮。基生叶卵形或卵圆形，先端钝尖或渐尖，基部楔形，全缘；叶柄长，两边具下延的狭翅。总状花序生茎顶。花紫色，花冠筒状漏斗形，先端6裂，裂片长椭圆形。雄蕊6，花丝细长，花药蓝紫色。蒴果圆柱形。花果期7～10月。

【产地分布】我国分布于西南、华南、华东、华中。生于山坡林下阴湿处。

【应用与养护】紫萼株形紧凑，花朵密集优雅，花期长，是园林绿化常用植物。常丛植或片植在公园荫蔽处、路边疏林下、假山石旁。也可盆栽摆放于厅堂、室内供观赏。紫萼喜半阴、温暖湿润的环境，耐寒。耐贫瘠，对土壤要求不严，一般土壤均可生长，不耐积水，管理较粗放。

大花葱

【别名】吉安花、绒球葱、硕葱　　【学名】*Allium giganteum*

【识别特征】百合科。多年生草本植物。株高0.6～1.2m。叶丛生，长披针形，长可达50cm，先端渐尖，全缘。伞形花序生花莛顶端，呈球形，其上密生大量小花。小花红色或紫红色，花被片6，被片狭条形，先端尖；小花梗细长。蒴果。花果期5～7月。

【产地分布】原产于亚洲中部。我国北方多有栽培。

【应用与养护】大花葱株形挺拔直立，花序呈球形，十分美丽，是新发展起来的园林观赏植物。可丛植或片植于公园草地、道路两边、岩石园等处。盆栽可作花坛、花境的配置植物。可作鲜切花。大花葱喜阳光充足、温暖凉爽的环境，生长适温15～25℃，较耐寒，稍耐阴，忌湿热多雨。喜肥沃疏松的沙质土壤，不耐涝。不宜过多施用氮肥，防止徒长倒伏。

狐尾天门冬

【别名】狐尾武竹、美伯氏密花天门冬

【学名】*Asparagus densiflorus* 'Myersii'

【识别特征】百合科。多年生草本植物。株高30～60cm。植株丛生，直立或倾斜。叶片细小呈鳞片状或狭条状，长0.3～0.6cm，3～4片呈辐射状生长，鲜绿色。小花白色，有香味。浆果小球形，成熟后呈鲜红色，表面光滑。花果期夏季至秋季。

【产地分布】原产于南非。我国引种栽培。

【应用与养护】狐尾天门冬株形丰满蓬松，形似狐狸尾巴，是十分漂亮的观叶

植物。可种植在公园草地、路旁绿地、疏林下等处。盆栽可作花坛、花境的配置植物，或摆放于室内供观赏。可作鲜切花。狐尾天门冬喜光照，喜温暖湿润的环境，生长适温15～25℃，耐阴、耐旱。不耐寒冷，越冬温度不得低于5℃。对土壤没有严格要求，一般营养土即可，不耐涝。

沿阶草

【别名】矮小沿阶草、铺散沿阶草　　【学名】*Ophiopogon bodinieri*

【识别特征】百合科。多年生草本植物。株高15～40cm。地下根常膨大成肉质纺锤形的块根。叶丛生，狭条形，长20～40cm，宽0.2～0.4cm，先端渐尖，叶缘具细齿。总状花序顶生。苞片膜质，每苞片内腋生1～3朵小花。小花白色或稍带蓝紫色，花被片6，椭圆形，花药黄色。果实球形，成熟后黑蓝色。花果期5～9月。

【产地分布】我国分布于西南、华中、华北等地。生于山坡、灌丛林下。各地广为栽培。

【应用与养护】沿阶草植株低矮，丛生常绿，花色淡雅，为园林绿化常用植物。常种植在公园草地、道路两侧绿化带、山坡、疏林下等处，是非常好的地被植物。可盆栽摆放庭院、阳台、花坛等处。沿阶草耐阴性强，耐旱，较耐寒，也耐水湿。耐贫瘠，一般土壤均可生长，每年春季可施肥一次，养护管理粗放。

秋水仙

【别名】草地番红花　　【学名】*Colchicum autumnale*

【识别特征】百合科。多年生草本植物。株高10～20cm。地下鳞茎圆球形。叶片披针形，长20～30cm，先端钝尖或渐尖，基部宽抱茎，叶面具纵槽棱，叶缘具细微齿。花开时略呈漏斗形，花粉红色、紫红色或白色，直径5～7cm，花被片6，长椭圆形，先端钝尖；雄蕊比雌蕊短，花药黄色。蒴果。花期8～10月。翌年春季长叶。

【产地分布】原产于地中海沿岸。我国引种栽培。

【应用与养护】秋水仙花朵极为美丽，具有很好的观赏性。常丛植或片植在公园绿地、道路旁、疏林边等处。也可盆栽供观赏。秋水仙喜光照充足、温暖干燥、通风的环境，生长适温18～25℃，稍耐阴，耐旱，较耐寒。喜肥沃疏松、富含腐殖质、排水良好的微酸性至中性土壤。

文殊兰

【别名】白花石蒜、十八学士、罗裙带、水蕉

【学名】*Crinum asiaticum* var. *sinicum*

【识别特征】石蒜科。多年生草本植物。株高1～1.5m。鳞茎长圆柱形。叶片条状披针形，长可达1m，宽7～12cm，先端渐尖，叶缘微波状。伞形花序生花莛顶端，有花10～20朵，芳香。花白色，高脚碟状，花冠管细，长约10cm；花冠先端6裂，裂片细条形下弯，长5～9cm。蒴果近球形。花期春季至夏季。

【产地分布】我国分布于西南、华南等热带地区。各地有引种栽培。

【应用与养护】文殊兰株形优雅，花色洁白，芳香宜人，为南方园林绿化常用植物。常孤植或丛植在公园绿地、道路旁、宾馆、假山石砾园、村寨等处。盆栽可摆放于庭院、客厅、会议室等处。文殊兰喜光照充足、温暖湿润的环境，耐半阴，不耐旱。喜肥沃疏松、富含有机质、排水良好的沙质土壤，稍耐盐碱土，不耐寒。

红花文殊兰

【别名】美丽文殊兰、紫花文殊兰　　　【学名】*Crinum amabile*

【识别特征】石蒜科。多年生草本植物。株高可达1.5m。鳞茎长圆柱形。叶片条状披针形，长可达1m，绿色或暗紫红色，先端渐尖，叶缘常呈波状。伞形花序生花葶顶端，有花15～30朵，芳香。花外面紫色，内面粉白色具紫色纵纹；花高脚碟状，花冠管细，长约10cm，花冠先端6裂，裂片条形下弯，长可达14cm。蒴果近球形。花期春季至夏季。

【产地分布】原产于印度尼西亚。我国南方多有栽培。

【应用与养护】红花文殊兰株形优雅，花朵美丽，具芳香，观赏价值较高。南方常种植在道路旁、宾馆、假山石旁、沙砾园等处。盆栽可摆放于庭院、客厅、会议室等处。红花文殊兰喜光照充足温暖的环境，光照不足影响花的颜色，耐热、不耐旱，不耐寒。喜肥沃疏松、富含腐殖质、排水良好的微酸性沙质土壤，不耐黏重土壤。

水鬼蕉

【别名】蜘蛛百合、蜘蛛兰、美洲水鬼蕉 　　【学名】*Hymenocallis littoralis*

【识别特征】石蒜科。多年生草本植物。株高可达1m。叶基生，倒披针形，长50～70cm，宽3～6cm，先端急尖，基部渐狭，全缘，无叶柄。伞形花序生花莛顶端，有花8～20朵。花白色，下部联合成漏斗状或杯状，其上伸出6条细长的裂片；雄蕊6，细长，着生于花冠的喉部；柱头1，细长。蒴果卵圆形或环形。花期春季至夏季。

【产地分布】原产于美洲热带。我国西南、华南等地有栽培。

【应用与养护】水鬼蕉株形优雅，花色洁白芳香，花朵形似长腿蜘蛛，为南方较常见的观赏植物。常种植在公园、路边绿地、宾馆、校园等处。盆栽可摆放于庭院、客厅、会议室等处。水鬼蕉喜光照充足、温暖湿润的环境，稍耐阴，耐热、耐旱。喜肥沃疏松、富含腐殖质、排水良好的微酸性沙质土壤，不耐黏重土壤。

朱顶红

【别名】朱顶兰、柱顶红、红花莲、孤莛花　　【学名】*Hippeastrum rutilum*

【识别特征】石蒜科。多年生草本植物。株高30～50cm。地下鳞茎肥大，近球形。叶片宽条形，长可达30cm，先端钝尖，全缘。花通常2～4朵生花莛顶端，花莛粗壮，中空。花大，漏斗形，颜色有红色、粉色、白色等；花被片6，倒卵形或长圆形，喉部有不明显的副花冠。蒴果球形，3瓣裂。花果期春季至秋季。

【产地分布】原产于南美洲。我国各地有栽培。

【应用与养护】朱顶红园艺品种较多，花色丰富，花朵鲜艳，花期长，观赏价值高。可种植在公园、路边绿地、花箱等处。盆栽可作花坛、花境的配置植物，或摆放室内供观赏。可作鲜切花。朱顶红喜光照温暖湿润的环境，生长适温为18～25℃，不耐酷热，稍耐旱，不耐寒冷。喜肥沃疏松、富含有机质、排水良好的沙质土壤，忌黏重土壤，不耐涝。

石蒜

【别名】红花石蒜、螃蟹花、老鸦蒜、龙爪花　　【学名】*Lycoris radiata*

【识别特征】石蒜科。多年生草本植物。株高约30cm。地下鳞茎球形，直径1.5～4cm，外被紫褐色鳞茎皮。秋季出叶，基生叶长条形，长15～25cm，宽1～2cm，叶面青绿色，叶背面粉绿色，全缘。伞形花序生花莛顶端，通常有花4～6朵。花红色，花被裂片6，狭倒披针形，向外反卷，边缘波状；雄蕊6，花丝细长，红色。蒴果，一般不结果实。花果期7～9月。

【产地分布】我国分布于西南、华南、东南、华东、华中。生于山坡阴湿处、河边、林缘。

【应用与养护】石蒜花形奇特美丽，花丝细长优雅，秋季观叶，翌年夏季观花，有较高的观赏价值。常种植在公园疏林下或背阴处，也可作鲜切花。石蒜喜散射光，喜温暖阴湿的环境，较耐寒。喜肥沃疏松、富含有机质、排水良好的微酸性至中性土壤。

中国石蒜

【别名】老鸦蒜、红花石蒜、幽灵花　　【学名】*Lycoris chinensis*

【识别特征】石蒜科。多年生草本植物。株高约60cm。地下鳞茎近球形，直径3～4cm。春季出叶，叶条带形，长可达35cm，宽约2cm，先端钝圆，全缘。伞形花序生花莛顶端，有花5～6朵。花黄色，花冠筒长1.7～2.5cm，花被裂片6，裂片长约6cm，宽约1cm，裂片背面具淡黄色的中肋；雄蕊6，花丝细长，黄色，花药黄色。蒴果。花果期7～9月。

【产地分布】我国分布于河南、江苏、浙江等地。生长在山坡阴湿处。

【应用与养护】中国石蒜花大，鲜黄色，花丝细长优雅，有较高的观赏性。常种植在公园疏林下或荫蔽处。中国石蒜喜散射光，喜温暖潮湿的环境，耐半阴，也耐旱，耐寒。喜肥沃疏松、富含有机质、排水良好的微酸性至中性土壤。

长筒石蒜

【别名】无　　【学名】*Lycoris longituba*

【识别特征】石蒜科。多年生草本植物。株高60～80cm。地下鳞茎近球形，直径约4cm。早春出叶，叶片披针形，长30～40cm，宽1.5～2.5cm，先端渐狭钝圆，全缘。伞形花序生花葶顶端，有花5～7朵。花白色，花冠筒长4～6cm，花被裂片6，倒卵形，向外反卷；雄蕊6，稍短于花被；花柱伸出花被外。蒴果近球形。花果期7～9月。

【产地分布】我国分布于江苏等地。生于山坡阴湿处。各地有引种栽培。

【应用与养护】长筒石蒜花色洁白素雅，有较好的观赏性。可种植在公园疏林下、荫蔽处、假山石旁等，也可作鲜切花。长筒石蒜喜散射光阴湿温暖的环境，耐半阴，也耐旱，耐寒。喜肥沃疏松、富含有机质、排水良好的微酸性至中性土壤。

君子兰

【别名】大花君子兰、剑叶石蒜、大叶石蒜　　【学名】*Clivia miniata*

【识别特征】石蒜科。多年生常绿草本植物。株高30～50cm。叶片从根部短缩的茎上呈2列排出，叶片扁平宽条形，光泽，长30～50cm，宽3～5cm，先端钝尖，脉纹明显，全缘。伞形花序生花莛顶端，有小花7～30朵。小花漏斗形，花被裂片6，橙红色或黄红色。浆果宽卵形，成熟后红色。花果期冬季至夏季。

【产地分布】原产于非洲南部。生长在山地森林中。我国北方多有栽培。

【应用与养护】君子兰园艺品种较多，叶色碧绿优美，花朵鲜艳美丽，高贵大方，花期长可达50天，为著名的室内观赏植物。盆栽可摆放于宾馆、会议室、客厅等处。君子兰喜散射光充足、温暖湿润、凉爽的环境，生长适温为15～25℃，耐半阴，忌强光直射，温度高于30℃或低于10℃时生长受到抑制。喜肥沃疏松、富含有机质、排水良好的微酸性至中性土壤。

水仙

【别名】金盏银台、雅蒜、天葱、俪兰
【学名】*Narcissus tazetta* var. *chinensis*
【识别特征】石蒜科。多年生草本植物。地下鳞茎近圆形。叶片扁平，狭条形，长30～40cm，宽1～2cm，先端钝尖，全缘。花葶中空，与叶片近等长。总苞片呈佛焰苞状，膜质。伞形花序生花葶顶端，常具4～8朵花，花梗长短不一。花白色，芳香，花冠高脚碟状，先端裂片阔卵形；副花冠浅杯状，鲜黄色。蒴果卵形，胞背开裂。花期1～2月。

【产地分布】原产于亚洲东部的海滨地区。我国福建、浙江等地广为栽培。

【应用与养护】水仙花色洁白典雅，香味浓郁，是著名的室内观赏花卉。盆栽用于摆放宾馆、会议室、客厅、窗台、阳台等处。水仙喜光照充足、温暖湿润、凉爽的环境，生长适温为10～18℃，光照不足影响开花，耐水湿，不耐旱。多为水培种植。

黄水仙

【别名】洋水仙、喇叭水仙　　【学名】*Narcissus pseudonarcissus*

【识别特征】石蒜科。多年生草本植物。地下鳞茎近球形。叶片狭条形扁平，直立向上，灰绿色，长30～40cm，宽约1.5cm，先端钝尖，全缘。花单生花葶顶端，花葶高度约30cm。花黄色或淡黄色，花梗长1.2～1.8cm，花冠呈喇叭状，花被片宽卵形；副花冠筒状或钟状，与花被片等长或稍长，边缘具不规则的齿状皱褶。蒴果近球形。花期3～4月。

【产地分布】原产于欧洲。生于草地、山石旁、疏林中。我国各地有栽培。

【应用与养护】黄水仙园艺品种多，花朵鲜艳亮丽，具有较高的观赏性。可单独片植或与其他植物搭配种植在公园、行道路旁、庭院等处。盆栽用于摆放在宾馆、会议室、客厅、窗台、阳台等处。黄水仙喜光照充足、温暖湿润的环境，生长适温为10～18℃。喜肥沃疏松、排水良好的沙质土壤。

百子莲

【别名】非洲百合、紫穗兰、蓝花君子兰　　【学名】*Agapanthus africanus*

【识别特征】石蒜科。多年生草本植物。株高60～80cm。地下鳞茎近球形。叶基生，条带形，先端钝尖，全缘。伞形花序生花葶顶端，花葶细长，有10～50朵花。花冠漏斗形，蓝色或浅蓝色，花冠先端6裂，裂片狭倒卵形，裂片中部有1条深色纵条纹，小花梗细长。蒴果长三棱形。花果期6～10月。

【产地分布】原产于南非。我国引种栽培。

【应用与养护】百子莲株形挺拔，蓝色的花秀丽端庄，具有较高的观赏价值。常种植在公园绿地、岩石园旁或疏林下。盆栽用作花坛、花境的配置植物，或摆放于厅堂、室内供观赏。可作鲜切花。百子莲喜光照充足温暖湿润的环境，生长适温为15～28℃，稍耐阴，不耐阳光暴晒。喜肥沃疏松、排水良好的沙质土壤。冬季温度不低于8℃，北方应放置在室内养护越冬。

紫娇花

【别名】非洲小百合、野蒜、洋韭菜　　【学名】*Tulbaghia violacea*

【识别特征】石蒜科。多年生草本植物。株高40～60cm。地下鳞茎球形，直径约2cm。叶片长条形，长约30cm，宽0.5～1cm，先端渐尖，全缘。伞形花序生花莛顶端，具多数花。花粉红色或粉白色，花冠筒圆柱形，花冠先端6裂，裂片卵状长圆形，花梗细长。蒴果三棱形。花果期7～10月。

【产地分布】原产于南非。我国引种栽培。

【应用与养护】紫娇花花莛直立，花朵秀丽雅致，花期长，是很好的园林观赏植物。常与其他植物搭配种植形成景观。盆栽可作花坛、花境的配置植物。紫娇花喜阳光充足、温暖湿润的环境，生长适温为25～30℃，耐热，稍耐阴。对土壤要求不严，但在肥沃疏松、排水良好的沙质土壤中生长最佳。

马蔺

【别名】马莲、马兰花、旱蒲、马韭　　【学名】*Iris lactea*

【识别特征】鸢尾科。多年生草本植物。株高可达60cm。叶基生，绿色坚韧，叶片扁平长条形，长可达50cm，宽0.4～0.6cm，先端渐尖，基部鞘状，全缘。花生在花葶顶端。苞片3～5枚，披针形。花淡蓝色或蓝白色；花被片6，倒披针形或长菱形，长4～6cm，宽约1.2cm，具网纹。蒴果长圆柱形，顶端具短喙。花果期5～9月。

【产地分布】我国大部分地区有分布。生于山坡、丘陵、荒漠地等。

【应用与养护】马蔺叶色葱绿，花色幽兰清香，极具生命力，是非常好的地被观赏植物。可成片种植在公园、荒地、道路旁、河岸边、疏林下等处，有很好的防风固沙作用。马蔺喜阳光充足、温暖的环境，稍耐阴。适生性极强，耐热，耐寒，耐旱，耐盐碱，耐践踏，耐水涝，耐贫瘠，一般土壤均可生长。养护管理粗放。

射干

【别名】扁竹、金蝴蝶、剪刀草　　【学名】*Belamcanda chinensis*

【识别特征】鸢尾科。多年生草本植物。株高0.7～1.2m。叶互生，镶嵌状排列，扁平剑形，长30～60cm，宽2～4cm，先端渐尖，基部鞘状抱茎，全缘。聚伞花序生茎顶，花梗及分枝基部均有卵形或披针形的膜质苞片。花被片6，倒卵形或长椭圆形，橙黄色，其上散生深红色或紫褐色斑点。蒴果倒卵形或长椭圆形。种子圆球形，黑色光亮。花果期7～10月。

【产地分布】我国大部分地区有分布。生于山坡草地、灌丛、疏林边。

【应用与养护】射干叶形优美，花朵鲜艳飘逸，是常见的观赏植物。常与其他植物搭配种植在公园、道路两边、山石园中。射干喜阳光充足温暖干燥的环境，耐旱，耐寒。对土壤要求不严，一般土壤均可生长，不耐涝，养护管理粗放。

鸢尾

【别名】蓝蝴蝶、扁竹花、蝴蝶花　　【学名】*Iris tectorum*

【识别特征】鸢尾科。多年生草本植物。株高30～50cm。叶互生，镶嵌状排列，扁平剑形，稍弯曲，长可达50cm，宽1.5～3.5cm，先端渐尖，基部鞘状抱茎，全缘。花生在花茎顶端。花蓝紫色，花被片6，外轮花被片较大，倒卵形，上面中央具鸡冠状突起，有白色须毛，具深色网纹；内轮花被片倒卵形，具短爪。蒴果倒卵形或长椭圆形，棕褐色。花果期4～8月。

【产地分布】我国分布于西南、华南、华中、华东、华北。各地广为栽培。

【应用与养护】鸢尾叶片碧绿，花形奇特艳丽，开花早，为园林常见的观赏植物。常与其他植物搭配种植在公园、道路两边、山石园中。鸢尾喜阳光充足、温暖湿润、凉爽的环境，种植在林荫下往往只长叶不开花。适合种植在肥沃、富含有机质的壤土中，稍耐旱，耐寒，管理较粗放。

德国鸢尾

【别名】鸢尾、神圣小鸢尾、爱丽丝　　【学名】*Iris germanica*

【识别特征】鸢尾科。多年生草本植物。株高60～90cm。叶互生，镶嵌状排列，扁平剑形，长可达50cm，宽2～4cm，先端渐尖，基部鞘状抱茎，全缘。花生在花茎顶端，花大，直径可达12cm。花蓝紫色、黄色、褐色、白色等；花被片6，外轮花被片倒卵形反折，上面中下部有须毛状附属物，具网纹；内轮花被片宽椭圆状倒卵形，基部具柄。蒴果钝三棱状圆柱形。花果期4～8月。

【产地分布】原产于欧洲。我国各地广为栽培。

【应用与养护】德国鸢尾花色丰富，花朵艳丽，为常见观赏植物。常种植在公园、道路边、坡地等处。盆栽可作花坛、花境的配置植物，也可作鲜切花。喜阳光充足、温暖稍湿润的环境，耐旱，耐寒，稍耐阴。喜肥沃疏松、排水良好的石灰质土壤，不耐涝，管理较粗放。

雄黄兰

【别名】火星花、标杆花、观音兰、倒挂金钩

【学名】*Crocosmia × crocosmiiflora*

【识别特征】鸢尾科。多年生草本植物。株高可达60cm。叶片镶嵌状排列，剑形扁平，先端渐尖，基部鞘状抱茎，全缘。花生在茎枝端部，花多数，花从花序下部向上渐次开放。花冠漏斗形，橙红色、红色或黄色；花冠筒微弯，花被片6，椭圆形；雄蕊3，花丝黄色；花柱长，顶端3裂，柱头略膨大。蒴果近球形。花果期7～10月。

【产地分布】原产于南非。我国引种栽培。

【应用与养护】雄黄兰红色的花序鲜艳夺目，具有很好的观赏效果。可成片种植形成美丽的景观。可与其他植物搭配种植在公园、道路边等处。可作花坛、花境的配置植物，也可作鲜切花、花篮或水插花的材料。雄黄兰喜阳光充足、温暖的环境，耐暑热。稍耐寒，在长江中下游球茎可露地越冬。喜肥沃疏松、排水良好的沙壤土。

黄菖蒲

【别名】黄花鸢尾、水生鸢尾、水烛　　【学名】*Iris pseudacorus*

【识别特征】鸢尾科。多年生湿生或挺水草本植物。株高可达1m。基生叶长剑形，长40～60cm，宽2～3cm，先端渐尖，基部鞘状，全缘，中肋明显。花生在茎枝端部。苞片3～4枚，披针形，膜质。花鲜黄色，直径约10cm，花梗长约5cm；外花被裂片倒卵形或卵圆形，下垂，后半部有黑褐色细条纹；内花被裂片较小，倒披针形。蒴果长柱形，先端尖，具纵棱。花果期5～7月。

【产地分布】原产于欧洲。生于河湖岸边、池塘、沼泽地。我国各地广为栽培。

【应用与养护】黄花鸢尾植株挺拔紧凑，花色鲜黄亮丽，是水生和陆生兼备、具有很好观赏性的植物。可成片种植在公园水域区、池塘、河湖岸边、湿润地。黄花鸢尾喜阳光充足、温暖湿润的环境，耐水性好，耐寒，不耐高温。对土壤要求不严，一般土壤均可生长。

庭菖蒲

【别名】无　　【学名】*Sisyrinchium rosulatum*

【识别特征】鸢尾科。多年生草本植物。株高15～25cm。茎丛生，细弱，下部节常呈膝状弯曲。叶互生，狭条形，长6～9cm，宽0.2～0.3cm，先端渐尖，基部鞘状抱茎，全缘。茎端苞片内有4～6朵花，花直径0.8～1cm，花梗细长。花淡粉紫色或白色，喉部黄色；花冠筒短圆柱形，花冠先端6裂，裂片倒卵形或倒披针形，先端具尖。蒴果球形，黄褐色或棕褐色，成熟时室背开裂。花果期5～8月。

【产地分布】原产于北美洲。我国引种栽培。

【应用与养护】庭菖蒲植株矮小丛生蓬松，花朵繁多，花期长，为新兴的具有很高观赏价值的花草。常与其他植物搭配种植形成地被景观。可盆栽摆放于室内供观赏。庭菖蒲喜光照，喜温暖湿润的环境，稍耐阴，不耐寒，不耐旱，不耐高温。喜肥沃疏松、排水良好的沙质土壤。

地涌金莲

【别名】地涌金、千瓣莲花　　【学名】*Musella lasiocarpa*

【识别特征】芭蕉科。多年生草本植物。株高可达1m。假茎粗壮直立，直径约15cm。叶片长椭圆形，长可达60cm，宽可达20cm，先端锐尖，基部近圆形，被白粉，全缘。花序生假茎顶端，呈莲座状，长可达25cm。苞片三角形，金黄色，膜质。花黄色，生三角形苞片内。浆果三棱状卵球形，长约3cm。我国云南西双版纳地区花果期可全年。

【产地分布】我国分布于云南、贵州等地。生于山间坡地。

【应用与养护】地涌金莲假茎粗壮，花序形如金黄色的莲花，美丽至极，花期

长，具有很高的观赏价值。南方可单独或与其他植物搭配种植在公园、庭院、假山石边、村寨旁等处。盆栽可作花坛、花境的配置植物，或摆放厅堂供观赏。地涌金莲喜光照，喜温暖湿润的环境，生长适温为18～28℃，稍耐阴。不耐寒冷,5℃以上可安全越冬。喜肥沃疏松、排水良好的土壤。

鹤望兰

【别名】天堂鸟、极乐鸟花　　【学名】*Strelitzia reginae*

【识别特征】芭蕉科。多年生草本植物。株高1～1.5m。叶片长圆状披针形，灰绿色，革质坚硬，长30～45cm，宽10～15cm，先端急尖，基部圆形或楔形，全缘；叶柄长0.5～1m。花单生在茎顶端。佛焰苞舟形，长可达20cm。萼片披针形，长约10cm，橙黄色；蓝色箭头状花瓣与萼片近等长。花果期5～12月。

【产地分布】原产于非洲南部。我国南方多有栽培。

【应用与养护】鹤望兰四季常青，花形奇特美丽，花期长，是南方常见极具观

赏性的植物。南方常与其他植物搭配种植在公园、道路边、庭院等处。盆栽可作花坛、花境的配置植物，或摆放于厅堂、宾馆、会议室等处供观赏。鹤望兰喜光照，喜温暖湿润的环境，稍耐阴，耐热，不耐干旱，生长适温为22～30℃。不耐寒冷，8℃以上可安全越冬。喜肥沃疏松、富含有机质、排水良好的沙质土壤。

大鹤望兰

【别名】尼古拉鹤望兰、大天堂鸟、白花天堂鸟、白鸟蕉

【学名】*Strelitzia nicolai*

【识别特征】芭蕉科。多年生草本植物。株高可达4m以上。茎直立，稍木质化。叶片长椭圆形，灰绿色，革质坚硬，长可达1m以上，先端急尖或钝圆，基部圆形或楔形，全缘；叶柄长可达1.5m以上。佛焰苞棕红色，舟形，长25～30cm。萼片披针形，长约15cm，白色；箭头状花瓣天蓝色，长约12cm。种植条件好4～5年后才开花。花期一般5～7月。温度管理得当一年四季均可开花。

【产地分布】原产于非洲南部。我国台湾、广东等地有栽培。

【应用与养护】大鹤望兰四季常青，花大色白，花形奇特，花期长，是南方著名的观赏植物。南方常种植在公园植物丛中。盆栽用于厅堂、宾馆、会议室等的装饰。可作鲜切花。北方大型温室中有少量栽培供观赏。大鹤望兰喜光照充足温暖湿润的环境，耐高温，不耐涝。不耐寒冷，8℃以上可安全越冬。喜肥沃、排水良好、稍黏质的土壤。

香蕉

【别名】金蕉、弓蕉、天宝蕉　　【学名】*Musa nana*

【识别特征】芭蕉科。多年生草本植物。株高3～7m。假茎直立，圆柱形，被白色粉霜。叶片长椭圆形，长可达1～2m，先端钝圆，基部近圆形；叶柄粗长，基部鞘状抱茎。穗状花序下垂。苞片紫红色，外面被白粉；每枚苞片内有浅黄白色小花数朵。果实微弯呈弓形，成熟时果皮黄色，果肉柔软甜滑。南方热带花果期可全年。

【产地分布】原产于亚洲东南部。我国西南、华南等地广为栽培。

【应用与养护】香蕉的品种多，叶片硕大美观，是南方常见的观赏和食用植物。南方常种植在农业观光园、风景区、道路边、山坡、宾馆、村寨旁。北方则种植在温室供游人观赏。香蕉喜阳光充足、高温多润的环境，生长适温24～32℃，不耐寒。喜肥沃疏松、排水良好的微酸性土壤。

【别名】红花蕉、观赏芭蕉、红姬芭蕉　　【学名】*Musa coccinea*

【识别特征】芭蕉科。多年生草本植物。株高可达2m。叶片长椭圆形，长1～2m，先端钝圆，基部两侧明显不等长；叶柄长，基部鞘状抱茎，边缘具狭翼。穗状花序直立。苞片外面紫红色，内面粉红色；每片苞片内有黄色小花约6朵。果实长椭圆形，长约10cm，成熟时果皮深红色，表面密被短柔毛。种植2～3年后才开始开花果实。

【产地分布】我国分布于云南东南部。华南等地有引种栽培。

【应用与养护】红蕉花苞色红美丽，花期长，为南方较常见的观赏植物。常种植在公园绿植园、道路边、假山石旁、宾馆、亭榭旁、庭院、山寨窗前等处。也可盆栽摆放大厅等处。北方种植在大型温室中供观赏。红蕉喜阳光充足、温暖湿润的环境，生长适温24～30℃，稍耐阴，耐热，不耐旱，不耐寒。喜肥沃疏松、富含有机质、排水良好的微酸性至中性土壤。

金嘴蝎尾蕉

【别名】垂序蝎尾蕉、金鸟赫蕉、五彩赫蕉　　【学名】*Heliconia rostrata*

【识别特征】芭蕉科。多年生草本植物。株高1～6m。假茎细长，墨绿色，具紫褐色斑纹。叶互生，长椭圆形，革质光泽，先端钝圆，基部近圆形，全缘；叶柄细长。蝎尾状花序顶生，下垂，长可达30cm，花序轴深红色。苞片呈2列互生，舟形，深红色，先端1/3处为金黄色，形似鸟喙；小花黄色，生苞片内。果实三棱形，灰蓝色。花期5～10月。

【产地分布】原产于南美洲。我国华南等地有栽培。

【应用与养护】金嘴蝎尾蕉花序艳丽下垂，镶金尖的苞片非常美丽，极具热带风情，有很高的观赏价值。南方常种植在植物园、校园、庭院中。盆栽可摆放于宾馆大厅等处。可作鲜切花。金嘴蝎尾蕉喜阳光充足、温暖湿润的环境，生长适温为25～30℃，越冬温度10℃以上。喜肥沃疏松、排水良好的微酸性至中性土壤。北方则种植在温室中供游人观赏。

布尔若蝎尾蕉

【别名】富红蝎尾蕉　　【学名】*Heliconia bourgaeana*

【识别特征】芭蕉科。多年生草本植物。株高2～4m。叶片狭长圆形，先端钝圆，基部近圆形，全缘；叶柄细长。蝎尾状花序顶生，直立，花序梗深红色。苞片呈2列互生，舟形，深红色；小花黄色，生苞片内。果实三棱形，灰蓝色。花期4～12月。

【产地分布】原产于哥斯达黎加、委内瑞拉、美国佛罗里达州等热带雨林中。我国华南等地有栽培。

【应用与养护】布尔若蝎尾蕉红色花序亮丽，极具热带风情，有很高的观赏价值。南方种植在植物园、道路旁、假山石旁等处。可作鲜切花。布尔若蝎尾蕉喜半阴，喜高温高湿的环境，生长适温为22～28℃，耐半阴，不耐寒冷。喜肥沃疏松、排水良好的微酸性至中性土壤。

黄苞蝎尾蕉

【别名】金鸟鹤蕉、黄小鸟　　【学名】*Heliconia latispatha*

【识别特征】芭蕉科。多年生草本植物。株高1.5～2.5m。叶片长椭圆形，革质光泽，先端渐尖或钝尖，基部钝圆形，叶脉明显，全缘；叶柄细长。穗状花序顶生，直立，花序轴"之"字形，金黄色。苞片呈2列互生，狭长三角形，金黄色，苞片上端边缘稍带绿色；小花绿白色，生苞片内。花期5～10月。

【产地分布】原产于秘鲁、阿根廷。生于热带雨林中。我国华南等地有栽培。

【应用与养护】黄苞蝎尾蕉叶片硕大，花序金黄，非常美丽，极具热带风情，有很高的观赏价值。南方种植在植物园、山石旁、疏林下、庭院等处。盆栽可摆放于宾馆大厅、会议室等处。可作鲜切花。黄苞蝎尾蕉喜光照温暖、湿润的环境，生长适温为20～30℃，稍耐阴，耐热，不耐旱。不耐寒冷，温度10℃以上可安全越冬。喜肥沃疏松、排水良好的微酸性至中性土壤。

【别名】旅人木、扇芭蕉、孔雀树　　【学名】*Ravenala madagascariensis*

【识别特征】芭蕉科。旅人蕉是世界上最高大的多年生草本植物，高可达6m以上。叶2行排列于茎端，长椭圆形，长可达2m，宽可达60cm，先端钝圆，基部钝圆或微心形；叶柄被白粉，基部鞘状抱茎。花序生叶腋处，花序轴每边有数枚佛焰苞，佛焰苞长可达30cm，宽可达8cm，内有花5～12朵，排成蝎尾状聚伞花序。蒴果。花果期夏季至秋季。

【产地分布】原产于非洲马达加斯加。我国台湾、华南地区有少量栽培。

【应用与养护】旅人蕉株形优美，叶片硕大，极具热带风情，是观赏价值极高的植物。南方常与其他植物搭配种植在植物园、公园、道路旁、宾馆等处。旅人蕉喜阳光充足、高温多湿的环境，生长适温为22～33℃，稍耐阴，不耐寒冷。喜有机质含量丰富、排水良好的土壤。

艳山姜

【别名】玉桃、大草蔻、土砂仁　　【学名】*Alpinia zerumbet*

【识别特征】姜科。多年生草本植物。株高1.5～3m。叶片长椭圆形，深绿色，长30～60cm，宽10～15cm，先端渐尖，基部渐狭；叶柄下部呈鞘状抱茎。圆锥花序生叶腋处，下垂，长可达30cm。花序轴常呈紫红色，分枝短。小苞片椭圆形，白色，先端粉红色；花萼白色，近钟形，先端齿裂；唇瓣黄色，先端皱波状，其上有紫红色条纹。蒴果近球形，密被短柔毛，成熟时黄褐色。花果期4～10月。

【产地分布】我国分布于西南、华南等地。生于林下、灌丛中。

【应用与养护】艳山姜花十分艳丽，花期长，为南方常见的观赏植物。常种植在公园道路边、小溪旁、林缘、宾馆、学校、庭院等处。北方大型温室中有少量栽培供游人观赏。艳山姜喜光照，喜高温高湿的环境，生长适温为22～28℃，稍耐阴，不耐寒。喜肥沃疏松、排水良好的土壤。

花叶艳山姜

【别名】花叶良姜、彩叶姜、斑纹月桃、玉桃

【学名】*Alpinia zerumbet* 'Variegata'

【识别特征】姜科。多年生草本植物。株高1.5～3m。叶片长椭圆形，长30～60cm，宽10～15cm，先端渐尖，基部渐狭，叶面绿色，其上具许多不规则的黄色条纹；叶柄下部呈鞘状抱茎。圆锥花序生叶腋处，下垂，长可达30cm。花序轴紫红色，分枝短；小苞片椭圆形，白色，先端粉红色；花萼白色，近钟形，先端齿裂；唇瓣黄色，先端皱波状，其上有紫红色条纹。蒴果近球形，成熟时黄褐色。花果期4～10月。

【产地分布】原产于东南亚地区。我国西南、华南等地有栽培。

【应用与养护】花叶艳山姜叶片美丽，花朵鲜艳，为南方常见的观赏植物。南方常种植在公园道路边、小溪旁、林缘等处。北方大型温室中有少量栽培。花叶艳山姜喜光照，喜高温高湿的环境，生长适温为22～28℃，稍耐阴，不耐寒。喜肥沃疏松、排水良好的土壤。

宝塔姜

【别名】螺旋姜、红塔姜　　【学名】*Costus barbatus*

【识别特征】姜科。多年生草本植物。株高1～2m。茎呈螺旋状弯曲向上。叶片披针形，先端钝尖或渐尖，基部楔形，全缘；叶柄极短。穗状花序生茎顶，椭圆形或卵圆形。苞片深红色，三角形内卷，呈覆瓦状排列；金黄色的管状花从苞片中伸出。花期4～11月。

【产地分布】原产于美洲哥斯达黎加。我国引种栽培。

【应用与养护】宝塔姜深红色的花序衬托着黄色的小花，十分美丽，花期长，是很好的观赏植物。南方常种植在公园、行道路旁。盆栽用于摆放厅堂。可作鲜切花。宝塔姜喜光照，喜高温高湿的环境，稍耐阴，不耐旱，不耐寒。喜肥沃疏松、排水良好的土壤。

火炬姜

【别名】菲律宾蜡花、瓷玫瑰　　【学名】*Etlingera elatior*

【识别特征】姜科。多年生草本植物。株高2～5m。茎直立，圆柱形。叶片披针形，先端具短尾尖，基部圆形或微心形，叶缘呈波状；叶柄短，下部鞘状抱茎。花单生茎顶，球形或卵圆形，长10～15cm。苞片鲜红色，瓷质或蜡质，先端钝尖，边缘膜质；外苞片明显向外反折；小苞片管状，先端2裂。蒴果倒卵形，淡红色，花期5～10月。

【产地分布】原产于非洲、南美洲及东南亚等地。我国西南、华南等地引种栽培。

【应用与养护】火炬姜植株挺立，花色鲜艳亮丽，有蜡质感或瓷性感，具有很好的观赏价值。南方常种植在公园、校园、庭院周围等处。盆栽用于摆放厅堂、宾馆、广场等处。可作鲜切花、花篮的主配花。火炬姜喜光照充足、高温高湿的环境，生长适温25～30℃，稍耐阴，不耐旱，不耐寒。喜肥沃疏松、排水良好的土壤。

美人蕉科

【别名】印度美人蕉　　【学名】*Canna indica*

【识别特征】美人蕉科。多年生草本植物。株高可达1.5m，被蜡质白粉。茎直立，不分枝。叶片卵状长圆形，先端渐尖，基部近圆形，全缘；叶柄呈鞘状抱茎。总状花序生茎顶。萼片3，绿色至红色。花红色，花冠筒长约1cm，花冠裂片披针形，长约3.5cm，唇瓣披针形弯曲，长约3cm，先端2凹裂。蒴果近球形，长1.2～1.8cm，具软刺。花果期7～10月。

【产地分布】原产于印度。我国各地广为栽培。

【应用与养护】美人蕉株形紧凑，花色艳丽，是常见的观赏植物。常与其他植物搭配种植形成景观。盆栽可作花坛、花境的配置植物。美人蕉喜阳光充足、温暖湿润的环境，生长适温为25～30℃，耐热，稍耐旱，不耐寒。对土壤要求不严，但在肥沃疏松、排水良好的沙质土壤中生长最佳，稍耐涝。北方地下块茎应埋在室内5℃以上、通风良好的沙土中越冬。

大花美人蕉

【别名】蓝蕉、红艳蕉　　【学名】*Canna × generalis*

【识别特征】美人蕉科。多年生草本植物。株高可达1.5m，被蜡质白粉。茎直立，不分枝。叶片宽卵状长圆形，长可达40cm，宽可达20cm，先端渐尖，基部近圆形，全缘；叶柄呈鞘状抱茎。总状花序生茎顶，花大，排列较紧密。花红色，少有黄色和白色，唇瓣倒卵状匙形，长约4.5cm。蒴果近球形，表面具软刺。花果期7～10月。

【产地分布】原产于美洲热带。我国各地广为栽培。

【应用与养护】大花美人蕉花大色艳，是常见的观赏植物。常种植在公园绿地、路边、校园、宾馆、庭院等处。盆栽可作花坛、花境的配置植物。大花美人蕉喜阳光充足、高温高湿的环境，生长适温为25～30℃，耐热，稍耐旱，不耐寒。不择土壤，但在肥沃疏松、排水良好的沙质土壤中生长最佳，稍耐涝。北方地下块茎应埋在室内5℃以上、通风良好的沙土中越冬。

竹芋科

紫背竹芋

【别名】红背竹芋、红里蕉、卧花竹芋　　【学名】*Stromanthe sanguinea*

【识别特征】竹芋科。多年生草本植物。株高 0.8 ～ 1.5m。叶片长椭圆形或披针形，长 30 ～ 40cm，宽 8 ～ 12cm，先端钝尖，基部近圆形，全缘；叶面深绿色有光泽，叶背面紫褐色；叶柄细。穗状花序生茎顶苞片处，苞片舟形，红色。萼片 3，分离，红色；花冠管先端裂片 3，花初开时白色。蒴果近球形，成熟时褐红色。花果期春季至夏季。

【产地分布】原产于巴西。我国南方有栽培。

【应用与养护】紫背竹芋叶片正反面两种颜色，美丽端庄，是很好的观赏植物。南方种植在公园、绿植园、植物园、路边疏林下。盆栽用于摆放会议室、客厅、卧室等处。紫背竹芋喜半阴、温暖湿润的环境，较耐热，生长适温为 20 ～ 30℃。不耐寒，5℃以上可安全越冬。喜肥沃疏松、排水良好的微酸性至中性土壤。

艳锦竹芋

【别名】三色竹芋、彩叶竹芋　　　【学名】*Stromanthe sanguinea* 'Triostar'

【识别特征】竹芋科。多年生草本植物。株高40～60cm。叶片长椭圆形或披针形，先端钝尖，基部近圆形，全缘；叶柄基部成鞘状，常呈紫红色；叶面绿色，具浅黄色、乳白色或浅灰色等不规则形的斑纹；叶背面紫红色。穗状花序生茎顶苞片处，苞片舟形，淡紫红色，花红色。蒴果近球形，成熟时红褐色。花果期春季至夏季。

【产地分布】原产于巴西。我国华南地区多有栽培。

【应用与养护】艳锦竹芋叶色丰富多彩，具有很高的观赏性。南方常丛植、片植或与其他植物搭配种植在公园、路旁林荫下、庭院等处。盆栽可摆放于厅堂、室内供观赏。艳锦竹芋喜光照温暖多湿的环境，耐半阴，忌强光暴晒，不耐寒。喜肥沃疏松、排水良好的微酸性至中性土壤，忌积水。

披针叶竹芋

【别名】箭羽竹芋、花叶葛郁金　　【学名】*Calathea lancifolia*

【识别特征】竹芋科。多年生草本植物。株高可达1m。叶片披针形，长可达50cm，先端渐尖，基部渐狭，叶缘呈波状；叶面浅绿色，其上有大小不等的深绿色斑；叶背面棕色或紫棕色。头状花序，花通常超过3对。小苞片膜质；萼片3，近等长；花冠管与萼片硬革质。蒴果，成熟时开裂为3瓣。花果期春季至夏季。

【产地分布】原产于巴西。我国南方有栽培。

【应用与养护】披针叶竹芋叶色斑斓美丽，是很好的观叶植物。南方常丛植、片植或与其他植物搭配种植在公园、庭院、路旁林荫下。盆栽可摆放于厅堂、室内供观赏。可作鲜切花或插花的配置材料。喜光照，喜温暖湿润的环境，生长适温为20～30℃，耐半阴，忌强光暴晒。不耐寒，10℃以上可安全越冬。喜肥沃疏松、排水良好的微酸性至中性土壤，不耐积水。

紫背天鹅绒竹芋

【别名】瓦氏竹芋、华氏佳得利亚蓝、紫叶美人蕉

【学名】*Calathea warscewiczii*

【识别特征】竹芋科。多年生草本植物。株高可达1m。叶片宽椭圆形，长可达30cm，宽10～20cm，先端钝尖，基部楔形，全缘；叶柄短，基部鞘状，紫棕色。叶面具浅绿色和深绿色交织的斑纹，有细绒毛感；叶背面紫棕色。圆锥花序。苞片白色或淡粉色，蜡质；花白色，后渐变淡粉红色。蒴果，开裂为3瓣。花果期春季至夏季。

【产地分布】原产于巴西。我国南方多有栽培。

【应用与养护】紫背天鹅绒竹芋叶色丰富美丽，是非常好的观叶植物。南方常丛植、片植或与其他植物搭配种植在公园、庭院、路旁的林荫下。盆栽可摆放于厅堂、室内供观赏。紫背天鹅绒竹芋喜光照，喜高温多湿的环境，耐半阴，忌强光暴晒，生长适温为20～30℃。喜肥沃疏松、排水良好的微酸性至中性土壤，忌积水。不耐寒，10℃以上可安全越冬。

再力花

【别名】水竹芋、水莲蕉　　【学名】*Thalia dealbata*

【识别特征】竹芋科。多年生挺水草本植物。株高可达2m。基生叶灰绿色，卵状披针形，长30～50cm，宽10～20cm，先端钝尖或渐尖，基部近圆形，全缘；叶柄长可达80cm，基部膨大成鞘状。复穗状花序生总花梗顶端。花紫红色。蒴果近球形，成熟时顶端开裂。花果期6～9月。

【产地分布】原产于美国南部、墨西哥。生于浅水域中。我国各地有引种栽培。

【应用与养护】再力花为很好的水生观叶植物。常丛植或群植在公园水域区、河湖、池塘、小溪中。再力花喜阳光充足、温暖的环境，耐热，生长适温为20～30℃。不耐寒，入冬地上部逐渐枯死，以根茎在泥土中越冬。对土壤要求不严，一般土壤或微碱性土壤均可生长。

蝴蝶兰

【别名】蝶兰、台湾蝴蝶兰、洋兰皇后　　【学名】*Phalaenopsis aphrodite*

【识别特征】兰科。多年生附生草本植物。根肉质。叶片扁平稍肉质，椭圆形、长圆状披针形或倒卵状披针形，先端钝或钝尖，基部楔形或歪斜，具短鞘。花序长可达50cm，直立或弯曲。花瓣通常近似萼片而较宽阔；花色有粉红色、淡粉红色、红色、白粉色、黄色、紫色等。花期春季至初夏。

【产地分布】原产于亚洲的热带雨林等地。我国广为栽培。

【应用与养护】蝴蝶兰品种多，花色丰富艳丽，形似翩翩起舞的蝴蝶，赏花期长，是著名的高档花卉。多为盆栽，用于摆放花园、厅堂、宾馆、会议室、客厅、书房等处，也可作鲜切花和花篮。蝴蝶兰喜散射光，喜温暖湿润的环境，耐半阴，营养生长适温为22～30℃，催花期温度为18～26℃，不耐寒。栽培基质应选用青苔、树皮、木屑、椰糠、椰壳纤维等。

火焰兰

【别名】红珊瑚兰、火星花、肾药兰　　【学名】*Renanthera coccinea*

【识别特征】兰科。多年生草本植物。株高可达1m。茎粗壮，圆柱形，不分枝。叶在茎上排成2列，长椭圆形，先端稍不等同2圆裂，基部下延成抱茎的鞘，全缘。总状花序顶生，常有分枝，具多数花。花火红色，瓣片近平展。花期4～6月。

【产地分布】我国分布于云南、华南。生于沟边林缘、疏林树干上或岩石上。

【应用与养护】火焰兰开花如同火焰一般红火，花期长，具有很好的观赏性。南方种植在公园绿植园、假山石旁等处。盆栽用于摆放厅堂、书房、卧室等处。可作鲜切花或水瓶插花。火焰兰喜光照，喜高温湿润的环境，不耐强光暴晒，稍耐阴，生长适温为18～35℃。栽培基质多用蕨根、木炭、树皮块、椰糠、椰壳纤维等。

文心兰

【别名】吉祥兰、舞女兰、金蝶兰　　【学名】*Oncidium flexuosum*

【识别特征】兰科。多年生附生草本植物。假鳞茎扁卵圆形、纺锤形或扁圆形。叶片椭圆状披针形或剑形。总状花序顶生，花梗多分枝。花黄色，唇瓣宽大，先端凹裂，形似蝴蝶，边缘微波状，唇瓣基部有脊状突起物，其上有斑点。花期春季至夏季。

【产地分布】原产于中南美洲。我国各地广为栽培。

【应用与养护】文心兰植株轻盈，花朵形似飞舞的金色蝴蝶，非常美丽，是极具观赏价值的花卉。多为盆栽，用于作花坛、花境的配置植物，或摆放于宾馆、会议室、客厅、书房等处，也可作鲜切花或花篮。文心兰喜阳光，喜高温湿润的环境，耐半阴，忌强光暴晒，生长适温为18～25℃，不耐寒。栽培基质多用蕨根、木炭、树皮块、椰糠、椰壳纤维等。

石斛

【别名】金钗石斛、石斛兰、林兰、吊蓝花　　【学名】*Dendrobium nobile*

【识别特征】兰科。多年生附生草本植物。株高可达60cm。茎直立，稍扁肉质圆柱形，茎节明显。叶片长椭圆形，革质，长10～20cm，宽1～3cm，先端钝圆或渐尖，基部鞘状抱茎，全缘。总状花序，具数朵花。花淡紫红色或紫红色；花瓣近菱形，顶端钝尖或钝圆。一般不结果实。花期春季。

【产地分布】我国分布于华南、西南等地。生于山林树干上或岩石旁。

【应用与养护】石斛花形优雅，花朵鲜艳美丽，花期长，为常见的观赏花卉。许多国家把它作为父亲节之花。多为盆栽，用于摆放宾馆、会议室、厅堂、卧室、书房等处供观赏，也是作鲜切花和花篮的上好材料。石斛喜光照、温暖、湿润、通风的环境，耐半阴，不耐强光照射，生长适温为15～26℃。不耐寒，越冬温度不得低于10℃。栽培基质多用蕨类植物的根、木炭、树皮块、椰糠、椰壳纤维等。

第二章

藤本植物

600

景观　　植物
园林　　图鉴

毛茛科

铁线莲

【别名】铁线牡丹、金包银、山木通、番莲　　【学名】*Clematis florida*

【识别特征】毛茛科。多年生草质藤本。茎细长柔弱，长可达1～2m，多分枝。叶片多为卵状心形，先端钝尖，基部微心形或楔形，全缘；有叶柄。花单生叶腋处，直径约5cm。花梗长6～10cm，在中下部生有一对叶状苞片。萼片6～8枚，白色，倒卵形；有些品种的萼片呈粉红色、紫红色等。瘦果倒卵形扁平，黄褐色或棕褐色。花果期4～8月。

【产地分布】我国分布于华南、湖南、江西等地。生于低山区灌木丛中。各地区有栽培。

【应用与养护】铁线莲品种较多，花大美丽，色彩丰富，具有非常好的观赏性。常种植在棚架、篱笆旁，任其攀附生长。铁线莲喜阳光充足、温暖湿润的环境，光照不足影响生长和花的颜色，不耐高温，不耐干旱，稍耐寒冷。喜肥沃疏松、排水良好的中性至微碱性土壤。

三叶木通

【别名】八月瓜藤、三叶拿藤　　【学名】*Akebia trifoliata*

【识别特征】木通科。落叶木质藤本。茎皮灰褐色。小叶3片，卵形或阔卵形，长4～8cm，宽2～4cm，先端钝尖，基部钝圆，叶缘具微波状齿或浅裂；中央小叶叶柄长2～4cm，侧生小叶叶柄长约1cm。总状花序下垂，长6～15cm。花被片3，卵圆形。雌花远比雄花大。雄花萼片淡紫色，宽椭圆形或椭圆形；雌花萼片3，紫褐色或暗紫色，近圆形。果实长圆形，成熟时淡紫红色，沿腹缝线开裂。花果期4～8月。

【产地分布】我国分布于华北、华中、华东等地。生于山区峡谷疏林下、沟谷灌丛中。

【应用与养护】三叶木通茎蔓缠绕在棚架上，既可乘凉又可赏叶观花观果，是很好的垂直绿化植物。多种植在公园的藤本园、凉亭、棚架上。三叶木通喜阳光充足、温暖湿润的环境，稍耐阴，耐热，耐寒。对土壤要求不严，在微酸性至中性土壤中均可生长。

紫藤

【别名】藤萝、招豆藤、豆藤　　【学名】*Wisteria sinensis*

【识别特征】豆科。多年生木质藤本。茎攀援，多分枝。奇数羽状复叶，小叶7～13枚，卵状长圆形或卵状披针形，先端渐尖，基部圆形或宽楔形，中脉有毛，全缘；叶轴和小叶柄有毛。总状花序顶生或腋生，下垂。萼钟形，有柔毛。花冠蓝紫色或深紫色，长约2cm，具香味。荚果扁长条形，长10～20cm，密被短柔毛。花果期4～10月。

【产地分布】我国大部分地区有分布。生于山坡林缘。各地广为栽培。

【应用与养护】紫藤花盛开时节，紫色的花序随风飘荡，清香味在空气中缭绕弥漫，给人以似画非画、似梦非梦的感觉，是非常好的观赏植物。常种植在凉亭、长廊、棚架、山石园、拱门等处，也可制作为盆景，摆放厅堂供欣赏。紫藤喜阳光充足、温暖湿润的环境，稍耐阴，耐寒。对土壤要求不严，但以肥沃疏松、排水良好的土壤生长最佳，不耐积水。

南蛇藤

【别名】蔓性落霜红、过山风、穿山龙　　【学名】*Celastrus orbiculatus*

【识别特征】卫矛科。落叶攀援灌木。小枝圆柱形，灰褐色。叶互生，宽卵形或近圆形，长6～10cm，宽5～7cm，先端短尖或圆形，基部宽楔形或圆形，叶缘具钝锯齿；叶柄长2～2.5cm。聚伞花序腋生。花瓣5，绿黄色。蒴果球形，直径0.7～0.8cm，成熟后黄色，3裂。种子卵形或椭圆形。花果期4～10月。

【产地分布】我国分布于华中、华西、东南、华北、东北等地。生于山坡、沟谷、丘陵、灌丛、杂木林、林缘。

【应用与养护】南蛇藤覆盖度大，秋季叶片变成黄色，果实开裂露出鲜红色的假种皮特别漂亮，是常见的垂直绿化植物。常种植在凉亭、长廊、棚架、岩石园、山坡等处。南蛇藤喜阳光充足、温暖湿润的环境，稍耐阴，耐寒，耐旱。对土壤要求不严，但在肥沃疏松、排水良好的沙质土壤中生长最好，不耐涝。

葡萄科

扁担藤

【别名】扁藤、扁茎崖爬藤、腰带藤、扁骨风

【学名】*Tetrastigma planicaule*

【识别特征】葡萄科。攀援木质藤本。茎扁平，具节，宽5～10cm，灰褐色。分枝圆柱形，常有肿大的节。卷须不分枝。叶互生，具长柄，掌状5小叶；小叶卵状长椭圆形，长9～15cm，宽3～5cm，先端突尖，基部阔楔形，边缘具疏钝齿；小叶柄长约1cm。伞房状聚伞花序腋生。花淡黄绿色，花瓣宽卵状三角形。浆果肉质近球形，成熟时黄色。花果期4～12月。

【产地分布】我国分布于华南、西南、西藏。生于山地林中，常攀援树木或岩石峭壁上。

【应用与养护】扁担藤的茎、叶、花、果都很美观，攀爬能力强，覆盖面积大，是很好的垂直绿化植物。南方常种植在凉亭、长廊、棚架、岩石园等处。扁担藤喜阳光充足、温暖湿润的环境，稍耐阴，耐旱，不耐寒。喜肥沃疏松、排水良好的土壤。

地锦

【别名】爬山虎、爬墙虎、假葡萄藤　　【学名】*Parthenocissus tricuspidata*

【识别特征】葡萄科。落叶攀援木质藤本。枝条粗壮，卷须短，5～9分枝，枝端有吸盘。叶片宽卵形，长10～18cm，宽8～16cm，3浅裂，基部心形，叶缘具疏粗锯齿；叶柄长8～20cm。聚伞花序通常生在短枝顶端的2叶之间，花梗细长。花萼全缘，浅碟状。花瓣5，狭长圆形，顶端反折；雄蕊5，与花瓣对生。浆果球形，直径0.6～0.8cm，成熟时蓝黑色。花果期6～9月。

【产地分布】我国分布于东北、华北、华东、东南。生于山坡、岩石峭壁旁。

【应用与养护】地锦枝繁叶茂，攀爬能力强，覆盖面积大，是很好的垂直绿化植物。常种植攀爬在围墙、房屋墙体、公园山石园、门庭口等处，有降温、防晒、减少噪声等作用。地锦喜阳光充足、温暖湿润的环境，稍耐阴，耐旱，耐寒。一般土壤均可生长。

五叶地锦

【别名】五叶爬山虎、爬墙虎　　【学名】*Parthenocissus quinquefolia*

【识别特征】葡萄科。落叶攀援木质藤本。枝条粗壮，卷须短，5～8分枝，枝端有吸盘。叶柄长5～10cm，掌状复叶具5小叶，长圆状卵形或倒卵形，长5～12cm，先端急尖，基部楔形，叶缘具粗齿；小叶具短柄。聚伞花序成圆锥状，与叶对生。花萼5齿裂。花瓣5，黄绿色。浆果球形，直径约1cm，成熟时蓝黑色，稍带白霜。花果期6～9月。

【产地分布】原产于北美洲。我国广为栽培。

【应用与养护】五叶地锦攀爬能力强，覆盖面积大，秋季叶片变成紫红色，极其美丽，是很好的垂直绿化植物。常种植攀爬在围墙、房屋墙体、公园山石园、沟边、坡地等处，有降温、防晒、减少噪声等作用。五叶地锦喜阳光充足、温暖的环境，稍耐阴，耐旱，耐寒。对土壤要求不严，耐贫瘠，一般中性或微碱性土壤均可生长。

中华猕猴桃

【别名】毛叶猕猴桃、羊桃、藤梨　　【学名】*Actinidia chinensis*

【识别特征】猕猴桃科。落叶藤本。幼枝密被褐色毛。叶互生，阔卵形、椭圆形或近圆形，先端短具尾尖，基部圆形或微心形，叶背面密被星状茸毛；叶柄长3～8cm。花杂性，常3～6朵成腋生的聚伞花序。萼片5，外被黄色茸毛。花白色或淡橙黄色，花瓣5；雄蕊多数。浆果椭圆形或近圆形，密被棕黄色长硬毛。花果期4～10月。

【产地分布】我国分布于华南、华中、华东、西南。生于山坡、林缘、灌丛、疏林中。各地区有引种栽培。

【应用与养护】中华猕猴桃枝繁叶茂，覆盖度大，是很好的观叶食果植物。常被种植在公园亭廊、棚架等处。中华猕猴桃喜阳光、喜温暖、湿润、背风的环境，不耐烈日暴晒，稍耐阴，耐寒。喜土层深厚肥沃、富含腐殖质的微酸性至中性土壤，不耐涝。

西番莲科

鸡蛋果

【别名】百香果、百味果、土罗汉果、洋石榴　　【学名】*Passiflora edulis*

【识别特征】西番莲科。多年生草质藤本。茎圆柱形，具卷须。叶互生，掌状
3深裂，裂片椭圆形或卵圆形，先端钝尖，边缘有细锯齿；叶柄近顶端有2个
腺体。花单生叶腋处；花瓣5；副花冠由许多丝状体组成，3轮排列，下部紫
色，上部白色；雄蕊5，花丝合生；柱头3。浆果椭圆形或近圆形，成熟时紫
红色。花果期6～11月。

【产地分布】原产于南美洲。我国华南、西南等地有栽培或逸生。

【应用与养护】鸡蛋果花大而美丽，是很好的观花食果植物。常种植在棚架、
篱笆围墙、竹竿架、栅栏围墙、庭院花架等处。盆栽可摆放于庭院、走廊、阳
台等处。鸡蛋果喜阳光充足、温暖湿润的环境，生长适温为20～30℃，耐热，
较耐旱，不耐寒。喜肥沃疏松、排水良好的微酸性至中性土壤。

西番莲

【别名】转枝莲、转心莲、玉蕊花、西洋鞠　　【学名】*Passiflora caerulea*

【识别特征】西番莲科。多年生缠绕草质藤本。茎细长，卷须单一。叶互生，掌状3～5深裂几达基部，裂片披针形，先端渐尖或钝尖，基部渐狭；叶柄先端近基部有2腺体。花单生叶腋处。苞片3，皱缩不平。萼片5，先端钝圆，背部有一突起。花瓣5；副花冠丝状，蓝紫色；雄蕊5，花丝分离，花药长圆形。浆果椭圆形，成熟后黄色。花期5～7月。

【产地分布】我国分布于华南、西南。生于山坡、林缘、灌木丛。

【应用与养护】西番莲花朵秀丽雅致，是很好的观赏植物。南方种植在棚架、篱笆围墙、竹竿架、栅栏、庭院花架等处。西番莲喜阳光充足、温暖湿润的环境，生长适温为25～30℃，稍耐阴，耐热。对土壤要求不严，但在肥沃疏松、排水良好的土壤中生长最佳，不耐积水。

五加科

常春藤

【别名】三角风、爬墙虎、百脚蜈蚣、爬树藤

【学名】*Hedera nepalensis* var. *sinensis*

【识别特征】五加科。常绿攀援藤本。茎上有附生根，嫩枝上有锈色鳞片。叶二型，营养茎上的叶三角状卵形或戟形，全缘或3裂；花枝上的叶椭圆状披针形、长椭圆状卵形，全缘；叶柄有锈色鳞片。伞形花序顶生或为一小总状花序，具锈色鳞片。花淡黄绿色，花瓣5。果实球形，黄色或红色。花期9～11月，果期翌年3～5月。

【产地分布】我国分布于西南、华南、华中等地。喜攀援在树干及山谷阴湿的岩壁上。各地广为栽培。

【应用与养护】常春藤四季常绿，攀爬能力强，是非常好的观叶植物。南方常种植于公园道路边、岩石假山园、坡地林缘、立交桥墙垣等处。盆栽可摆放于厅堂、阳台，或垂吊花架等处。常春藤喜阳光充足、温暖湿润的环境，稍耐阴，耐热，稍耐寒冷。对土壤要求不严，一般土壤均可种植。

洋常春藤

【别名】西洋常春藤、洋爬山虎、长寿藤　　【学名】*Hedera helix*

【识别特征】五加科。常绿攀援藤本。叶互生，近革质，具长叶柄。营养枝上的叶片三角状卵形，常3～5裂；花枝上的叶片卵形至菱形，一般全缘。叶片边缘为不规则形黄绿色，其他部分绿色。总状花序，或几个组成短圆锥花序。花瓣5，镊合状排列。蒴果球形，成熟时黄色或红色。花期夏季至秋季。

【产地分布】原产于欧洲。我国各地区有栽培。

【应用与养护】洋常春藤品种较多，叶色秀美，四季常绿，是非常好的观叶植物。南方常种植在公园道路边、假山石园、庭院等处。盆栽可摆放于厅堂、阳台，或垂吊花架、走廊等处。洋常春藤喜阳光充足、温暖湿润的环境，生长适温为20～25℃，耐阴，不耐高温，不耐旱，耐水湿。较耐寒，能耐受2～3℃低温。喜肥沃疏松、排水良好的微酸性至中性土壤。

夹竹桃科

飘香藤

【别名】文藤、红蝉花、双喜藤　　【学名】*Mandevilla sanderi*

【识别特征】夹竹桃科。常绿藤本。叶对生，长卵圆形，叶面皱褶，叶色深绿稍有光泽，先端突尖，基部钝圆或微心形，全缘；叶柄短。花大生叶腋处。花红色、桃红色、粉红色等；花冠漏斗形，直径6～8cm，冠檐5瓣裂，螺旋状排列，瓣片近宽卵形。温室中养护花期几乎可全年。花期一般夏季至秋季。

【产地分布】原产于巴西、玻利维亚及阿根廷。我国引种栽培。

【应用与养护】飘香藤花大色彩艳丽，具有很好的观赏价值。南方可种植在花架、棚架、篱笆墙、庭院等处。盆栽可摆放于厅堂、阳台、走廊，或作垂吊植物。飘香藤喜阳光充足、温暖湿润的环境，生长适温为20～30℃，稍耐阴，耐热。不耐寒冷，温度低于10℃时易产生冻害。喜肥沃疏松、富含腐殖质、排水良好的沙质土壤。

毛萼口红花

【别名】口红花、大红芒苣苔、洛布氏芒毛苣苔

【学名】*Aeschynanthus radicans*

【识别特征】苦苣苔科。多年生藤本。茎丛生，细长，密被微毛。叶对生，椭圆形或卵形，稍厚，先端钝尖，基部圆形，叶缘有微毛；叶柄短。花腋生或成对着生于枝端，花梗短。花萼筒状，先端裂片钝三角形，黑紫色，被绒毛。花冠筒状，微弯，红色至橙红色，密被短绒毛。蒴果。养护管理好一年四季均可开花。

【产地分布】原产于马来半岛、爪哇岛。我国各地有栽培。

【应用与养护】毛萼口红花花朵奇特秀丽，花期长，是非常好的观赏植物。多为盆栽摆放于温室、厅堂、阳台、窗台等处，或吊挂在花架、走廊、室内供观赏。毛萼口红花喜阳光、喜温暖湿润的环境，生长适温15～30℃，耐热，稍耐阴，忌强光直射，10℃以上可安全越冬。喜肥沃疏松、富含有机质、排水良好的土壤。

第三章

灌木

600

叉子圆柏

【别名】沙地柏、臭柏、双子柏、阿尔叉　　【学名】*Juniperus sabina*

【识别特征】柏科。常绿匍匐灌木。叶二型，针形叶常生于幼龄植株上，壮龄植株上也有少量针形叶，常交互对生或兼有3枚轮生，叶面凹入，中肋明显，被白粉；鳞形叶斜方形或菱状卵形，先端钝或微尖，相互紧覆，叶背面中部有明显的圆形或长卵形腺体。球果多为倒三角状卵形，长0.5～0.9cm，表面被白粉，成熟时暗褐色或紫黑色。花果期4～10月。

【产地分布】我国分布于新疆、青海、甘肃、陕西、内蒙古等地。生于沙地、多石的干旱荒地和林下。

【应用与养护】叉子圆柏叶色碧绿，四季常青，具有非常好的防风固沙、绿化地面的作用。常种植在公园的道路边、山石园、山坡、林缘、草地、河堤两边等处。叉子圆柏喜光照充足、温暖凉爽的环境，耐半阴，耐旱，耐寒。一般土壤均可生长，尤喜沙性土壤，不耐涝。

三尖杉科

粗榧

【别名】土香榧、中国粗榧、木榧　　【学名】*Cephalotaxus sinensis*

【识别特征】三尖杉科。常绿灌木或小乔木。叶条形，排成2列，长2～5cm，宽约0.3cm，先端微急尖或有短尖头，基部近圆形或宽楔形；几无叶柄。雄球花6～7数聚生成头状，直径约0.6cm，每雄花有4～11雄蕊，基部有一苞片；雌球花由数对交互对生、腹面各有2胚珠的苞片组成，有长梗。果实椭圆形或近圆形，肉质假种皮，成熟时紫红色。种子椭圆状卵形，两头尖，灰褐色；授粉期3～6月，种子成熟期7～11月。

【产地分布】我国特有树种，分布于华南、华中、西南、华东南部等地。生于混交林、灌丛、河谷及多石地。

【应用与养护】粗榧叶片优雅，四季常绿，具有较好的观赏性。常片植在公园道路旁、草坪边缘、疏林下、坡地等处。也可与其他树木混合种植。喜阳光，喜温暖湿润的环境，耐半阴，耐旱，耐寒，也耐热。喜肥沃疏松、排水良好的微酸性至中性土壤。

矮紫杉

【别名】矮丛紫杉、枷罗木　　【学名】*Taxus cuspidata* 'Nana'

【识别特征】红豆杉科。常绿灌木。树干紫褐色，树皮条状剥落。叶片在小枝上呈近螺旋状着生，长条形或椭圆形，革质，先端突尖，基部楔形，叶背面有2条灰绿色气孔线，叶缘有微毛；叶柄短。球花单生在叶腋处，褐黄色。种子核果状，卵形或三角状卵形，外被红色的假种皮。花果期5～10月。

【产地分布】我国分布于东北、华北等地。

【应用与养护】矮紫杉是东北红豆杉培育出来的一个具有较高观赏价值的品种。常种植在公园草地、道路边、山坡、林缘、亭榭边、建筑物旁等处。也可做成盆栽摆放于广场、厅堂、宅院门口等处。矮紫杉喜阳光充足温暖湿润的环境，耐阴，耐寒，耐旱。耐贫瘠，一般土壤均可生长，不耐涝。

花叶杞柳

【别名】彩叶柳、花叶柳　　【学名】*Salix integra* 'Hakuro Nishiki'

【识别特征】杨柳科。落叶灌木。株高1～3m。树皮灰绿色，嫩枝粉红色。叶对生或近对生，椭圆状长圆形、椭圆形或卵形，先端短渐尖，基部圆形或微凹；新枝叶片淡黄白色或淡粉白色，其上有不规则黄绿色条纹或斑块，全缘或略有小齿；叶柄极短或近无柄而抱茎。花先叶开放，花序长1～2cm，基部有小叶。蒴果卵圆形，长0.2～0.3cm。花果期5～6月。

【产地分布】园艺品种。我国各地区有栽培。

【应用与养护】花叶杞柳叶色斑斓美丽，是非常好的观赏植物。常与其他植物搭配种植在公园草坪、道路旁、林缘、庭院、池塘边、亭榭旁等处。花叶杞柳喜阳光充足、温暖湿润的环境，稍耐阴，耐旱。较耐寒冷，北方大部分地区可越冬。喜肥沃疏松、排水良好的土壤，养护管理粗放。

花叶垂榕

【别名】斑叶垂榕、垂枝榕 　　【学名】*Ficus benjamina* 'Variegata'

【识别特征】桑科。常绿灌木或小乔木。株高1～5m。茎枝灰褐色，分枝常下垂。叶互生，革质光泽，宽卵形或宽椭圆形，长4～8cm，宽2～4cm，先端短尾尖，基部宽楔形，叶片边缘具不规则形的白色或黄白色边，其余部分为绿色，全缘；叶柄长1～1.5cm。瘦果卵状肾形。花果期8～11月。

【产地分布】原产于印度、马来西亚一带。我国华南、西南广为栽培。

【应用与养护】花叶垂榕为园艺品种，叶色秀美，是非常好的观赏植物。南方常种植在公园、风景区、行道路边、宾馆、校园等处。盆栽摆放于庭院、厅堂、温室、阳台等处供观赏。花叶垂榕喜阳光、喜温暖湿润的环境，生长适温22～30℃，耐热，耐半阴，忌强光暴晒。不耐寒，8℃以上可安全越冬。喜肥沃疏松、富含有机质、排水良好的土壤。

叶子花

【别名】宝巾、三角花、紫三角、贺春红　　【学名】*Bougainvillea spectabilis*

【识别特征】紫茉莉科。攀援灌木。茎粗壮，分枝，有叶腋生的直刺。叶互生，卵形或卵状椭圆形，先端渐尖，基部宽楔形或微心形，全缘；叶柄长约1cm。花常3朵聚生于苞片内，花梗与苞片的中脉合生；苞片叶状3枚，红色、紫红色、橙色、黄色、白色等；花被管长1～2cm，疏生柔毛，具棱。瘦果具5棱。在华南等热带地区几乎可全年开花。

【产地分布】原产于热带美洲。我国南方广为栽培，其他地区有引种栽培。

【应用与养护】叶子花攀爬能力强，花朵色彩丰富美丽，花期长，是非常好的观赏植物。南方常种植在公园、宾馆、亭廊、庭院、楼前、围墙、村寨等处。盆栽可作花坛的配置植物，或摆放于厅堂供观赏。叶子花喜阳光充足温暖湿润的环境，生长适温20～32℃，耐热，耐旱。不耐寒冷，5℃以上可安全越冬。喜肥沃疏松、富含有机质、排水良好的土壤，不耐涝。

牡丹

【别名】牡丹皮、木芍药、洛阳花、丹皮　　【学名】*Paeonia suffruticosa*

【识别特征】芍药科。落叶灌木。株高可达2m。叶2回3出复叶，长20～25cm；顶生小叶宽卵形，长7～8cm，宽5～7cm，先端3裂，侧生小叶狭卵形或长圆状卵形，具不等的2～3裂或不裂；叶柄长5～11cm。花单生枝顶，常为重瓣花，颜色有玫瑰色、粉红色、紫红色、白色等。蓇葖果长圆形，密被黄褐色硬毛。花果期5～9月。

【产地分布】我国分布于河南、山东、安徽等地。北方广为栽培。

【应用与养护】牡丹花园艺品种多，花形各异，色彩丰富，是我国十大著名观赏花之一。常种植在公园花卉园、花圃、假山石旁、庭院等处。可盆栽整形作盆景观赏，也可作鲜切花。牡丹喜阳光充足、温暖、凉爽干燥的环境，生长适温12～22℃，稍耐阴，忌强光暴晒，耐寒。喜肥沃疏松、富含腐殖质、排水良好的土壤，不耐积水。

紫叶小檗

【别名】红叶小檗

【学名】*Berberis thunbergii* 'Atropurpurea'

【识别特征】小檗科。落叶灌木。株高可达1m。茎丛生，多分枝，有针刺。叶片倒卵形、匙形或菱状卵形，紫红色，长1～2cm，先端钝圆或钝尖，基部渐狭成短柄，全缘。花2～5组成具总梗的伞形花序，花序下垂。小苞片卵形，带有红色。花鲜黄色，花瓣6，宽卵形。果实椭圆形，红色，稍有光泽，长1～1.5cm。花果期4～10月。

【产地分布】原产于日本。我国各地广为栽培。

【应用与养护】紫叶小檗是园林景观配色的重要植物。常与其他植物搭配种植形成色带或色块。可单独种植在绿化带、立交桥绿地等处，也可修剪成不同的造型美化环境。紫叶小檗喜光照充足、温暖的环境，光照不足叶片会返绿色，耐炎热，稍耐阴，耐寒。喜肥沃疏松、富含有机质、排水良好的土壤，不耐涝。

南天竹

【别名】天竺子、红枸子、南竹子、杨桐　　【学名】*Nandina domestica*

【识别特征】小檗科。常绿灌木。株高1～2m。茎直立，分枝。叶2～3回羽状复叶，长30～50cm，叶柄基部呈鞘状；小叶椭圆状披针形，长3～7cm，先端渐尖，基部楔形，全缘；小叶无柄。圆锥花序顶生，长20～30cm。花白色，直径约0.6cm。萼片多轮，每轮3片；雄蕊6，离生，黄色狭条形。浆果球形，直径约0.8cm，成熟时红色。花果期5～10月。

【产地分布】我国分布于西南、华南、华东、华中。生于灌木丛、疏林中。各地区有栽培。

【应用与养护】南天竹株形秀丽，花色洁白，成串的红色果实漂亮，具有很好的观赏价值。南方常与其他植物搭配种植在公园道路边、凉亭旁、庙宇等处。盆栽用作花坛、花境的配置植物，或摆放于宾馆大堂、会议室、走廊、客厅等处供观赏。南天竹喜阳光充足、温暖湿润的环境，耐半阴，耐热，不耐寒。喜肥沃疏松、富含腐殖质、排水良好的微酸性至中性沙质土壤。

阔叶十大功劳

【别名】十大功劳、土黄连、功劳木、土黄柏　　【学名】*Mahonia bealei*

【识别特征】小檗科。常绿灌木。株高可达4m。叶互生，革质，奇数羽状复叶。小叶7～15枚，阔卵形至卵状椭圆形，每边有2～7枚刺尖；顶生小叶有柄，侧生小叶无柄。总状花序顶端丛生。萼片9，3轮，花瓣状。花黄色，花瓣6，先端2浅裂；雄蕊6。浆果卵圆形，被白粉，成熟时蓝色。花期9月至翌年6月，果期翌年3～5月。

【产地分布】我国分布于西南、华南、东南、华中。生于山坡、灌丛中。

【应用与养护】阔叶十大功劳叶形奇特，黄色的花序艳丽醒目，蓝色的果实别致可爱，花期长，是非常好的观赏植物。常种植在公园疏林下、道路旁、亭榭边、假山石旁等处，也可作篱障。盆栽可摆放于厅堂、庭院等处。阔叶十大功劳喜光照充足、温暖湿润的环境，稍耐阴，耐热，不耐寒。喜肥沃疏松、排水良好的微酸性至中性土壤。

含笑花

【别名】寒宵、香蕉花　　【学名】*Michelia figo*

【识别特征】木兰科。常绿灌木。株高0.5～3m。幼枝、芽、嫩叶均密被黄褐色短柔毛。叶互生，革质，长椭圆形或倒卵状椭圆形，先端渐尖，基部楔形，叶背面中脉有柔毛，全缘；叶柄短。花单生于叶腋处，直径1.2～2cm，芳香。花被片6，肉质，长椭圆形，淡黄白色。聚合蓇葖果，卵圆形或球形，长2～2.5cm，先端有短尖喙。花果期3～8月。

【产地分布】我国分布于华南等地。生于阴山坡杂木林、小溪边、山谷中。各地有栽培。

【应用与养护】含笑花花朵美丽端庄，香味浓郁，具有较好的观赏价值。南方常与其他植物搭配种植在公园、道路边、宾馆、庭院等处。盆栽摆放于厅堂、阳台、窗台、走廊等处供观赏。含笑花喜阳光，喜温暖湿润的环境，耐半阴，忌强光暴晒，不耐旱，不耐寒。喜肥沃疏松、排水良好的微酸性至中性土壤，不耐涝。

蜡梅科

蜡梅

【别名】腊梅花、黄梅花、雪里花、金梅　　【学名】*Chimonanthus praecox*

【识别特征】蜡梅科。落叶灌木或小乔木。枝干有近圆形的皮孔。叶片椭圆状卵形或卵状披针形，先端渐尖，基部圆形或楔形。花先叶开放，具芳香味。花被片多数，蜡黄色，具光泽，基部有紫晕。雄蕊5～6；心皮多数，分离，着生壶形花托内，花托在果时半木质化，呈蒴果状。瘦果多数，包于膨大的花托内，扁长圆形，边缘有翅，先端微缺。花期10月至翌年3月，果期翌年4～11月。

【产地分布】我国分布于华东、华南、西南等地。生于山地林中。各地区有栽培。

【应用与养护】蜡梅花在寒冬腊月即可开放，花鲜黄色，香味浓烈，是冬季至春季主要观赏植物之一。常种植在公园、庙宇、庭院、山坡、楼前等背风向阳处。盆栽摆放于庭院、厅堂、走廊等处供观赏。蜡梅喜阳光，喜温暖背风的环境，稍耐阴，耐旱，较耐寒。喜肥沃疏松、排水良好的微酸性至中性沙质土壤，不耐涝。

绣球

【别名】八仙花、粉团花、阴绣球、斗球　　【学名】*hydrangea macrophylla*

【识别特征】虎耳草科。落叶小灌木。株高可达1m。小枝有明显的皮孔和叶痕。叶对生，椭圆形或卵圆形，长7～20cm，宽4～15cm，先端短渐尖，基部宽楔形，边缘除基部外具粗锯齿；叶柄长1～3cm。伞房花序顶生，球形，直径可达20cm；花有白色、粉红色、蓝色等，全部为不孕花；萼片4，宽卵形或圆形。花期6～8月。

【产地分布】原产于中国、日本。生于山谷、疏林中。我国各地广为栽培。

【应用与养护】绣球花大，色彩艳丽，花期长，具有非常好的观赏价值。可成片种植在公园绿地、道路边、庭院、宾馆、疏林下等处。盆栽用作花坛、花境的配置植物，或摆放于庭院、厅堂、走廊、阳台等处供观赏。绣球喜光照，喜温暖湿润的环境，也耐阴，生长适温18～28℃，耐热，忌强光暴晒，稍耐寒，不耐旱。喜肥沃疏松、排水良好的沙质土壤，不耐涝。

圆锥绣球

【别名】圆锥八仙花、水亚木　　【学名】*hydrangea paniculata*

【识别特征】虎耳草科。落叶灌木或小乔木。株高1～5m。叶对生，卵形或椭圆形，先端钝尖或钝圆，基部宽楔形，叶缘具锯齿；叶柄长1～2cm。圆锥状聚伞花序生枝端，长可达15～25cm。不育花较多，白色；萼片4，宽椭圆形或宽倒卵形。孕性花萼筒螺旋状，萼齿短三角形；花瓣白色，卵形或卵状披针形。蒴果椭圆形。花果期7～11月。

【产地分布】我国分布于华南、西南、华东、华中及甘肃。生于山坡疏林下、山脊灌丛。各地区有引种栽培。

【应用与养护】圆锥绣球花序硕大洁白，极为美丽，具有很高的观赏价值。常与其他植物搭配种植在公园道路边、林缘、亭榭旁、庭院等处。盆栽摆放于庭院、厅堂、宾馆等处供观赏。圆锥绣球喜光照充足、温暖湿润的环境，生长适温18～28℃，稍耐阴，耐热，耐旱，耐寒。喜肥沃疏松、富含有机质、排水良好的土壤，不耐涝。

海桐

【别名】七里香、海桐花、山瑞香　　【学名】*Pittosporum tobira*

【识别特征】海桐花科。常绿灌木或小乔木。株高可达2m。嫩枝被黄褐色柔毛。叶片聚生枝端，革质，倒卵形，先端钝圆，基部楔形，全缘；叶柄长约1cm。伞房花序圆锥状顶生，密被黄褐色短毛；花萼杯状，5裂，卵形，基部连合。花白色，花瓣5，离生，有香味。蒴果近球形，密被短柔毛，3瓣裂。种子多数，肾形，暗红色。花果期5～10月。

【产地分布】我国分布于西南、华南、东南、华东等地。各地有栽培。

【应用与养护】海桐四季常绿，花具芳香味，为南方常见的观赏植物。南方常种植在公园、路边、庭院、宾馆、村寨等地，也可作绿篱。盆栽用于花坛配置，或摆放于大厅、客厅等处。海桐喜光照充足、温暖湿润的环境，生长适温15～28℃，亦耐阴，耐热，不耐寒。对土壤要求不严，在黏性土、沙质土、微盐碱性土壤中均可生长。

白鹃梅

【别名】金瓜果、茧子花　　【学名】*Exochorda racemosa*

【识别特征】蔷薇科。落叶灌木。株高2～5m。树皮暗灰色或灰褐色。叶片椭圆形、长椭圆形或长椭圆状倒卵形，先端圆钝或急尖，基部楔形或宽楔形，全缘；叶柄长0.5～1cm。总状花序顶生，有6～10朵花，花梗长0.3～0.8cm，无毛。花白色，直径2.5～3.5cm，花瓣5，倒卵形，先端钝，基部有短爪。蒴果具5棱脊。花果期5～8月。

【产地分布】我国分布于浙江、江苏、江西、河南等地。各地区有引种栽培。

【应用与养护】白鹃梅枝叶茂密，花盛开时满树雪白十分美丽，具有较好的观赏价值。常种植在植物园、公园绿地、道路边、坡地、假山石旁、林缘等处。白鹃梅喜光照充足、温暖的环境，亦耐半阴，耐旱。较耐寒，华北地区可露地越冬。耐贫瘠，一般土壤均可生长，不耐涝。

黄刺玫

【别名】刺梅花、皮刺玫　　【学名】*Rosa xanthina*

【识别特征】蔷薇科。落叶灌木。株高可达3m。茎直立，丛生。枝条细长，灰褐色，具散生皮刺。奇数羽状复叶，小叶7～13枚，宽卵形、近圆形或椭圆形，先端钝圆，基部近圆形，叶缘有钝锯齿；叶柄长0.8～1.5cm。花萼筒光滑，萼片披针形，全缘。花单生，直径约4cm，花瓣黄色，倒卵形，重瓣或单瓣。蔷薇果近球形，红褐色，先端萼片宿存。花果期5～9月。

【产地分布】我国分布于东北、华北、西北等地。

【应用与养护】黄刺玫株形蓬松，枝条弯垂，花密色黄，果实红润，是非常好的观赏植物。常单植或与其他植物搭配种植在公园绿地、道路两边、立交桥绿地、建筑物旁等地。黄刺玫喜光照充足、温暖的环境，稍耐阴，耐旱，耐寒。耐贫瘠，一般土壤均可生长，不耐涝。

火棘

【别名】火把果、救军粮、赤阳子、吉祥果　　【学名】*Pyracantha fortuneana*

【识别特征】蔷薇科。常绿灌木或小乔木。株高可达3m。枝条通常有棘刺，侧枝较短。叶片椭圆形或倒卵形，先端钝圆，基部渐狭，叶缘有钝锯齿；叶柄短。复伞花序，花梗近无毛。花白色，直径约1cm，花瓣5，瓣片近圆形或宽倒卵形。果实近球形，直径0.5～0.7cm，红色、橘红色或深红色，花萼宿存。花果期4～11月。

【产地分布】我国分布于西南及黄河以南等地。生于山坡向阳地。西南地区广为栽培。

【应用与养护】火棘红彤彤的果实挂满枝头，十分美丽，具有很高的观赏价值。南方常种植在公园、山坡、庭院、宾馆、路边等处，也常作风景区的配置植物。火棘耐修剪，常被修剪成各种造型的盆景，观赏效果极佳。果枝可作鲜切花材料。火棘喜光照充足、温暖湿润、通风的环境，较耐旱，不耐阴。喜肥沃疏松、排水良好的微酸性或中性土壤。

玫瑰

【别名】刺玫花、徘徊花、赤蔷薇　　【学名】*Rosa rugosa*

【识别特征】蔷薇科。落叶灌木。株高可达2m。茎密被皮刺和针刺。奇数羽状复叶，小叶5～9，椭圆形或椭圆状倒卵形，先端钝尖，基部圆形或宽楔形，边缘有钝锯齿，叶面皱褶，背面有柔毛及腺毛；叶柄长2～4cm。花单生或数朵簇生枝端。萼片卵状披针形，先端尾尖。花紫红色，直径6～8cm，多为重瓣，芳香。蔷薇果近球形，光滑。花果期5～9月。

【产地分布】我国分布于山东、辽宁、吉林、华北等地。各地广为栽培。

【应用与养护】玫瑰花朵鲜艳，芳香浓郁，是著名的观赏及食药用植物。常大面积种植在山坡上供游人观赏。也常种植在公园草坪、路边、林缘等处。玫瑰喜阳光温暖、湿润凉爽的环境，生长适温15～24℃，耐严寒，较耐旱，不耐酷暑炎热。对土壤要求不严，一般土壤均可生长，不耐涝。养护上应及时防治蚜虫、红蜘蛛、白粉病等。

皱皮木瓜

【别名】贴梗海棠、木瓜、贴梗木瓜　　【学名】*Chaenomeles speciosa*

【识别特征】蔷薇科。落叶灌木。枝条常具刺。叶片卵形或椭圆形，长3～8cm，宽2～5cm，先端急尖或圆钝，基部楔形，叶缘有短尖锯齿；叶柄长约1cm。托叶肾形或椭圆形，边缘有尖锐重锯齿，齿尖有腺体。花先叶开放，常3朵簇生，花瓣5，猩红色。雄蕊多数；花柱5，基部合生。果实球形或卵圆形，成熟时黄色或黄绿色，具芳香味。花果期3～10月。

【产地分布】我国分布于西南、华南、东南。各地广为栽培。

【应用与养护】皱皮木瓜花色鲜艳，果实清香，是优良的观赏植物。常种植在公园、道路旁、草地、坡地、宾馆、庭院等处。可修剪成各种造型的盆景，摆放于厅堂、走廊、门廊、亭榭等处供观赏。皱皮木瓜喜光照充足、温暖的环境，耐热，稍耐阴，耐寒，耐旱。耐贫瘠，对土壤要求不严，一般土壤均可生长，不耐涝。

月季花

【别名】四季花、月月红、月月花　　【学名】*Rosa chinensis*

【识别特征】蔷薇科。常绿或落叶灌木。株高1～2m。茎枝上有钩状皮刺。奇数羽状复叶，小叶3～7，宽卵形或卵状长圆形，先端渐尖，基部宽楔形，叶缘具粗齿；叶柄与叶轴疏生皮刺和腺毛。花单生或数朵聚生枝端。萼片卵形，先端尾尖，具腺毛。花多为重瓣，有多种颜色。蔷薇果，萼片宿存。室内养护几乎可全年开花。一般花果期4～11月。

【产地分布】原产于我国。各地广为栽培。

【应用与养护】月季花栽培品种极多，花大色彩丰富，极为美丽，是世界著名的观赏花卉。常种植在公园、路边、宾馆、学校、庭院等处。盆栽用于布置花坛，摆放室内供观赏。可作鲜切花或花篮。月季花喜光照充足、温暖通风的环境，生长适温18～30℃，耐寒，较耐旱。喜肥沃疏松、富含有机质、排水良好的土壤，不耐涝。养护时注意及时防治蚜虫及白粉病等。

华北珍珠梅

【别名】珍珠梅、珍珠树、鱼子花、吉氏珍珠梅　　【学名】*Sorbaria kirilowii*

【识别特征】蔷薇科。落叶灌木。株高可达2m。奇数羽状复叶，小叶13～17片，披针形，先端渐尖，基部圆形或宽楔形，叶缘具锐锯齿；小叶无叶柄。圆锥花序生枝端。小花白色，直径0.6～0.7cm，花瓣5，瓣片近圆形或宽卵圆形；花丝不等长，着生于花盘边缘。蓇葖果长圆柱形。花果期5～9月。

【产地分布】我国分布于华北、山东、华中。生于阳坡、杂木林。

【应用与养护】华北珍珠梅花序大而茂密，花小洁白似珍珠，花期长，是常见的园林观赏植物。常片植或与其他植物搭配种植在公园草地、路边、坡地、庭院、河岸边、林缘等处。华北珍珠梅喜阳光，喜温暖湿润的环境，稍耐阴，耐寒，较耐旱。耐贫瘠，对土壤要求不严，一般土壤均可生长。

棣棠花

【别名】金棣棠梅、黄度梅、黄榆梅　　【学名】*Kerria japonica*

【识别特征】蔷薇科。落叶灌木。株高1～2m。叶互生，卵形，先端渐尖，基部圆形或微心形，叶缘具不规则重锯齿；叶柄长0.5～1cm。花单生侧枝顶端，直径3～4cm。花瓣黄色，宽卵形。瘦果倒卵球形或半球形，黑褐色。花果期4～8月。

另一种重瓣棣棠花（*Kerria japonica* f. *pleniflora*）是棣棠花的变型，园林中应用也很广泛。

【产地分布】我国除西藏外各地均有分布。生于山坡灌丛。

【应用与养护】棣棠花枝细叶茂，花朵稠密色泽金黄，是非常好的常见观赏植物。常种植在公园绿地、道路两旁、山石园、坡地、河岸边、疏林下。也常作花篱。棣棠花喜光照充足、温暖湿润的环境，亦耐半阴，较耐寒，不耐酷暑。对土壤要求不严，一般土壤均可生长。

东北扁核木

【别名】东北蕤核、扁担胡子　　【学名】*Prinsepia sinensis*

【识别特征】蔷薇科。落叶小灌木。株高1～2m，树皮成片状剥落。茎直立，多分枝，具疏刺。叶互生，卵状披针形或披针形，先端急尖，基部圆形或宽楔形，全缘；叶柄长约1cm。花簇生叶腋处。花黄色，直径1～1.5cm，花瓣倒卵形，先端圆钝，边缘具不规则齿；雄蕊10，花丝很短。核果椭圆形，长1.5～2cm，成熟时紫红色或紫褐色。花果期3～8月。

【产地分布】我国分布于东北地区。生于山坡杂木林。华北等地有引种栽培。

【应用与养护】东北扁核木春季开花早，花色鲜黄具有较好的观赏性。常与其他植物搭配种植在公园绿地、假山石旁、山坡等处。东北扁核木喜光照充足、温暖的环境，耐旱、耐寒。喜肥沃、富含腐殖质、排水良好的土壤，不耐涝。

平枝栒子

【别名】铺地蜈蚣、小叶栒子　　【学名】*Cotoneaster horizontalis*

【识别特征】蔷薇科。常绿灌木。株高50～80cm。茎铺散，多分枝。叶片近圆形或宽椭圆形，先端钝圆或急尖，基部宽楔形，全缘；叶柄极短。花1～2朵生叶腋处。花萼筒状钟形，萼片5，三角形。花小，粉红色，花瓣5，倒卵形，先端圆钝。果实近球形，直径约0.5cm，成熟时红色或褐红色。花果期5～10月。

【产地分布】我国分布于西南、华南、东南、华中、华东。生于山坡灌丛、多石山坡、岩石地。各地广为栽培。

【应用与养护】平枝栒子覆盖面积大，是很好的地被观赏植物。常种植在公园绿地、假山石旁、道路两边、林缘、墙边、坡地等处。平枝栒子喜阳光，喜温暖湿润或半干燥的环境，稍耐阴，耐旱，耐寒，不耐湿热。一般土壤均可生长，不耐积水。养护管理较粗放。

鸡麻

【别名】白棣棠、山葫芦子　　【学名】*Rhodotypos scandens*

【识别特征】蔷薇科。落叶灌木。株高 0.5 ～ 2m。茎直立，多分枝。叶对生，卵形，先端渐尖，基部圆形或微心形，叶面皱，叶缘具粗锯齿；叶柄短。花单生新梢顶端。花白色，花直径 3 ～ 5cm，花瓣 4，瓣片宽倒卵形。核果椭圆形，黑色光泽，长约 0.8cm。花果期 5 ～ 9 月。

【产地分布】我国分布于华北、华东、华中等地。生于山坡、灌丛。

【应用与养护】鸡麻开花较早，花朵洁白素雅，是较好的观赏植物。可种植在公园绿地、道路两边、山石园、山坡、疏林下等处。鸡麻喜阳光充足、温暖湿润的环境，稍耐阴，耐寒。喜肥沃疏松、排水良好的沙质土壤，不耐涝。

麦李

【别名】秧李子、野苦李、牛李、小粉团　　【学名】*Prunus glandulosa*

【识别特征】蔷薇科。落叶小灌木。株高0.5～1.5m。茎直立，分枝常铺散。叶片长圆状披针形或椭圆状披针形，先端渐尖，基部楔形，叶缘具锯齿；叶柄短。花先叶开放，花单生或2朵簇生，在枝条上密集。花白色或粉红色，花瓣5，瓣片倒卵形；雄蕊约30枚，花药黄色。核果近球形，红色或紫红色，直径1～1.3cm。花果期3～8月。

【产地分布】我国除东北、西北外，大部分地区有分布。生于山坡、灌丛、沟边。

【应用与养护】麦李花十分艳丽，秋季叶片变红甚为美观，是非常好的观赏植物。常种植在公园草坪、道路两边、假山石旁、林缘、山坡、庭院等处。盆栽用于摆放厅堂、走廊、室内等处。可作鲜切花。麦李喜阳光充足、温暖湿润的环境，耐寒，耐旱。喜肥沃疏松、排水良好的沙质土壤，忌黏土种植，不耐低洼和积水。

木香花

【别名】木香、密香、青木香、南木香　　【学名】*Rosa banksiae*

【识别特征】蔷薇科。攀援灌木。株高可达6m。树皮紫褐色，纵裂条块状剥落。多分枝，小枝圆柱形，疏生皮刺或无。叶互生，小叶3～5枚，有时7枚，长圆状披针形或椭圆状卵形，先端渐尖，基部楔形或近圆形，叶缘具细锯齿；小叶柄短。小花生小枝端，多朵集成伞房状。花重瓣，白色，倒卵形，芳香。花期4～5月。

【产地分布】我国分布于四川、云南等地。生于山坡灌丛、小溪边。各地区有引种栽培。

【应用与养护】木香花白色，花朵密集，芳香，是很好的垂直绿化观赏植物。可种植在公园花廊边、花架、墙垣、大门口棚架等处。木香花喜阳光充足、温暖的环境，耐半阴，耐干旱，较耐寒。耐贫瘠，一般土壤均可生长，不耐涝。

紫叶风箱果

【别名】风箱果　　【学名】*Physocarpus opulifolius*'Summer Wine'

【识别特征】蔷薇科。落叶灌木。株高1.5～3m。叶片和枝条始终为深紫色。叶互生，三角状卵形或宽卵形，3～5浅裂，先端急尖或渐尖，基部近心形或截形，叶缘有重锯齿；叶柄长1～2cm。伞形总状花序生小枝顶端，花多密集。小花白色，直径0.5～1cm，花瓣5，瓣片近圆形；雄蕊多数，花药紫红色。蓇葖果，褐红色。花果期6～10月。

【产地分布】原产于北美洲。我国引种栽培。

【应用与养护】紫叶风箱果色彩感强，是非常好的园林景观植物。可丛植、片植或与其他颜色植物搭配种植在公园、草坪、风景区、道路边、宾馆、亭榭等处，突出色彩对比，景观效果极佳。紫叶风箱果喜阳光充足、温暖湿润的环境，耐旱，耐寒。对土壤要求不严，一般土壤均可生长。

风箱果

【别名】阿穆尔风箱果、托盘幌　　【学名】*Physocarpus amurensis*

【识别特征】蔷薇科。落叶灌木。株高 2～3m。小枝绿色或淡紫红色，老时灰褐色。叶互生，三角状卵形或宽卵形，常 3～5 浅裂，长 3.5～5.5cm，宽 3～5cm，先端急尖或渐尖，基部近心形或截形，叶背面微被星状毛和短毛，沿叶脉较密，叶缘有重锯齿；叶柄长 1～2cm，微被柔毛。伞形总状花序生小枝顶端，花多密集。小花白色，直径 0.5～1cm，花瓣 5，瓣片近圆形；雄蕊多数，花丝细长，花药紫色。蓇葖果，膨大，3～4 个，卵形，微被星状柔毛，成熟时暗紫色，沿背腹两缝开裂。花果期 6～8 月。

【产地分布】我国分布于东北、河北等地。生于阔叶林林缘、山谷中。

【应用与养护】风箱果花序密集，花色白雅，是较好的园林绿化植物。常与其他植物搭配种植在公园绿地、林缘、行道路边、亭榭、假山石旁等处。风箱果喜阳光充足、温暖湿润的环境，较耐阴，稍耐旱，耐寒性强。喜肥沃疏松、富含有机质、排水良好的沙土壤。

金山绣线菊

【别名】绣线菊　　【学名】*Spiraea japonica* 'Gold Mound'

【识别特征】蔷薇科。落叶小灌木。株高30～60cm。叶互生，金黄色或黄绿色，卵形或卵状椭圆形，先端渐尖，基部楔形，叶缘具重锯齿；叶柄短。复伞花序生枝端，花多数密集。萼片5，三角形。花蕾和小花粉红色，花瓣5，瓣片椭圆形；雄蕊多数，着生在萼片与花盘之间，花丝细长，花药白色至褐色。蓇葖果。花果期5～10月。

【产地分布】原产于北美洲。我国引种栽培。

【应用与养护】金山绣线菊为园艺杂交种，叶色金黄，花序粉红色，十分美丽，花期长，是非常好的观赏植物。可丛植或群植在公园绿地、道路边、山石园旁、疏林下。常与其他植物搭配种植，作色块或色带组合。盆栽多用于作花坛、花境等的配置材料。金山绣线菊喜阳光充足温暖湿润的环境，在荫蔽条件下叶色浅，较耐寒。喜肥沃疏松、排水良好的土壤。

紫荆

【别名】裸枝树　　【学名】*Cercis chinensis*

【识别特征】豆科。落叶灌木或小乔木。株高 2 ～ 5m。树皮和小枝灰褐色或灰白色。叶片近圆形或心形，先端急尖或突尖，基部心形或圆形，全缘；叶柄长 3 ～ 5cm。花先叶开放，常 5 ～ 10 朵簇生在主干和老枝上。花小，紫红色或粉红色，长 1 ～ 1.5cm，花梗长 0.3 ～ 1cm。荚果扁条形，长 5 ～ 10cm，先端尖具短喙，基部渐尖，成熟时灰黑色。花果期 4 ～ 10 月。

【产地分布】我国分布于西南、东南、华中、华东、华北、东北。

【应用与养护】紫荆开花早，紫红色的花朵开满树干极为美丽，具有很好的观赏价值。常种植在公园绿地、草坪、道路边、假山石旁、建筑物旁、庭院等处。紫荆喜光照充足、温暖湿润的环境，稍耐阴，耐寒，耐修剪。喜肥沃疏松、富含有机质、排水良好的土壤。

朱缨花

【别名】红绒球、美蕊花、红合欢　　【学名】*Calliandra haematocephala*

【识别特征】豆科。落叶灌木或小乔木。株高1 ～ 3cm。小枝圆柱形，褐色，粗糙。偶数羽状复叶，小叶斜卵形，先端钝尖，基部偏斜，叶缘有微毛或无；小叶柄极短。头状花序生叶腋处，小花多数，总花梗长1 ～ 4cm。花萼钟形，绿色。花冠管长0.3 ～ 0.5cm，先端5裂，裂片反折；花丝长2 ～ 3cm，深红色。荚果条形，暗棕色。花果期8 ～ 11月。

【产地分布】原产于南美洲。我国西南等地有栽培。

【应用与养护】朱缨花红色的花朵形如绒火球，十分美丽，是南方极具观赏性的植物。常种植在行道路旁、林缘、庭院、河岸边、校园、宾馆等处。朱缨花喜阳光充足、温暖湿润的环境，生长适温23 ～ 30℃，不耐阴，不耐寒，冬季温度不得低于15℃，忌强光暴晒。喜土层深厚、肥沃疏松、排水良好的微酸性沙质土壤。

翅荚决明

【别名】翅果决明、有翅决明、翅荚黄槐、蜡烛花　　【学名】*Senna alata*

【识别特征】豆科。多年生小灌木。株高1.5～3m。茎多分枝。偶数羽状复叶，小叶12～24枚，椭圆形，先端钝圆，基部钝圆，全缘；叶柄短。总状花序腋生或顶生，花多数密集，有时数个总状花序顶生成圆锥状。花黄色。荚果长条形，长10～20cm，每果瓣中央具纵向的翅，翅缘具细小圆钝齿。花果期9月至翌年2月。

【产地分布】原产于美洲热带。生于山坡、疏林。我国云南南部、广东等地有栽培。

【应用与养护】翅荚决明花序金黄色，花朵繁多，鲜亮明快，花期长，是南方很有观赏价值的绿化美化植物。常种植在公园路边、立交桥绿地、亭廊边、庭院、花池、坡地、林缘等处供观赏。翅荚决明喜阳光充足、高温湿润的环境，稍耐阴，耐热、耐旱，不耐寒。喜肥沃疏松、排水良好的土壤。

佛手

【别名】佛手柑、五指柑、九爪木　　【学名】*Citrus medica* var. *sarcodactylis*

【识别特征】芸香科。常绿灌木或小乔木。株高可达1m。叶互生，长椭圆形，长8～15cm，宽3.5～6.5cm，先端钝圆或微凹，基部圆形或楔形，边缘有浅锯齿，具透明油点；叶柄短。花簇生或为总状花序。花萼杯状，4～5裂。花瓣4～5，白色，外面有淡紫色晕斑。柑果卵形或长圆形，顶端裂瓣指状，表皮厚粗糙，成熟时橙黄色。花果期4～12月。

【产地分布】原产于印度东北部。我国西南地区多有栽培。

【应用与养护】佛手金黄色的果实奇特秀丽，花洁白芳香，具有较好的观赏价值。南方常种植在公园、庭院、林缘等处。盆栽用于摆放花坛、厅堂、走廊、卧室、阳台等处，有消除室内异味等作用。佛手喜阳光充足、温暖湿润的环境，生长适温22～25℃，稍耐阴，不耐旱。不耐寒，越冬温度应在5℃以上。适合种植在肥沃疏松、富含腐殖质、排水良好的微酸性土壤中。

金柑

【别名】卢橘、罗浮、金枣、牛奶橘、金橘　　【学名】*Citrus japonica* Thunb.

【识别特征】芸香科。常绿灌木或小乔木。叶互生，椭圆形或卵状披针形，先端渐尖，基部楔形，边缘具细锯齿，叶背面密生腺点；叶柄有窄翅。花单生或2～3朵腋生。花瓣5，白色，狭矩圆形，向外反卷；雄蕊20～25，基部不规则地合生成几束；雌蕊1。果实椭圆形或倒卵形，长2～3.5cm，成熟时金黄色。花果期6～12月。

【产地分布】我国分布于长江流域以南。各地有引种栽培。

【应用与养护】金柑花开香味飘逸，金黄色的果实挂满枝头，具有很好的观赏性。南方常种植在庭院。盆栽用于布置花坛，或摆放于宾馆大堂、会议室等处供观赏。也作春节室内装饰之用。金柑喜光照充足、温暖湿润的环境，生长适温22～30℃，忌强光暴晒，不耐旱。不耐寒冷，10℃以上可安全越冬。喜肥沃疏松、富含腐殖质、排水良好的微酸性土壤，不耐涝。

米仔兰

【别名】碎米兰、米兰、千里香　　【学名】*Aglaia odorata*

【识别特征】棟科。常绿灌木或小乔木。奇数羽状复叶，小叶3～5，革质光泽，倒卵形或长椭圆形，长2～7cm，宽1～3.5cm，先端钝圆或钝尖，基部楔形，全缘。圆锥花序腋生。萼5裂，裂片圆形。花小，黄色，芳香，花瓣5，长圆形或近圆形；雄蕊5，花丝基部合生成筒状。浆果卵形或球形，不开裂，表面常散生有星状鳞片。花期5～12月，果期7至翌年3月。

【产地分布】我国分布于华南、西南等地。生于灌丛、疏林中。各地广为栽培。

【应用与养护】米仔兰花开香气四溢，米仔兰是常见的观赏植物。南方常种植在公园、路旁、庭院。盆栽用于布置花坛、会场，或摆放于厅堂、阳台、窗台等处。米仔兰喜阳光，喜温暖湿润的环境，较耐阴，不耐寒。喜肥沃疏松、富含腐殖质、排水良好的沙质土壤。

大戟科

一品红

【别名】圣诞红、圣诞花、猩猩木、老来娇　　【学名】*Euphorbia pulcherrima*

【识别特征】大戟科。多年生灌木或小乔木。株高1～3m。茎直立，多分枝。叶互生，卵状椭圆形或宽披针形，先端渐尖或急尖，基部楔形或渐狭，全缘或浅裂；叶柄长2～5cm。苞片叶形，红色。杯状聚伞花序生枝端。总苞绿色，坛状，边缘齿状分裂，通常有1个黄色的大腺体，腺体杯状。蒴果三棱状圆形。花果期10月至翌年4月。

【产地分布】原产于墨西哥。我国各地广为栽培。

【应用与养护】一品红苞片鲜红色艳，是著名的观赏植物。南方常与其他植物

搭配种植在公园草地、植物园、广场、庭院等处。盆栽用于布置花坛、会场，摆放于厅堂、阳台等处。也是圣诞节和春节的装饰用花。一品红喜光照充足、温暖湿润的环境，生长适温20～26℃，冬季温度不得低于10℃，稍耐阴，不耐旱。喜肥沃疏松、富含腐殖质、排水良好的沙质土壤。

铁海棠

【别名】虎刺梅、麒麟刺、老虎簕、麒麟花　　【学名】*Euphorbia milii*

【识别特征】大戟科。多刺亚灌木。株高可达1m。株体内有白色乳汁。茎肉质直立，多分枝，密生硬刺，刺长1～2.5cm。叶互生，倒卵形或长圆状匙形，先端钝圆具凸尖，基部楔形，全缘；无叶柄。杯状聚伞花序生枝端。苞片红色，近圆形，直径1～1.2cm。蒴果扁球形。南方可全年开花。北方室内养护好也可全年开花。

【产地分布】原产于马达加斯加。我国各地广为栽培。

【应用与养护】铁海棠四季开花，具有很好的观赏价值。南方常种植在公园、植物园、假山石旁，也常作篱障。盆栽摆放于厅堂、阳台、走廊供观赏。铁海棠喜阳光充足、温暖湿润的环境，光照不足花色不艳，生长适温18～30℃，稍耐阴，较耐旱。喜肥沃疏松、排水良好的腐殖质土壤。不耐寒，北方应放置在室内向阳处越冬。

变叶木

【别名】洒金榕、变色月桂　　【学名】*Codiaeum variegatum*

【识别特征】大戟科。常绿灌木。叶形变化大，革质，条状披针形、倒披针形、条形、椭圆形等；颜色有绿色带黄色斑点、黄色或红色斑纹、杂色等。总状花序腋生，花序长10～20cm。花小，淡黄色或浅绿色。雄花序通常2～6朵簇生；花萼5裂，花瓣5，雄蕊20～30，雄花花盘腺体5枚；雌花无花瓣，花盘杯状。蒴果球形或稍扁球形。花果期7～10月。

【产地分布】原产于东南亚、太平洋群岛。我国各地有引种栽培。

【应用与养护】变叶木品种较多，是非常好的观叶植物。南方常与其他植物搭配种植在公园、道路旁、广场绿地、疏林下、庭院等处。盆栽摆放于厅堂、会议室、宾馆大厅、客厅、书房、走廊、阳台等处供观赏。变叶木喜阳光充足、高温湿润的环境，生长适温20～30℃，耐热，耐阴，忌强光暴晒，5℃以上可安全越冬。喜肥沃疏松、富含有机质、排水良好的土壤。

琴叶珊瑚

【别名】珊瑚花、琴叶樱、南洋樱　　【学名】*Jatropha integerrima*

【识别特征】大戟科。常绿灌木。株高1～2m。茎直立，多分枝。叶互生，倒阔披针形，先端宽具尾尖，基部楔形或狭钝圆，叶缘中下部疏生小齿；叶柄长，褐色，具绒毛。聚伞花序排成圆锥状生茎顶。花冠红色或粉红色，有蜡质感，花瓣5，倒卵形或近椭圆形。蒴果成熟时黑褐色。南方花果期可全年。

【产地分布】原产于古巴、伊斯帕尼奥拉岛。我国各地有引种栽培。

【应用与养护】琴叶珊瑚叶片犹如大提琴状，花色鲜艳，花期长，具有很好的观赏性。南方常单植或与其他植物搭配种植在公园绿地、道路边、亭台楼阁旁等处。盆栽摆放于厅堂、走廊、室内供观赏。琴叶珊瑚喜光照充足、高温湿润的环境，生长适温20～30℃，耐热，稍耐阴，不耐寒。喜肥沃疏松、富含有机质的微酸性沙质土壤，不耐涝。

火殃勒

【别名】金刚纂、金刚杵、刺金刚、巴西龙骨

【学名】*Euphorbia antiquorum*

【识别特征】大戟科。多年生肉质灌木。株高可达2m以上。茎肉质直立，多分枝；小枝具3～5纵棱。叶片生嫩枝上，倒卵形至卵状长圆形，先端钝圆，基部楔形，全缘；叶柄基部有1对褐色坚硬皮刺。杯状聚伞花序，花单生或3朵簇生，黄色；杯状聚伞花序的总苞片近球形，先端5浅裂，裂片边缘撕裂。蒴果三棱状扁球形。花果期6～8月。

【产地分布】原产于印度。我国南方多有栽培。

【应用与养护】火殃勒为南方常见观赏植物。常种植在公园、植物园、假山石旁、宾馆、村寨等处，常被作绿篱墙用。盆栽摆放于厅堂、阳台、窗台等处供观赏。火殃勒喜光照充足、温暖的环境，生长适温25～35℃，耐热，耐旱，不耐寒，10℃以上可安全越冬。喜肥沃疏松、富含有机质、排水良好的土壤。

佛肚树

【别名】麻风树、瓶子树、纺锤树　　【学名】*Jatropha podagrica*

【识别特征】大戟科。多年生肉质灌木。株高0.4～1.5m。茎直立，不分枝或少分枝。茎基部或下部常膨大成瓶状。叶片盾状着生，轮廓宽椭圆形或近圆形，先端钝尖，基部圆形或心形，叶缘常3～5深裂或不裂；叶柄长。花序生茎顶，重复二歧分叉，总花梗长。花红色，花瓣倒卵状长圆形。蒴果椭圆形，具3条纵沟。华南等地花果期可全年。

【产地分布】原产于中美洲和南美洲。我国南方常有栽培。

【应用与养护】佛肚树株形奇特，花序红艳，花期长，具有极好的观赏价值。南方常与其他植物搭配种植在公园、植物园、庭院、林缘等处。盆栽作花坛的配置植物，或摆放于厅堂、阳台、窗台等处供观赏。佛肚树喜阳光充足、温暖湿润的环境，生长适温23～30℃，耐热，稍耐旱。不耐寒，10℃以上可安全越冬。喜肥沃疏松、富含腐殖质、排水良好的土壤，忌积水。炎热夏季应在半阴处养护，冬季室温应保持在20℃以上，光照6小时，即可不断开花。

小叶黄杨

【别名】黄杨木、瓜子黄杨　　【学名】*Buxus sinica*

【识别特征】黄杨科。常绿灌木或小乔木。株高1～6m。小枝四棱形。叶椭圆形或卵形，革质，先端钝圆中部微凹，基部楔形，中脉明显，全缘；叶柄短。头状花序生叶腋处，花密集，花开时具香味。花小，无花瓣，黄绿色或黄白绿色，花药黄色。雄花萼片4，卵状椭圆形或近圆形，雄蕊长约0.4cm。雌花萼片6，花柱粗扁，柱头倒心形，下延达花柱中部。蒴果近球形，宿花柱存。花果期3～7月。

【产地分布】我国分布于华南、华中、华东等地。生于灌丛、岩石旁。各地广为栽培。

【应用与养护】小叶黄杨枝繁叶茂，四季常青，是最常见的绿化植物。常种植在行道路边、立交桥绿地、住宅小区等地。耐修剪，可修剪成多种造型美化环境。小叶黄杨喜阳光充足、温暖湿润的环境，耐半阴，耐旱，耐寒，耐盐碱。一般土壤均可种植，不耐涝。

枸骨

【别名】猫儿刺、枸骨刺、八角刺、老虎刺　　【学名】*Ilex cornuta*

【识别特征】冬青科。常绿灌木或小乔木。株高0.6～3m。叶互生，革质光泽，近长方形，长4～8cm，宽2～4cm，先端具3枚硬刺，中央的刺常向下反卷；叶中部左右边有时各生1枚硬刺；叶基部两侧各有1枚硬刺。花绿白色或黄白色，簇生叶腋。花萼杯状，4裂。花瓣4，倒卵形，基部合生。核果球形，直径0.8～1cm，成熟时红色。花果期4～10月。

【产地分布】我国分布于长江流域以南。生于灌丛、疏林、丘陵。各地有栽培。

【应用与养护】枸骨叶形奇特，入秋红色的累累硕果极为美丽，经久不凋，为优良的观叶观果植物。南方常与其他植物搭配种植在公园、道路边、林缘、坡地、亭榭旁。盆栽摆放于广场、庭院、厅堂、阳台等处供观赏。枸骨喜阳光充足、温暖湿润的环境，生长适温15～26℃，稍耐阴，耐旱，较耐低温。喜肥沃疏松、排水良好的微酸性至中性土壤。

冬青卫矛

【别名】大叶黄杨、正木、八木　　【学名】*Euonymus japonicus*

【识别特征】卫矛科。常绿灌木或小乔木。株高0.6～2m。叶对生，革质，倒卵形或椭圆形，先端钝或渐尖，基部楔形，边缘具细锯齿；叶柄长0.5～1.5cm。聚伞花序腋生，1～2回二歧分枝，每分枝有花5～12朵。花白绿色，直径约0.7cm，花盘肥大。蒴果近球形，直径约1cm，具4条纵浅沟，成熟时淡红色或橘红色。花果期6～10月。

【产地分布】原产于日本。生于山坡、林边。我国大部分地区有栽培。

【应用与养护】冬青卫矛枝繁叶茂，四季常青，是最常见的园林绿化植物。常种植在公园行道路边、立交桥绿地、住宅小区等地。耐修剪，可修剪成各种造型美化环境。盆栽可作花坛等的配置植物。冬青卫矛喜阳光充足、温暖的环境，稍耐阴，耐旱，耐寒。对土壤要求不严，微酸性至微碱性土壤均可种植，不耐涝。夏季高温湿热天气应注意防治白粉病等。

银边大叶黄杨

【别名】银边卫矛、银边黄杨　　【学名】*Euonymus japonicus* 'Albo-marginatus'

【识别特征】卫矛科。常绿灌木或小乔木。株高1～3m。小枝四棱形。叶对生，革质，倒卵形或椭圆形，叶面具不规则形的银白色边缘，叶片先端钝尖，基部楔形，边缘具锯齿；叶柄长0.5～1cm。聚伞花序腋生，1～2回二歧分枝，每分枝有花5～12朵。花白绿色，直径0.5～0.7cm，花瓣近卵圆形。蒴果近球形，直径约1cm，成熟时橘红色。花果期6～10月。

【产地分布】我国分布于长江流域以南。生于山坡林下、山地。

【应用与养护】银边大叶黄杨叶色秀美，四季常青，为南方绿化植物，北方则少见。适合在公园、植物园、庭院、宾馆等处种植，常作绿篱用。银边大叶黄杨喜阳光充足、温暖湿润的环境，亦耐阴，较耐旱。喜肥沃疏松、排水量良好的微酸性至中性土壤。

扁担杆

【别名】扁担木、孩拳头、二裂解宝木　　【学名】*Grewia biloba*

【识别特征】椴树科。落叶灌木。株高可达2m。小枝红褐色，幼时具绒毛。叶互生，卵形或菱状卵形，先端渐尖，基部宽楔形或近圆形，叶缘具锯齿；叶柄具柔毛。伞形花序，花多数。萼片5，狭圆形。花小，灰白色或淡黄色，花瓣5，椭圆形，长约萼片的1/4。核果，直径约0.8cm，有2～4分核，成熟时红色。花果期7～10月。

【产地分布】我国分布于西南、华南、华中、华东、华北。生于山坡灌丛、丘陵、林缘。

【应用与养护】扁担杆红色果实挂在枝上数月不落，是很好的观赏植物。常种植在公园林缘、草地、植物园、山坡地、行道路边、假山石旁等处。扁担杆喜阳光充足、温暖湿润的环境，稍耐阴，耐旱，耐寒，耐修剪。喜肥沃疏松、排水良好的土壤。

红萼苘麻

【别名】蔓性风铃花、巴西苘麻、巴西宫灯花、灯笼风铃　　【学名】*Abutilon megapotamicum*

【识别特征】锦葵科。常绿灌木。茎纤细，分枝多。叶互生，卵状心形，先端渐尖，基部心形，掌状脉明显，叶缘具钝齿或浅裂；叶柄细长。花单生叶腋处，具细长梗下垂。花萼红色，钟形具棱，长约2.5cm，先端5裂，裂片三角形。花瓣5，黄色。蒴果近球形，分果爿8～20枚。养护管理好花果期几乎可全年。

【产地分布】原产于巴西、阿根廷及乌拉圭。我国南方多有栽培。

【应用与养护】红萼苘麻形似红灯笼十分美丽，花期长，是非常好的观赏植物。多为盆栽摆放于温室、厅堂、阳台、窗台等处供观赏。南方也常种植在庭院。红萼苘麻喜阳光充足、温暖湿润、通风的环境，生长适温22～28℃。不耐寒，冬季温度应保持在10℃以上。喜肥沃疏松、富含腐殖质、排水良好的微酸性土壤。养护应注意防治红蜘蛛、白粉虱、叶斑病等。

朱槿

【别名】扶桑、扶桑花、大红花、红木槿　　【学名】*Hibiscus rosa-sinensis*

【识别特征】锦葵科。落叶灌木或小乔木。株高1～3m。叶阔卵形或卵形，先端渐尖，基部楔形，边缘有粗锯齿；叶柄长1～3cm。花单生叶腋处，常下垂。副萼片6～7枚，线条形。萼钟形，裂片5。花冠漏斗形，直径6～10cm，红色、玫瑰色、黄色等，花梗细长；雄蕊柱长，超出花冠外。蒴果卵形，有喙。一般不结果实，南方可四季开花。

【产地分布】我国分布于西南、华南等地。各地广为栽培。

【应用与养护】朱槿四季常开花，花大色艳，是常见的著名观赏植物。南方常

种植在公园、道路旁、立交桥绿地、住宅小区、校园、庭院等处。也常作篱笆墙。盆栽用作花坛景观的配置植物，或摆放于厅堂、阳台等处供观赏。朱槿喜阳光充足温暖湿润的环境，不耐阴，不耐寒，不耐旱。喜肥沃疏松、富含有机质、排水良好的微酸性土壤，不耐涝。养护应注意及时防治蚜虫等。

吊灯扶桑

【别名】吊灯花、拱手花篮、吊篮花、风铃扶桑花 　　【学名】*Hibiscus schizopetalus*

【识别特征】锦葵科。落叶灌木或小乔木。株高1～3m。叶椭圆或卵形，先端渐尖，基部楔形，边缘有锯齿；叶柄长1～3cm。花单生叶腋处，下垂。小苞片5，披针形，具缘毛。花萼管状。花瓣5，红色，深羽状裂，向外反折，花梗细长；雄蕊柱长，超出花冠外。蒴果长圆柱形。南方一年四季均可开花。

【产地分布】原产于东非。我国南方广为栽培。

【应用与养护】吊灯扶桑花形奇特美丽，花期长，是南方常见的观赏植物。南方常种植在公园草坪、道路边、林缘、坡地、庭院等处。吊灯扶桑喜阳光充足、温暖湿润的环境，不耐阴，不耐寒，不耐旱。喜肥沃疏松、富含有机质、排水良好的微酸性土壤，不耐涝。养护应注意防治蚜虫等。

木槿

【别名】木槿花、白槿花、朝开暮落花　　【学名】*Hibiscus syriacus*

【识别特征】锦葵科。落叶灌木或小乔木。株高可达4m。小枝密被黄色星状茸毛。叶片卵形或菱状卵形，长3～6cm，宽2～4cm，常3裂，裂缘缺刻状，基部楔形，边缘具不规则齿；叶柄长0.5～2.5cm。花单生叶腋处，花梗长0.4～1.4cm。副萼6～7枚，线条形；萼具不等形裂。花单瓣或重瓣，颜色有淡紫色、红色、白色等；雄蕊和柱头不伸出花冠外。蒴果长圆形，被绒毛。花果期7～10月。

【产地分布】我国除东北和西北外均有分布。生于山坡、路边、溪边。

【应用与养护】木槿花大艳丽，是常见的观赏植物。常种植在公园绿地、道路两边、林缘、坡地、庭院、公路立交桥绿地等处。也常作绿篱。木槿喜阳光充足、温暖湿润的环境，稍耐阴，耐寒。对土壤要求不严，一般土壤均可生长。养护应注意防治蚜虫等。

木芙蓉

【别名】地芙蓉、山芙蓉、芙蓉花、醉酒芙蓉　　【学名】*Hibiscus mutabilis*

【识别特征】锦葵科。落叶灌木或小乔木。株高2～5m。茎直立，具星状毛。叶片宽卵形，掌状5～7裂，裂片三角形，基部心形，叶缘具钝齿；叶柄长5～20cm。花单生枝端叶腋处。花萼钟形，裂片卵形。花白色、淡红色、深红色，直径约8cm，基部与雄蕊柱合生。瘦果扁球形，被绵毛和刚毛，果瓣5。花果期8～11月。

【产地分布】我国分布于云南、广东、福建、台湾、湖南等地。生于灌丛、山坡、溪边。

【应用与养护】木芙蓉花大美丽，为南方常见的观赏植物。常孤植或丛植在公园草地、道路边、林缘、坡地、庭院、墙边等处。也常作绿篱。木芙蓉喜阳光充足、温暖湿润的环境，不耐阴，不耐寒，不耐旱，较耐水湿。对土壤要求不严，一般土壤均可生长。

山茶科

山茶花

【别名】山茶、茶花、红茶花　　【学名】*Camellia japonica*

【识别特征】山茶科。常绿灌木或乔木。树皮灰褐色，幼枝棕色。叶互生，革质光泽，卵形或椭圆形，长5～10cm，宽2.5～6cm，先端尖，基部楔形，边缘具锯齿；叶柄长0.8～1.5cm。花单生叶腋或枝端。苞片及萼片约9枚。花红色或白色，花瓣5～7片，栽培品种花瓣更多。蒴果球形，直径约3cm。花果期1～10月。

【产地分布】我国分布于台湾、四川、浙江、山东等地。生于山坡、林中。各地有栽培。

【应用与养护】山茶花栽培品种较多，花大艳丽，为著名的常见观赏植物。南方常种植在公园草坪、路边、林缘、坡地、庭院等处。盆栽摆放于厅堂供观赏。山茶花喜阳光，喜温暖湿润的环境，生长适温18～25℃，耐半阴，不耐寒，不耐干旱。不耐暑热，夏季超过35℃高温，叶片和花朵易灼伤。喜肥沃疏松、富含腐殖质、排水良好的微酸性土壤，不耐涝。

杜鹃叶山茶

【别名】杜鹃红山茶、杜鹃茶、四季茶　　【学名】*Camellia azalea*

【识别特征】山茶科。常绿灌木。株高1～2.5m。嫩枝红色，老枝灰色。叶片革质光泽，倒卵状长圆形，先端钝尖，基部楔形，中脉明显，全缘；叶柄短。花单生枝端叶腋处。花深红色，有蜡质感，直径8～10cm；花瓣6～7，长倒卵形，先端中部凹缺；雄蕊多数，花药鲜黄色。蒴果短纺锤形，3片裂。养护管理好几乎可全年开花结果。

【产地分布】我国分布于云南、广西、广东等地。生于丘陵、河边林缘地。

【应用与养护】杜鹃叶山茶株形紧凑，花色鲜艳，花期长，具有很好的观赏价值。南方常种植在公园草地、林缘、庭院等处。盆栽摆放于花坛、大厅、会议室、走廊、客厅等处供观赏。喜阳光，喜温暖湿润的环境，生长适温20～30℃，耐半阴，不耐强光暴晒。喜肥沃疏松、富含腐殖质、排水良好的微酸性土壤。不耐寒，北方应摆放在室内向阳处养护越冬。

仙人掌科

仙人掌

【别名】观音掌、神仙掌、霸王　　【学名】*Opuntia dillenii*

【识别特征】仙人掌科。多年生肉质灌木。株高1～3m。茎节扁平，宽倒卵形、倒卵状椭圆形或近圆形，先端钝圆，基部楔形；每小窠有1～20根刺及短绵毛，刺黄色，后渐变黑褐色。叶小，钻形，长0.4～0.6cm，早落。花亮黄色，直径3.5～4.5cm。外轮花被片绿色，具黄色边缘；内轮花被片开展，亮黄色。浆果成熟时红色，倒卵形或陀螺形，顶端凹陷，基部狭缩成柄状，外面具稍微突起的小窠，窠内具短绵毛和刺。花果期6～12月。

【产地分布】原产于中美洲。生于灌丛、沙滩、海边岩石地。我国广为栽培。

【应用与养护】仙人掌株形奇特，花艳果红，为常见的观赏植物。南方常种植在公园绿地、坡地、海滨沙地等处，也常作绿篱。盆栽摆放于室内供观赏。仙人掌喜阳光充足、温暖湿润的环境，耐干旱，不耐寒。喜肥沃疏松、排水良好的微碱性沙质土壤，忌酸性土壤，不耐涝。

单刺仙人掌

【别名】扁金铜、绿仙人掌、仙人掌　　【学名】*Opuntia monacantha*

【识别特征】仙人掌科。多年生肉质灌木或小乔木。株高 1 ～ 7m。老株主干圆柱形，多分枝，每小窠有数根针状刺。分枝茎节扁平，绿色，宽倒卵形至倒披针形，先端钝圆，基部楔形；每小窠通常具 1 根针状刺，灰白色，具黑褐色尖头。花被片深黄色或黄绿色，背面具红褐色的中肋，被片卵圆形或倒卵形，先端钝圆。浆果成熟时红色，梨形或倒卵形，顶端凹陷，基部狭缩成柄状，外面具稍突起的小窠，窠内具短绵毛和刺。花果期 4 ～ 12 月。

【产地分布】原产于南美洲。生于山坡地、海滩边等处。我国南方有栽培。

【应用与养护】单刺仙人掌株形较大，花朵鲜艳美丽，为南方常见的观赏植物。常种植在公园绿地、植物园、林缘、庭院、村寨旁等处。盆栽摆放于室内供观赏。单刺仙人掌喜阳光充足、高温湿润的环境，生长适温 20 ～ 30℃，耐炎热，耐旱，不耐寒。喜肥沃疏松、排水良好的微碱性沙质土壤，忌酸性土壤，不耐涝。养护管理较粗放。

鱼鳞掌

【别名】鱼鳞仙人掌　　【学名】*Monusa moniliformis*

【识别特征】仙人掌科。多年生灌木或小乔木。株高1～7m。主干粗壮，近圆形。茎多分枝，分枝茎节扁平宽倒卵形或倒卵状长椭圆形，先端钝圆，基部宽楔形，绿色或灰绿色，表面密布瘤状突起物似鱼鳞；具淡黄色或灰色针状刺，有时不明显。花深黄色，开展，花被片狭倒卵形，先端钝圆具小尖。浆果成熟时红色，梨形或倒卵形，顶端凹陷，基部狭缩成柄状，外面具稍突起的小窠，窠内有短绵毛和刺。花果期春季至夏季。

【产地分布】原产于古巴、多米尼加等地。我国引种栽培。

【应用与养护】鱼鳞掌株形美观，花色鲜艳，为不常见的观赏植物。可种植在公园绿地、村寨旁、植物园、温室中。也可掰杈盆栽摆放于庭院等处供观赏。鱼鳞掌喜阳光充足、温暖干燥的环境，耐热，耐旱，不耐寒。喜肥沃疏松、排水良好的微碱性沙质土壤。

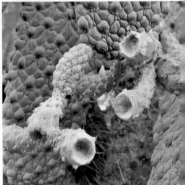

沙棘

【别名】中国沙棘、醋柳　　【学名】*Hippophae rhamnoides*

【识别特征】胡颓子科。落叶灌木或乔木。株高 1 ～ 15m。枝具粗壮棘刺，幼枝密被褐锈色鳞片。叶互生或对生，条形或条状披针形，长 2 ～ 6cm，宽 0.4 ～ 1.2cm，两端钝尖，中脉凹下，叶背面银白色；叶柄极短。花先叶开放，雌雄异株。短总状花序腋生；花小，淡黄色；雄花花被 2 裂，雄蕊 4；雌花花被筒囊状，顶端 2 裂。浆果扁球形，直径 0.5 ～ 1cm，成熟时橙黄色。花果期 4 ～ 10 月。

【产地分布】我国分布于西南、西北、西北等地。生于山坡、草原、河岸边。

【应用与养护】每到秋季，金黄色的沙棘果实挂满枝头，十分亮丽。沙棘是常见的绿化观赏植物，常与其他植物搭配种植在公园、公路旁、林缘、山坡、沙漠地。沙棘喜阳光充足、温暖的环境，耐旱，耐寒，不耐酷暑。耐贫瘠，一般土壤均可种植，轻微盐碱地也可正常生长，不耐涝。

沙枣

【别名】银柳、牙格达、银柳胡颓子　　【学名】*Elaeagnus angustifolia*

【识别特征】胡颓子科。落叶灌木或小乔木。株高5～10m。幼枝被银白色鳞片，老枝褐色。叶片披针形，长2～6cm，宽1～2cm，先端钝尖，基部宽楔形，两面密被白色细鳞片，全缘；叶柄长0.5～1cm。花淡黄色，1～3朵生叶腋处；花冠钟形，冠檐4裂，裂片长三角形，外被鳞片；雄蕊4；花柱基部被花盘所包被。核果长圆状椭圆形，成熟时黄褐色，密被白色细鳞片。花果期5～10月。

【产地分布】我国分布于西北、华北。生于沙漠边缘、戈壁滩。西北等地多有栽培。

【应用与养护】沙枣叶片银白色素雅洁净。沙枣是较常见的绿化植物，常与其他植物搭配种植在公园路边、坡地、沙漠地、沟渠边，常用来营造绿化防护林。沙枣喜阳光充足、温暖干燥的环境。适生性强，耐旱，耐寒，抗风沙。耐贫瘠，一般土壤均可种植，轻盐碱地也能生长。

翅果油树

【别名】毛褶子、泽录旦、车沟子　　【学名】*Elaeagnus mollis*

【识别特征】胡颓子科。落叶灌木或小乔木。株高2～10m。树皮灰褐色。幼枝密被灰绿色星状绒毛和鳞片。叶互生，卵形或卵状椭圆形，先端钝尖，基部近圆形或楔形，叶背面密被灰白色星状绒毛，全缘或微呈波状；叶柄长约1cm。花通常1～5朵生叶腋处，花黄绿色，具香味，密被灰白色星状绒毛。果实近圆形或阔椭圆形，具8条纵向翅状棱脊，外面密被灰白色星状茸毛，花萼宿存。花果期5～10月。

【产地分布】我国分布于山西南部、陕西等地。生于山坡、丘陵。

【应用与养护】翅果油树硕果满枝，生机勃勃，为不多见具有较好观赏性的植物。种植在公园道路边、植物园、林缘、坡地等处。翅果油树喜阳光，喜温暖湿润的环境，耐半阴，耐寒，耐旱。耐贫瘠，对土壤要求不严，一般土壤均可生长。

紫薇

【别名】痒痒树、宝幡花、紫梢、满堂红　　【学名】*Lagerstroemia indica*

【识别特征】千屈菜科。落叶灌木或小乔木。叶片椭圆形或倒卵形，长2.5～7cm，宽2.5～4cm，先端尖或钝，基部圆形或楔形，全缘；叶近无柄。圆锥花序顶生，长6～20cm。花红色、粉红色、白色等；花瓣6，近圆形，基部具爪，边缘具皱波纹；雄蕊多数，外面的6枚着生在花萼上，比其他雄蕊长很多。蒴果近球形，直径约1.2cm，6瓣裂。花果期6～10月。

【产地分布】我国分布于西南、华东、华中、华北、东北。各地广为栽培。

【应用与养护】紫薇园艺品种较多，花色艳丽美观，是常见的园林绿化植物。广泛种植在公园绿地、道路边、坡地、庭院等处。也可作盆景供观赏。紫薇喜光照充足、温暖湿润的环境，稍耐阴，耐热，耐旱，耐寒。喜肥沃疏松、富含有机质、排水良好的沙质土壤，不耐涝。

松红梅

【别名】澳洲茶　　【学名】*Leptospermum scoparium*

【识别特征】桃金娘科。多年生小灌木。枝条红褐色，密被绒毛。叶片条状披针形或倒卵形，先端钝尖，基部楔形，叶缘具锯齿；叶柄极短。花单生叶腋处，直径1～2cm，花柄较长。花瓣5，瓣片宽倒卵形，先端中部凹缺；花色有粉红色、红色、桃红色、白色等。蒴果，成熟时先端开裂。花果期春季至秋季。

【产地分布】原产于新西兰、澳大利亚。我国引种栽培。

【应用与养护】松红梅植株丛矮，花形艳丽秀美，是新兴的园林观赏植物。常与其他植物搭配种植在公园草坪、道路边、林缘、庭院等处。盆栽可作为过年期间销售花卉，摆放厅堂供观赏。松红梅喜阳光充足、温暖湿润、凉爽的环境，生长适温18～25℃，忌强光暴晒，稍耐阴，但不可长时间放在荫蔽处，不耐寒，耐旱。喜肥沃疏松、富含腐殖质、排水良好的微酸性土壤，不耐积水。

红果仔

【别名】巴西红果、番樱桃、棱果蒲桃　　【学名】*Eugenia uniflora*

【识别特征】桃金娘科。常绿灌木或小乔木。株高可达5m。叶对生，卵形或卵状披针形，先端钝尖，基部近圆形或稍歪斜，全缘；叶柄极短。花单朵或数朵生叶腋处。花白色，稍芳香，花瓣4，倒卵形或倒卵状椭圆形；雄蕊多数，花丝细长，花药黄色。浆果扁球形或近球形，直径1～2cm，具多条纵棱，成熟时红色或紫红色。花果期春季至秋季。

【产地分布】原产于巴西。我国华南等地有少量栽培。北方大型温室有引种栽培。

【应用与养护】红果仔花色洁白，果形奇特美观，是优良的观食两用植物。南方常与其他植物搭配种植在公园、植物园等处。盆栽用于摆放厅堂供观赏。红果仔喜阳光充足、高温湿润的环境，生长适温20～30℃，稍耐阴，不耐旱。不耐寒冷，8℃以上可安全越冬。喜肥沃疏松、富含腐殖质、排水良好的沙质土壤。

粉苞酸脚杆

【别名】宝莲花、宝莲灯、壮丽酸脚杆　　　【学名】*Medinilla magnifica*

【识别特征】野牡丹科。常绿小灌木。株高可达1m，盆栽约50cm。茎枝四棱形。叶对生，卵形或卵状长圆形，稍厚，先端钝圆或钝尖，基部宽钝，全缘；无叶柄。穗状花序下垂，长可达40cm。苞片阔卵形，红色或粉红色。花小，花瓣倒卵形或近圆形。浆果球形，粉红色，花萼宿存。养护好几乎可全年开花。花期一般2～8月。

【产地分布】原产于菲律宾、马来西亚及印度尼西亚。我国南方有栽培。

【应用与养护】粉苞酸脚杆红色花序大而下垂，极为美观，具有很高的观赏价值。盆栽特别适合摆放于宾馆、厅堂、会议室、客厅等地。粉苞酸脚杆喜散射光，喜温暖湿润的环境，生长适温18～27℃，不耐热，当气温达到27℃以上时，要遮阴通风，忌强光暴晒。不耐寒，冬季温度下降到18℃时要进行保温。喜肥沃疏松、富含有机质、排水良好的腐殖土或泥炭土。

八角金盘

【别名】日本八角金盘、手树　　【学名】*Fatsia japonica*

【识别特征】五加科。常绿灌木或小乔木。株高可达2m。叶片革质，近圆形，直径可达30cm，掌状7～9深裂，裂片卵状长椭圆形，先端短钝尖，叶缘具小齿；叶柄长。圆锥形聚伞花序顶生，长20～40cm。小伞形花序直径3～5cm，黄白色，花瓣5，卵状三角形；雄蕊5。浆果近球形，成熟时黑色。花期9～11月，果期11月至翌年5月。

【产地分布】原产于中国台湾及日本。我国南方多有栽培。

【应用与养护】八角金盘叶片大，四季常青，覆盖度大，是非常好的绿化植物。南方常种植在公园草坪边缘、疏林下、行道路边、假山石旁、立交桥绿地、码头河岸边等处。盆栽摆放于厅堂供观赏。八角金盘喜温暖湿润、凉爽的环境，生长适温15～25℃，耐半阴，忌强光暴晒，不耐干旱。稍耐寒，越冬温度应在7℃以上。适宜种植在排水良好的沙质土壤中。

通脱木

【别名】大通草、木通树　　【学名】*Tetrapanax papyrifer*

【识别特征】五加科。常绿灌木或小乔木。株高1～3m。叶片大，轮廓近圆形或心形，长50～70cm，掌状5～11深裂，常再分裂成2～3小裂片，叶片背面密被白色茸毛；叶柄粗壮，长可达50cm。圆锥花序顶生，多分枝。小伞形花序多花，直径3～5cm，花黄白色，花瓣4～5。果实球形，直径约0.5cm，成熟时紫黑色。花期10～12月，果期至翌年1～2月。

【产地分布】我国分布于西南、华南、东南、华东、华中。各地有引种栽培。

【应用与养护】通脱木叶片硕大，覆盖度大，具有较好的观赏效果。南方常种植在公园草坪、疏林下、行道路边、假山石旁、坡地、庭院等处。通脱木喜光照充足、温暖湿润的环境，生长适温15～25℃，亦耐阴，不耐干旱，稍耐寒。对土壤要求不严，一般土壤均可种植。

孔雀木

【别名】手树　　【学名】*Schefflera elegantissima*

【识别特征】五加科。常绿灌木或小乔木。株高可达2m以上。茎直立，圆柱形。叶互生，革质，掌状复叶，小叶7～11枚，条状披针形，长7～15cm，宽1～1.5cm，叶缘具粗重锯齿；总叶柄细长。复伞状花序生茎顶叶腋处。花小，绿黄色。花果期不详。

【产地分布】原产于澳大利亚、波利尼西亚群岛。我国南方多有栽培。

【应用与养护】孔雀木叶片细长、树形优美，为南方较常见的观赏植物。常种植在公园林缘、路边、山石园、村庄、庭院等处。盆栽摆放于宾馆大厅、会议室、客厅等处。孔雀木喜阳光充足、温暖湿润的环境，生长适温20～30℃，稍耐阴，稍耐旱。不耐寒，5℃以上可安全越冬。喜肥沃疏松、富含有机质、排水良好的沙质土壤。

银边孔雀木

【别名】银边手树　　【学名】*Schefflera elegantissima* 'Castor Variegata'

【识别特征】五加科。常绿灌木或小乔木。株高可达2m以上。茎直立，分枝。叶互生，革质，掌状复叶，小叶7～11枚，条状披针形，长7～15cm，宽1～1.5cm，叶片有银白色或淡黄白色的边缘及粗锯齿；叶柄细长。复伞状花序生茎顶叶腋处。花小，绿黄色。花果期不详。

【产地分布】园艺品种。我国南方多有栽培。

【应用与养护】银边孔雀木叶色美丽，具有较好的观赏性。南方常种植在公园林缘、道路边、山石园、庄园、庭院等处。盆栽摆放于宾馆大厅、会议室等处。银边孔雀木喜阳光充足、温暖湿润的环境，生长适温20～30℃，稍耐阴，稍耐旱。不耐寒，5℃以上可安全越冬。喜肥沃疏松、富含有机质、排水良好的沙质土壤。

红瑞木

【别名】红瑞山茱萸、凉子木　　　【学名】*Cornus alba*

【识别特征】山茱萸科。落叶灌木。株高可达3m。树皮紫红色，散生灰白色圆形皮孔。茎直立，多分枝。叶对生，椭圆形或卵圆形，先端突尖，基部楔形，全缘；叶柄短，紫红色。伞房状聚伞花序生枝端。花萼裂片4，尖三角形。花白色或淡黄白色，花瓣4，卵形。核果近圆形，直径约0.6cm，成熟时乳白色或蓝白色。花果期6～10月。

【产地分布】我国分布于东北、华北、华东、华中。生于混交林、灌丛。

【应用与养护】红瑞木茎干紫红色，花小洁白，秋季叶片变成红色，是常见的观赏植物。常丛植或与其他植物搭配种植在公园草坪、行道路边、林缘、坡地等处。红瑞木喜阳光充足、温暖湿润的环境，生长适温22～30℃，耐半阴，较耐旱。喜肥沃疏松、排水良好的土壤，不耐积水。

杜鹃

【别名】映山红、三月红、满山红　　【学名】*Rhododendron simsii*

【识别特征】杜鹃花科。常绿灌木。株高1～3m。枝条密生褐色糙伏毛。叶片卵形或椭圆状卵形，全缘，两面被糙伏毛，叶背面更密。花2～6朵簇生枝端。萼片5裂，裂片椭圆状卵形。花冠鲜红色或粉红色，宽漏斗状，5裂，上方裂片内有深红色斑点；雄蕊7～10，花药紫色。蒴果卵球形，有糙伏毛。花果期4～10月。

【产地分布】我国分布于西南、华南、华中、华东。生于山坡灌丛、松林中。各地有栽培。

【应用与养护】杜鹃花盛开时极为美丽，为著名的观赏植物。南方常丛植或片植在公园林缘、疏林下、风景区、山坡、小溪边、假山石旁等处。盆栽用于摆放花坛或室内观赏。杜鹃喜散射光、温暖湿润、凉爽通风的环境，生长适温12～25℃，耐半阴，忌强光暴晒。喜肥沃疏松、富含腐殖质、排水良好的微酸性沙质土壤。

迎红杜鹃

【别名】迎山红、尖叶杜鹃、蓝荆子　　【学名】*Rhododendron mucronulatum*
【识别特征】杜鹃花科。落叶灌木。株高1～2m。多分枝，幼枝疏生鳞片。叶片椭圆形或椭圆状披针形，先端渐尖或钝尖，基部楔形或钝圆形，叶背面棕色，具鳞片，全缘或有细齿；叶柄短。花单生枝端，或1～3朵假顶生。花先叶开放。花冠宽漏斗形，直径3～4cm，淡红粉色，外面密被短绒毛。蒴果长圆形，成熟时先端5瓣开裂。花果期3～7月。
【产地分布】我国分布于内蒙古、辽宁、河北、山东、江苏。生于山坡灌丛。

【应用与养护】迎红杜鹃早春开花，花色鲜艳，具有很好的观赏性。常种植在公园林缘、疏林下、道路边、山坡、假山石旁等处。盆栽摆放于厅堂供观赏。迎红杜鹃喜散射光，喜温暖湿润、凉爽的环境，忌强光暴晒，耐半阴，耐寒、耐旱。对土壤要求不严，一般土壤均可生长。

朱砂根

【别名】大罗伞、珍珠伞、金玉满堂　　【学名】*Ardisia crenata*

【识别特征】紫金牛科。常绿灌木。株高1～2m。茎直立，分枝。叶互生，革质光泽，长椭圆形或椭圆状披针形，先端急尖或渐尖，基部楔形，叶缘具皱波状钝齿；叶柄长约1cm。伞形花序或聚伞花序生枝端。花瓣卵形，白色，稀带粉红色，盛开时反卷。核果球形，红色，直径约0.8cm。花果期6～12月。

【产地分布】我国分布于西南、华南、华中、华东。生于林中或阴湿的灌丛。

【应用与养护】朱砂根四季常青，成串的果实鲜红艳丽，挂果时间长，极具观赏性。南方常种植在公园行道路旁、疏林下、山石园、庭院等处。盆栽摆放于厅堂等处供观赏。朱砂根喜阳光，喜温暖湿润、荫蔽通风的环境，生长适温15～25℃，耐半阴，忌强光暴晒，不耐寒，不耐旱。喜肥沃疏松、富含腐殖质、排水良好的微酸性土壤。

白花丹科

蓝花丹

【别名】蓝茉莉、蓝花矶松　　【学名】*Plumbago auriculata*

【识别特征】白花丹科。常绿半灌木。株高可达1m，多分枝。叶互生，淡绿色，狭长卵形或矩圆状匙形，先端钝圆而有小突尖，基部楔形下延成柄，全缘。穗状花序顶生或腋生，有花18～30朵。花冠高脚碟状，淡蓝色或蓝白色，冠檐5瓣，瓣片宽倒卵形，中部有1条深色纵纹。一般不结果。花期6～9月。

【产地分布】原产于非洲南部。我国西南、华南、华东、北京等地有栽培。

【应用与养护】蓝花丹淡蓝色的花序优美淡雅，是新发展起来的观赏植物。可种植在公园草坪、道路边、庭院、花箱等处。盆栽用于花坛配置，或摆放于室内供观赏。蓝花丹喜阳光，喜温暖湿润的环境，生长适温22～25℃，稍耐阴，不耐高温和烈日暴晒，不耐旱。不耐寒，越冬温度应在6℃以上。喜肥沃疏松、富含腐殖质、排水良好的土壤。

茉莉花

【别名】木梨花、茉莉、末莉　　【学名】*Jasminum sambac*

【识别特征】木犀科。常绿灌木。株高 0.5 ～ 3m。叶对生，椭圆形至宽卵形，先端尖或钝圆，基部近圆形或宽楔形，全缘；叶柄常有柔毛。聚伞花序顶生，通常有 3 朵花，花梗长 0.5 ～ 1cm，具芳香气味。花萼裂片 8 ～ 9，线条形，长约 0.5cm。花白色，重瓣或单瓣，花冠筒长 0.5 ～ 1.2cm，先端裂片长圆形或圆形。一般不结实。花期 6 ～ 11 月。

【产地分布】原产于印度。我国广为栽培。

【应用与养护】茉莉花洁白素雅，香味浓郁，是常见的观赏植物。南方常种植在公园、庭院等处。盆栽摆放于室内供观赏，还可增香去除室内异味。茉莉花喜散射光，喜温暖湿润、通风的环境，耐半阴。喜肥沃疏松、富含腐殖质、排水良好的微酸性沙质土壤，不耐涝。不耐寒，北方冬季应放置在室内阳光充足的地方养护。

迎春花

【别名】清明花、金腰带、金梅花、小黄花　　【学名】*Jasminum nudiflorum*

【识别特征】木犀科。落叶灌木。枝细长，有纵棱，多分枝。叶对生，小叶3枚，卵形或长椭圆状卵形，长1～3cm，先端突尖，基部宽楔形，边缘有细毛；叶柄长0.5～1cm。花单生叶腋处，先叶开放。花萼裂片6，狭条形，绿色。花黄色，直径约2cm，花冠6深裂，裂片卵形。一般不结果实。花期3～5月。

【产地分布】我国分布于云南、四川、西藏、陕西、甘肃。生于山坡、灌丛。各地广为栽培。

【应用与养护】迎春花枝条茂密，花色金黄，是早春常见的观花植物。常种植在公园草坪边、道路旁、林缘、山坡、假山石园旁、小溪边、亭榭旁、庭院等处。迎春花喜阳光，喜温暖湿润的环境，稍耐阴，耐旱。稍耐寒，华北地区露地可安全越冬。对土壤要求不严，一般土壤均可生长，不耐涝。

连翘

【别名】黄寿丹、落翘、空翘、绶带 【学名】*Forsythia suspensa*

【识别特征】木犀科。落叶灌木。茎直立，多分枝。叶对生，卵形或卵状椭圆形，先端锐尖，基部楔形或近圆形，叶缘除基部外有锯齿。花先叶开放。花单生于叶腋处，花鲜黄色，花冠4裂，裂片卵状椭圆形。蒴果卵圆形，2室，表面散生瘤点，成熟时瓣裂。花果期3～9月。

【产地分布】我国分布于西南、华中、华东、华北、西北等地。生于山坡、灌丛、沟谷、疏林中。

【应用与养护】连翘花盛开时满枝金黄，花量大。连翘是春季常见的园林绿化植物，常丛植或片植在公园草地、道路边、林缘、坡地、山石旁、住宅小区、庭院等处。连翘喜阳光充足、温暖湿润的环境，稍耐阴，较耐旱，耐寒性强。对土壤要求不严，一般土壤均可生长。

紫丁香

【别名】丁香、华北紫丁香　　【学名】*Syringa oblata*

【识别特征】木犀科。落叶灌木或小乔木。株高2～4m。叶片阔卵形，先端渐尖，基部近心形，全缘；叶柄长1～2cm。疏散圆锥花序生枝端，直立，长6～15cm。花萼钟状，先端4裂。花冠紫色或淡紫色，花冠管细，长约1cm，冠檐4裂，裂片倒卵形。蒴果倒卵状椭圆形、卵形或长椭圆形，成熟时2裂。

花果期4～8月。

【产地分布】我国分布于华北、东北、西北、四川。生于山坡、沟谷、丛林。北方普遍栽培。

【应用与养护】紫丁香盛开时硕大的紫色花序布满枝头，芳香四溢，是极具观赏性的园林绿化植物。常种植在公园草地、行道路边、庭院等处。紫丁香喜阳光，喜温暖湿润的环境，稍耐阴，耐寒，耐旱。对土壤要求不严，一般土壤均可种植。

白丁香

【别名】白花丁香　　【学名】*Syringa oblata* var. *affinis*

【识别特征】木犀科。落叶灌木或小乔木。株高2～4m。叶片卵形或宽卵形，有微毛，先端渐尖，基部常为截形、楔形或近心形，全缘；叶柄长1～2cm。疏散圆锥花序生枝端，直立，长6～15cm。花萼钟状，先端4裂。花冠白色，花冠管细，长约1cm，冠檐4裂，裂片椭圆形或倒卵形。蒴果长圆形，成熟时2裂。花果期4～8月。

【产地分布】我国长江流域以北普遍栽培。

【应用与养护】白丁香为变种，盛开时洁白的花序布满枝头，芳香四溢，是极具观赏性的绿化植物。常种植在公园草地、行道路边、庭院等处。白丁香喜阳光，喜温暖湿润的环境，稍耐阴，耐寒，耐旱。对土壤要求不严，一般上壤均可种植。

花叶丁香

【别名】波斯丁香　　【学名】*Syringa × persica*

【识别特征】木犀科。落叶灌木。株高1～3m。枝细弱，灰棕色。叶片披针形或卵状披针形，不裂或羽状分裂，先端钝尖或渐尖，基部楔形；叶柄短。圆锥花序生枝条上部。花萼钟形。花冠淡紫色，花冠管细，长约0.8cm，冠檐4裂，裂片椭圆形或卵形。蒴果长圆形，长约1.5cm，土黄色，成熟时2裂。花果期4～8月。

【产地分布】我国分布于西北部。北方有少量栽培。

【应用与养护】花叶丁香花朵繁多，色彩艳丽，花期长，芳香四溢，具有极好的观赏性。常种植在公园绿地、道路边、林缘、庭院等处。花叶丁香喜阳光充足、温暖湿润的环境，稍耐阴，耐寒，耐旱。喜肥沃疏松、排水良好的沙质土壤，不耐涝。

羽叶丁香

【别名】复叶丁香　　【学名】*Syringa pinnatifolia*

【识别特征】木犀科。落叶灌木。株高1～4m。奇数羽状复叶，小叶7～9枚，卵状披针形、卵状长圆形或卵形，先端钝尖，基部楔形偏斜；小叶无叶柄。圆锥花序侧生，形成细长的总花序状，长可达50cm。花淡粉红色或淡粉白色，花冠筒稍粗，冠檐4裂，裂片卵圆形或椭圆形。蒴果长圆形，成熟时2裂。花果期4～8月。

【产地分布】我国分布于四川、内蒙古、陕西、甘肃、宁夏、青海。生于向阳山坡、灌丛、混交林中。北方有少量栽培。

【应用与养护】羽叶丁香叶形奇特，紫色的花序细长，花密集芳香，具有很好的观赏价值。常种植在公园草坪、道路边、立交桥绿地、林缘等处。羽叶丁香喜光照充足、温暖湿润的环境，稍耐阴，耐寒，耐旱。对土壤要求不严，一般土壤均可生长。

小叶巧玲花

【别名】四季丁香、野丁香、小叶丁香　　【学名】*Syringa pubescens* subsp. *microphylla*

【识别特征】木犀科。落叶灌木。株高 1 ~ 3m。幼枝灰褐色，被柔毛。叶卵形或椭圆状卵形，长 3 ~ 4cm，先端钝尖，基部宽楔形，全缘，有缘毛；叶柄长约1cm。圆锥花序侧生，长 5 ~ 15cm。花淡紫色或紫红色，花梗被柔毛；花萼筒长约1cm，被柔毛，冠檐4裂，裂片近圆形或卵圆形。蒴果长圆形，成熟时2裂。花果期4 ~ 8月。

【产地分布】我国分布于河北、河南、山西、陕西、甘肃、辽宁、湖北。生于山坡灌丛。

【应用与养护】小叶巧玲花紫色花序稠密，具有很好的观赏性。常种植在公园草坪、道路边、林缘、坡地、庭院等处。小叶巧玲花喜阳光充足、温暖的环境，稍耐阴，耐旱，耐寒。喜肥沃疏松、排水良好的中性土壤，不耐酸性土壤，不耐涝。

金叶女贞

【别名】黄叶女贞、金边女贞　　【学名】*Ligustrum × vicaryi*

【识别特征】木犀科。落叶灌木。株高可达3m。嫩枝略被短微毛。叶对生，椭圆形或卵状椭圆形，先端渐尖或钝尖，基部宽楔形，全缘；叶柄很短。新叶金黄色，老叶黄绿色至绿色。总状花序生枝端。花萼钟形。小花白色，有淡香味，花冠筒圆柱形，冠檐4裂，裂瓣椭圆形反折。核果椭圆形，成熟时黑紫色。花果期5～10月。

【产地分布】原产于美国。我国各地广为栽培。

【应用与养护】金叶女贞为杂交种，叶片金黄色，是常见的绿化观赏植物。常种植在公园草坪、道路边、立交桥绿地、林缘等处，是非常好的绿篱和配色植物。耐修剪，可修剪成圆球等造型美化环境。金叶女贞喜阳光充足、温暖湿润的环境，稍耐阴，耐旱，较耐寒。喜肥沃疏松、富含有机质、排水良好的沙质土壤。

夹竹桃科

夹竹桃

【别名】红花夹竹桃、叫出冬、柳叶桃树　　【学名】*Nerium oleander*

【识别特征】夹竹桃科。常绿灌木或小乔木。株高可达5m，株体内有白色乳汁。叶片革质，枝条上部叶片3～4枚轮生，下部为对生，狭披针形，长10～15cm，宽2～2.5cm，先端急尖，基部楔形，全缘；叶柄长0.5～1cm。聚伞花序顶生。花萼5深裂，裂片三角状披针形，紫红色。花冠红色，漏斗状，裂片5；副花冠顶端呈撕裂状；雄蕊生花筒中部。蓇葖果长圆柱形，长10～20cm。我国华南地区花果期可全年。

【产地分布】原产于印度、伊朗等地。我国各地有栽培。

【应用与养护】夹竹桃花大艳丽，花期长，是南方常见的观赏植物。南方常种植在公园草地、风景区、道路边、庭院等处。北方一般制作为盆栽供观赏。夹竹桃喜阳光充足、高温湿润的环境，耐热，稍耐阴，不耐旱，不耐寒。喜肥沃、富含有机质、排水良好的微酸性或中性土壤。

黄花夹竹桃

【别名】黄花状元竹、柳木子、酒杯花　　【学名】*Thevetia peruviana*

【识别特征】夹竹桃科。常绿灌木或小乔木。株高2～5m，株体内有白色乳汁。叶互生，革质，线条形或线状披针形，中肋明显。聚伞花序顶生。萼片5，长三角形。花黄色，花冠漏斗状，裂片5，裂片比花冠筒长；雄蕊着生在花筒的喉部，花丝被毛；子房2裂，柱头圆形。核果近球形或扁三角状球形。花期6～12月，果期8月至翌年2月。

【产地分布】原产于美洲热带。生于山坡、疏林下、路边。我国华南、西南等地有栽培。

【应用与养护】黄花夹竹桃枝繁叶茂，花色鲜艳，是南方常见的观赏植物。南方常种植在公园绿地、路边、林缘、村寨旁等处。常作绿篱。黄花夹竹桃喜阳光充足、温暖湿润的环境，耐热，稍耐阴，较耐旱，不耐寒。喜肥沃疏松、富含有机质、排水良好的微酸性或中性土壤。

狗牙花

【别名】白狗牙、豆腐花、狮子花　　【学名】*Tabernaemontana divaricata*

【识别特征】夹竹桃科。灌木或小乔木。株高1～3m。叶对生，椭圆形或狭椭圆形，稍厚，具光泽，先端渐尖，基部楔形，叶脉明显，全缘；叶柄短。聚伞花序二歧状生枝端。花萼裂片有缘毛。花冠白色，单瓣或重瓣，瓣片边缘皱褶，花冠筒长1.5～2.5cm。蓇葖果狭长斜卵形。花果期4～11月。

【产地分布】我国分布于云南南部。生于山坡疏林、灌丛。广西、广东、海南岛、福建、台湾有栽培。

【应用与养护】狗牙花枝叶繁茂，花朵洁白素雅，花期长，是很好的园林绿化植物。南方常种植在公园草地、道路边、村寨旁、庭院等处。也可作绿篱或盆栽。狗牙花喜阳光充足、温暖湿润的环境，耐半阴，不耐寒冷。喜肥沃疏松、排水良好的微酸性土壤。

红花蕊木

【别名】红花楹树、凤凰树　　【学名】*Kopsia fruticosa*

【识别特征】夹竹桃科。常绿灌木。株高可达3m。叶对生，椭圆形或椭圆状披针形，长10～15cm，宽3～6cm，先端钝圆或短尾尖，基部楔形，叶脉明显，全缘；叶柄长1～2cm。聚伞花序生枝端，花多数。花冠高脚碟形，粉红色或粉白色，花冠筒细长，长3～4cm，喉部略膨大，其内面红色被柔毛；花冠裂片5，长椭圆形，先端钝圆。核果。温室中花果期3～11月。

【产地分布】原产于印度尼西亚、印度、菲律宾、马来西亚。我国广东、云南有栽培。

【应用与养护】红花蕊木四季常绿，花色素雅，为南方园林观赏植物。常种植在植物园、围墙边、庭院等处。盆栽摆放于厅堂等处供观赏。北方大型温室中有栽培。红花蕊木喜光照充足、温暖湿润的环境，稍耐阴，不耐旱，不耐寒。喜肥沃疏松、富含有机质、排水良好的沙质土壤。

龙吐珠

【别名】珍珠宝莲、麒麟吐珠　　【学名】*Clerodendrum thomsoniae*

【识别特征】马鞭草科。攀援灌木。叶对生，卵状长圆形或卵形，先端渐尖或急尖，基部近圆形，三出基脉，全缘；叶柄长1～2cm。聚伞花序二歧状分枝。花萼白色，5深裂，裂片三角状卵形，长1.5～2cm，先端渐尖。花冠深红色，裂片椭圆形；雄蕊4，与花柱同伸出花冠外。核果浆果状近球形，成熟时褐黑色，宿存花萼紫红色。花期3～5月。

【产地分布】原产于非洲西部。我国南方多有栽培。

【应用与养护】龙吐珠花形奇特美丽，是南方常见的观赏植物。南方可种植在花架、拱门、凉亭等处。盆栽摆放于厅堂、室内供观赏。北方种植在温室中。龙吐珠喜光照充足、温暖湿润的环境，生长适温18～30℃，耐半阴，忌强光暴晒。不耐寒，8℃以上可安全越冬。喜肥沃疏松、排水良好的沙壤土。

马缨丹

【别名】五色梅、臭冷风、臭金凤、臭草　　【学名】*Lantana camara*

【识别特征】马鞭草科。多年生小灌木。株高可达2m，有异味。茎四棱形，多分枝，具倒钩刺和短柔毛。叶对生，卵形或卵状长圆形，先端渐尖，基部微心形，叶面粗糙有短柔毛，叶缘有锯齿；叶柄长1～2cm。头状花序腋生。花萼筒状，先端有短齿。花冠红色、橙色、粉色、黄色等。果实球形，成熟时紫黑色。在南方热带花果期几乎可全年。

【产地分布】原产于美洲热带。生于山坡、荒地。我国华南、西南等地有栽培。

【应用与养护】马缨丹花朵色彩丰富，是南方常见的观赏植物。常单独或与其他植物搭配种植在公园道路边、坡地、村寨边等处，也常作篱障。盆栽作花坛、花境的配置植物。马缨丹近年来在北方园林应用呈上升趋势。马缨丹喜阳光充足、温暖湿润的环境，稍耐阴，耐旱，不耐寒。对土壤要求不严，以肥沃疏松、排水良好的沙质土壤为佳。

白棠子树

【别名】紫珠　　【学名】*Callicarpa dichotoma*

【识别特征】马鞭草科。落叶灌木。株高可达2m。叶对生，倒卵形或披针形，先端急尖或尾尖，基部楔形，叶缘中上部具粗锯齿，叶背面被星状柔毛；叶柄长约1cm。聚伞花序在叶腋上方着生。花冠紫色，被星状柔毛和暗红色腺点。果实球形，直径0.3～0.4cm，成熟时紫粉色，光亮。花果期6～11月。

【产地分布】我国分布于西南、华南、华中、华东、华北。生于山坡灌丛。

【应用与养护】白棠子树株形铺散，紫色的果实圆润亮丽，具有较好的观赏性。常种植在公园林缘、道路边、假山石边、亭榭旁等处。也可盆栽供观赏。白棠子树喜阳光充足、温暖湿润、背风的环境，稍耐阴，不耐旱。对土壤要求不严，一般土壤均可种植，不耐涝。

穗花牡荆

【别名】贞洁梅、贞洁树　　【学名】*Vitex agnus-castus*

【识别特征】马鞭草科。多年生灌木。株高1.5～3m。小枝略呈四棱形，被灰白色短绒毛。叶对生，总叶柄长2～7cm；掌状复叶，小叶5～7枚，中间小叶大，两侧小叶依次渐小，小叶披针形，先端渐尖，基部楔形，全缘；小叶柄短。聚伞花序排成圆锥状生枝端。花浅蓝紫色至蓝紫色。果实圆球形。花果期7～10月。

【产地分布】原产于欧洲。我国引种栽培。

【应用与养护】穗花牡荆蓝紫色的花序优雅美丽，具有较好的观赏性。常与其他植物搭配种植在公园道路两边、林缘、坡地、假山石旁、庭院、水岸边等处。穗花牡荆喜阳光充足、温暖湿润的环境，耐热，耐旱，较耐寒。耐贫瘠，一般土壤均可种植，轻微盐碱土也可生长，不耐涝。

金叶莸

【别名】金银藤、鸳鸯藤

【学名】*Caryopteris* × *clandonensis* 'Worcester Gold'

【识别特征】马鞭草科。落叶灌木。株高 0.5～1m。叶对生，金黄色或黄绿色，卵形或披针形，先端渐尖，基部圆形，全缘；叶柄短。聚伞花序腋生于枝条上部，花自下而上开放。花萼钟形，先端5裂，裂片长三角形。花冠2唇形，下唇片大，边缘流苏状裂，花冠、雌蕊、雄蕊、花药均为淡蓝色或蓝色。花期7～9月。

【产地分布】园艺品种。我国各地区有栽培。

【应用与养护】金叶莸叶片黄色，花序蓝紫色，美丽文雅，为较好的园林绿化植物。特别适合与其他植物搭配组合种植在公园草地、道路边、林缘、坡地、假山石旁等处，形成色彩反差。也可作绿篱。金叶莸喜阳光充足、温暖湿润的环境，光照充足叶色金黄漂亮，反之叶色暗淡，稍耐阴，耐热，耐旱，较耐寒。耐贫瘠，一般土壤均可生长，不耐涝。

夜香树

【别名】夜来香、夜丁香、夜光花、洋素馨　　【学名】*Cestrum nocturnum*
【识别特征】茄科。直立或近攀援状灌木。株高可达3m。多分枝,枝条细长下垂。叶互生,卵形或卵状披针形,先端渐尖,基部近圆形或宽楔形,全缘;叶柄长约1cm。伞房状花序腋生或顶生,疏散。花绿白色或黄绿色,具香味。花冠狭长管状,上部稍增粗,长约2cm,先端5浅裂,裂片三角形。果实椭圆形,长约0.7cm。花果期5～9月。
【产地分布】原产于南美洲。我国华南、西南等地有栽培。
【应用与养护】夜香树花朵细长,素雅美丽,气味幽香,是南方较常见的园林绿化植物。常种植在公园、道路边、林缘、校园、宾馆、庭院、村寨旁等处,亦可盆栽供观赏。夜香树喜阳光充足、高温湿润的环境,耐热,稍耐阴,不耐寒冷。喜肥沃疏松、富含腐殖质、排水良好的微酸性土壤。

赤苞花

【别名】巴西红斗篷、巴西羽毛、红爵床、爵床胭脂

【学名】*Megaskepasma erythrochlamys*

【识别特征】爵床科。常绿灌木。株高可达3m。叶对生，浅绿色，宽椭圆形，先端急尖，基部楔形，叶脉明显，全缘；叶柄短。花序生叶腋及枝端，长可达30cm。苞片深红色或红紫色。花冠2唇形，上唇狭长，上半部白色，下半部紫粉色，外面密被白色短柔毛；下唇与上唇近相等，容易早凋萎。果实棍棒状，内有四粒种子。花果期5～12月。

【产地分布】原产于萨尔瓦多、洪都拉斯、尼加拉瓜。生于雨林地带。我国南方有栽培。

【应用与养护】赤苞花赤红色的苞片开花后仍可维持约60天，具有很好的观赏价值。我国西双版纳植物园、厦门植物园、华南植物园、北京植物园等有少量栽培。也可盆栽供观赏。赤苞花喜阳光，喜温暖湿润的环境，耐热，不耐烈日暴晒，耐半阴，不耐寒冷。喜肥沃疏松、排水良好的微酸性土壤。

金苞花

【别名】黄虾花、金包银、黄金宝塔、珊瑚爵床　　【学名】*Pachystachys lutea*

【识别特征】爵床科。常绿灌木。株高可达1m。茎直立，多分枝。叶对生，长椭圆形或披针形，先端锐尖，基部楔形，全缘；叶柄短。穗状花序生枝端，长10～15cm。苞片心形，金黄色，排列紧密。花白色，唇形，长约5cm，外面被短柔毛。花期春季至秋季。

【产地分布】原产于墨西哥、秘鲁。我国南方有栽培。

【应用与养护】金苞花叶片茂密，金黄色的苞片中开满了白色小花，极具观赏性。南方常种植在公园路边、林缘、庭院等处。盆栽用于花坛、花境的配置植物，或摆放于室内供观赏。金苞花喜阳光充足、高温湿润的环境，光照不足易徒长影响观赏，生长适温20～30℃，耐半阴，不耐寒。喜肥沃疏松、富含腐殖质、排水良好的土壤。养护上应注意防治煤污病、白粉病、蚜虫、红蜘蛛等。

珊瑚花

【别名】巴西羽花　　【学名】*Cyrtanthera carnea*

【识别特征】爵床科。常绿亚灌木。株高可达1m。茎四棱形，分枝。叶对生，卵形或卵状披针形，先端渐尖，基部宽楔形，叶脉明显，全缘；叶柄长1～2cm。穗状花序生茎顶，长可达10cm。苞片矩圆形，长约2cm。花萼裂片5，条状披针形。花冠粉红色，长约5cm，2唇形，上唇先端微凹，下唇反折，先端3浅裂。蒴果内有4粒种子。花果期6～11月。

【产地分布】原产于巴西。我国南方有栽培。

【应用与养护】珊瑚花形似珊瑚，色彩鲜艳柔美，是很好的观赏植物。南方常与其他植物搭配种植在公园草地、林缘、庭院等处。盆栽摆放于室内供观赏。珊瑚花喜阳光，喜温暖湿润的环境，光照不足则花色不艳，生长适温20～30℃，耐热，耐半阴。喜肥沃疏松、富含腐殖质、排水良好的微酸性土壤。不耐寒，北方应放置在室内向阳处养护越冬。

黄脉爵床

【别名】金脉爵床　　【学名】*Sanchezia nobilis*

【识别特征】爵床科。常绿灌木。株高可达2m。茎直立，红褐色，多分枝。叶对生，矩圆形或倒卵形，先端钝尖或急尖，基部楔形，叶脉淡黄色极明显，全缘或有稀疏的小齿；叶柄长1～2cm。穗状花序生枝端。苞片大，绿色，长约1.5cm。花黄色，花冠长约5cm，花冠管长约4.5cm，冠檐长约0.5cm，5浅裂，裂片反卷；雄蕊4，花丝细长，伸出花冠外，疏被长柔毛。一般不结果实。花期春季。

【产地分布】原产于厄瓜多尔。我国华南、西南等地有栽培。

【应用与养护】黄脉爵床叶色美丽，具有很好的观赏性。南方种植在公园林缘、路边疏林下、庭院等处。盆栽用于装饰花坛，或摆放厅堂供观赏。北方温室内有少量栽培。黄脉爵床喜散射光，喜温暖湿润的环境，生长适温20～30℃，耐热，耐半阴。不耐寒，10℃以上可安全越冬。喜肥沃疏松、富含腐殖质、排水良好的沙质土壤。

红花山牵牛

【别名】红花乌鸦嘴、德嘎啦　　【学名】*Thunbergia coccinea*

【识别特征】爵床科。攀援灌木。茎及枝条具9条明显或不明显的纵棱。叶片卵形、宽卵形或披针形,先端渐尖,基部圆形或心形,叶缘微波状或具疏离的齿;叶柄长可达30cm;花序下的叶无柄。总状花序腋生或顶生,下垂,长可达50cm以上,密被绒毛。蒴果长2.5 ~ 3cm,下部近球形,上部具长喙,裂开时似乌鸦嘴。花果期春季至夏季。

【产地分布】我国分布于云南、西藏。生于疏林下、灌丛中。

【应用与养护】红花山牵牛攀援能力强,长长的红色花序下垂十分美丽,具有很好的观赏性。南方可种植在公园假山石旁、藤本植物园、廊架等处。北方大型温室中有少量栽培。红花山牵牛喜阳光充足、温暖湿润的环境,不耐寒。喜肥沃疏松、富含腐殖质、排水良好的土壤。

红纸扇

【别名】红玉叶金花、血萼花　　【学名】*Mussaenda erythrophylla*

【识别特征】茜草科。多年生灌木植物。株高1～2m。茎直立，多分枝。叶对生，纸质柔软，宽卵圆形，先端钝圆或急尖，基部近圆形，全缘，叶脉明显；叶柄长1～2cm。聚伞花序生茎枝顶端。萼片5，红色，其中一枚椭圆形肥大呈叶片状。花冠筒红色，冠檐白色或黄白色，5瓣裂，裂片宽卵形，先端具芒尖，喉部红色。一般不结实。花期夏季至秋季。

【产地分布】原产于西非热带地区。我国华南等地有栽培。

【应用与养护】红纸扇萼片叶状红色，小花白色五角星状，非常美丽，是南方较常见的观赏植物。可在公园中丛植、片植或与其他植物搭配种植。也适合作花坛、花境景观的点缀植物。红纸扇喜光照充足、高温多湿的环境，生长适温为20～30℃。不耐寒冷，冬季温度低于7℃时容易死亡。喜富含腐殖质、排水良好的微酸性壤土，不耐涝。

龙船花

【别名】五月花、大将军、红樱花　　【学名】*Ixora chinensis*

【识别特征】茜草科。常绿小灌木。株高0.5～2m。叶对生，椭圆形或倒卵形，长6～11cm，宽3～3.5cm，先端急尖，基部楔形，全缘；叶柄长约0.5cm。聚伞花序顶生，密集成伞房状。花萼深红色，4浅裂，裂片钝齿状。花冠高脚碟状，略肉质，红色，先端4裂，裂片菱形，花冠管细长；雄蕊4，着生在花冠口，白色，花丝极短；雌蕊1，红色，花柱细长，柱头2浅裂。浆果近圆形，成熟时黑红色。我国华南地区花果期几乎可全年。

【产地分布】我国分布于华南等地。生于疏林下、灌丛中。

【应用与养护】龙船花叶色秀美，花朵鲜艳密集，是南方常见的观赏植物。南方常种植在公园、道路边、林缘、广场旁等地。耐修剪，可修剪成圆球等造型美化环境。盆栽可作花坛景观的配置植物，或摆放于厅堂供观赏。龙船花喜阳光充足、高温湿润的环境，生长适温23～32℃，稍耐阴，不耐寒。喜肥沃疏松、富含有机质、排水良好的微酸性沙质土壤，忌偏碱性土壤。

栀子

【别名】山栀、枝子、黄栀子、越桃　　【学名】*Gardenia jasminoides*

【识别特征】茜草科。常绿灌木。株高0.5～2m。叶对生，革质，卵状披针形至椭圆形，先端急尖，基部楔形，全缘；叶柄短。花单生于枝端或叶腋处。花冠高脚碟状，白色，裂片6～7；雄蕊与花冠裂片数同，着生在花冠喉部。果实深褐红色或褐黄色，倒卵形，有5～9条翅状纵棱，顶端条状花萼宿存。花果期5～11月。

【产地分布】我国分布于华东、华中、华南、西南等地。生于荒坡、疏林。各地有栽培。

【应用与养护】栀子四季常青，花色洁白芳香，是南方常见的观赏植物。常片植或与其他植物搭配种植在公园草坪、道路边、林缘、庭院等处，也常作花篱。盆栽摆放于厅堂、室内供观赏。栀子喜阳光，喜温暖湿润的环境，生长适温16～28℃，稍耐阴，不耐旱，忌烈日暴晒。不耐寒冷，温度低于10℃则产生冻害。喜肥沃疏松、排水良好的微酸性土壤。

海滨木巴戟

【别名】诺丽果、海巴戟、檄树　　【学名】*Morinda citrifolia*

【识别特征】茜草科。常绿灌木或小乔木。株高1～5m。小枝四棱形，光滑。叶对生，椭圆形、长圆形或卵形，稍厚光泽，先端渐尖或急尖，基部楔形，全缘；叶柄长约2cm。头状花序生枝节处，花序梗长1～1.5cm。小花多数，花冠白色，漏斗状，先端5裂，裂片卵状披针形。聚花核果浆果状，卵圆形或近椭圆形，成熟时乳白色，如鸡蛋大小，有特异气味。南方花果期几乎可全年。

【产地分布】我国分布于广东、海南、台湾等地。各地有引种栽培。

【应用与养护】海滨木巴戟果形奇特美丽，具有较好的观赏价值。常种植在植物园、农业观光园。海滨木巴戟喜阳光，喜温暖湿润的环境，稍耐阴，忌强光暴晒，不耐寒。北方温室有少量种植，供游人观赏。喜肥沃疏松、富含有机质、排水良好的土壤。

蝟实

【别名】千层皮、美人木、繁星花　【学名】*Kolkwitzia amabilis*

【识别特征】忍冬科。落叶灌木。株高可达3m。茎皮褐黄色，成条状剥落。叶对生，椭圆形或卵状椭圆形，先端渐尖，基部圆形或宽楔形，两面被短柔毛，全缘；叶柄短。伞房状聚伞花序。苞片披针形。萼筒外面密被刚毛。花冠淡粉红色或淡粉白色，外面被短柔毛，内面具黄色或褐黄色斑纹，冠檐5裂，裂瓣椭圆形。瘦果状核果，密被黄色刚毛。花果期4～9月。

【产地分布】我国分布于湖北、安徽、河南、山西、陕西、甘肃。生于山坡、路边、灌丛。

【应用与养护】蝟实花朵盛开时繁花似锦，有"美丽灌木"之称，具有很好的观赏价值。常种植在公园、道路边、假山石旁、坡地、亭榭旁、庭院等处。蝟实喜光照充足、温暖湿润的环境，耐旱，耐寒。对土壤要求不严，耐贫瘠，一般土壤均可生长，不耐涝。

金叶猬实

【别名】美人木、猬实　　　【学名】*Kolkwitzia amabilis* 'Maradco'
【识别特征】忍冬科。落叶灌木。株高可达3m。茎皮褐黄色，成条状剥落。叶对生，黄绿色或金黄色，椭圆形或卵状椭圆形，先端渐尖，基部圆形或宽楔形，两面被短柔毛，全缘；叶柄短。伞房状聚伞花序。苞片披针形。萼筒外面密被刚毛。花冠淡粉红色或淡粉白色，外面被短柔毛，内面具黄色或褐黄色斑纹，冠檐5裂，裂瓣椭圆形。瘦果状核果，密被黄色刚毛。花果期4～9月。

【产地分布】园艺品种。我国各地区有栽培。

【应用与养护】金叶猬实叶片金黄，花朵盛开时繁花似锦，具有很好的观赏价值。常种植在公园、道路边、假山石旁、坡地、亭榭旁、庭院等处。金叶猬实喜光照充足、温暖湿润的环境，耐旱，耐寒。对土壤要求不严，耐贫瘠，一般土壤均可生长，不耐涝。

金银忍冬

【别名】金银木　　【学名】*Lonicera maackii*

【识别特征】忍冬科。落叶灌木。株高可达5m。幼枝被短毛。叶对生，卵状椭圆形或卵状披针形，先端渐尖，基部楔形或宽楔形，叶缘具短缘毛；叶柄短。花生幼枝叶腋处。花冠白色或黄色，2唇形，长1～2cm，具芳香味；雄蕊5，花药黄色。浆果球形，红色亮泽。花果期5～10月。

【产地分布】我国分布于东北、华北、华中、中南、西南等地。北方广为栽培。

【应用与养护】金银忍冬花色洁白，秋后晶莹剔透的红色果实挂满枝头，可数月不落，为春季观花、秋季观果的优良绿化植物。常种植在公园、道路边、公路两边绿地、坡地、庭院等处。金银忍冬喜光照充足、温暖湿润、通风的环境，稍耐阴，耐旱，耐寒。一般土壤均可生长。

接骨木

【别名】续骨木、铁骨散、接骨风、大叶接骨木

【学名】*Sambucus williamsii*

【识别特征】忍冬科。落叶灌木或小乔木。株高可达4m。茎多分枝，枝条灰褐色。叶对生，奇数羽状复叶，小叶5～7枚，长卵圆形，先端渐尖，基部楔形，边缘具锯齿，下部2对小叶具柄。圆锥花序生枝端。花小密集，花冠白色或黄白色，裂片宽卵形，向外反卷。核果状浆果近球形，直径约0.7cm，成熟时紫黑色光泽。花果期5～10月。

【产地分布】我国分布于东北、华北、华中、华东、甘肃、四川、云南等地。生于山坡、灌木丛、疏林。各地区有栽培。

【应用与养护】接骨木初夏开白花，是常见的绿化观赏植物。常种植在公园草地、路边、林缘、坡地、庭院等处。接骨木喜阳光充足、温暖湿润的环境，耐半阴，耐寒，耐旱。对土壤要求不严，一般土壤均可生长，忌水涝。

金叶接骨木

【别名】金叶美洲接骨木　　【学名】*Sambucus canadensis* 'Aurea'

【识别特征】忍冬科。落叶灌木或小乔木。株高1.5 ～ 3m。茎多分枝，皮孔明显。叶对生，叶片金黄色或黄绿色，奇数羽状复叶，小叶5 ～ 7枚，长卵圆形，先端渐尖，基部楔形，边缘具锯齿。圆锥花序生枝端。花小密集，花冠白色或黄白色，花瓣5。核果状浆果近球形，直径约0.7cm，成熟时紫黑色光泽。花果期5 ～ 10月。

【产地分布】原产于加拿大、美国。我国引种栽培。

【应用与养护】金叶接骨木叶色金黄，春季白花开满枝头，十分美丽，是常见的园林绿化观赏植物。常种植在公园草地、林缘、路边、坡地、庭院等处。金叶接骨木喜阳光充足、温暖湿润的环境，耐半阴，耐寒，耐旱。对土壤要求不严，一般土壤均可生长，忌水涝。

香荚蒾

【别名】探春、香探春、丁香花、翘兰　　【学名】*Viburnum farreri*

【识别特征】忍冬科。落叶灌木。株高可达3m。枝条褐色，疏生短柔毛。叶片椭圆形，先端钝尖，基部楔形，叶缘具锯齿；叶柄长1～3cm。聚伞花序圆锥状生枝端。花先叶开放，芳香。花白色，花冠高脚碟状，无毛；花冠筒长0.7～1cm，冠檐5裂，裂片近圆形。核果长圆形，长约1cm，花萼宿存，成熟时红色光亮，核具1条深腹沟。花果期4～7月。

【产地分布】我国分布于华北、西北、华西、华东等地。生于山坡、灌丛、林缘。

【应用与养护】香荚蒾花色洁白素雅，芳香四溢，是早春开花的观花植物。常种植在公园道路边、林缘、山坡、沟边等处。香荚蒾喜光照充足、温暖湿润的环境，稍耐阴，耐旱，耐寒性强。喜肥沃疏松、排水良好的土壤。养护管理较粗放。

皱叶荚蒾

【别名】枇杷叶荚蒾、山枇杷、大糯米条　　【学名】*Viburnum rhytidophyllum*
【识别特征】忍冬科。常绿灌木或小乔木。株高可达4m，密被绒毛。小枝粗壮，稍有棱角。叶对生，叶片稍厚皱褶，卵状长圆形或卵状披针形，先端钝尖，基部圆形或微心形，叶缘具不明显小齿；叶柄粗壮，长1.5～3cm。复伞状聚伞花序生枝端，花稠密。花冠白色，直径0.5～0.7cm，花冠5裂，裂片卵圆形；雄蕊伸出花冠。核果椭圆形，红色后变黑色。花果期4～10月。
【产地分布】我国分布于四川、贵州、湖北、陕西。生于山坡林下、灌丛。
【应用与养护】皱叶荚蒾叶色浓绿，秋季硕果累累，是常见的观赏植物。常种植在公园道路边、林缘、坡地、假山石旁等地。皱叶荚蒾喜阳光充足、温暖湿润的环境，稍耐阴，耐旱，耐寒。对土壤要求不严，但在土层深厚肥沃、排水良好的沙质土壤中生长最好。

欧洲荚蒾

【别名】欧洲琼花、雪球　　【学名】*Viburnum opulus*

【识别特征】忍冬科。落叶或半常绿灌木。株高1.5～4m。树皮灰褐色，具明显的突起皮孔。叶片轮廓阔卵形或卵圆形，通常3裂，裂片先端渐尖，边缘具不整齐的粗齿，叶基部近圆形；叶柄长1～2cm。复伞式聚伞花序生枝端，直径5～10cm，多为大型不育花组成。不孕花白色，直径1.3～2.5cm，裂片宽倒卵形。核果近圆形，成熟时红色。花果期4～10月。

【产地分布】我国分布于新疆西北部。欧洲、俄罗斯高加索及远东地区亦有分布。生于河谷云杉林下。北方各地有栽培。

【应用与养护】欧洲荚蒾花序繁密，花朵洁白高雅，花期长，是极具观赏性的园林植物。常种植在公园草坪地、道路边、林缘、庭院等处。欧洲荚蒾喜阳光充足、温暖湿润的环境，稍耐阴，不耐旱，耐寒。喜肥沃疏松、排水良好的土壤，不耐涝。

鸡树条

【别名】天目琼花　　【学名】*Viburnum opulus* subsp. *calvescens*

【识别特征】忍冬科。落叶灌木。株高1.5 ～ 4m。老枝暗灰褐色，具明显突起的皮孔。叶片轮廓阔卵形或卵圆形，通常3裂，掌状3出脉，叶片基部近圆形或微心形，裂片先端渐尖，边缘具不整齐的粗齿；叶柄长1 ～ 2cm。复伞式聚伞花序生枝端，外围有10余个大型不育花，不育花白色，直径约2.5cm。核果圆形，直径0.8 ～ 1.2cm，成熟时红色。花果期5 ～ 10月。

【产地分布】我国分布于东北、西北、华北、华东、华中。生于疏林下、灌丛中。

【应用与养护】鸡树条硕大的花序就像一朵朵白云飘浮在空中十分美观，是常见的观赏绿化植物。常种植在公园草地、道路边、林缘、建筑物旁等处。鸡树条喜阳光充足、温暖湿润的环境，稍耐阴，不耐旱，较耐寒。对土壤要求不严，一般土壤均可生长，不耐涝。

糯米条

【别名】茶树条、白花树、毛蜡叶子树　　【学名】*Abelia chinensis*

【识别特征】忍冬科。落叶灌木。株高可达2m。多分枝，嫩枝密被短柔毛，老枝树皮常纵裂。叶片卵圆形或椭圆状卵形，先端钝尖，基部近圆形或微心形，叶缘具稀疏的圆钝齿；叶柄短。聚伞花序生小枝上部叶腋处，具香味。花冠白色至淡粉色，漏斗状，长约1cm，外面密被茸毛，冠檐5裂，裂片三角形开展；花丝细长白色，伸出花冠筒外。瘦果具宿存而增大的萼裂片。花果期7～10月。

【产地分布】我国分布于西南、华南、华中、华东。生于山地。各地有引种栽培。

【应用与养护】糯米条枝条细长下垂，花洁白密生，为常见的观赏植物。常种植在公园草地、道路边、林缘、坡地、墙边等处。糯米条喜阳光，喜温暖湿润的环境，耐半阴，较耐寒，耐修剪。对土壤要求不严，在微酸性至微碱性土壤中均可生长，不耐涝。

锦带花

【别名】锦带、五色海棠、海仙花　　【学名】*Weigela florida*

【识别特征】忍冬科。落叶灌木。株高1～3m。叶片椭圆形或卵状长圆形，先端渐尖或急尖，基部近圆形或楔形，两面被短柔毛，叶缘具浅锯齿；叶柄极短或无。花单生或成聚伞花序生短侧枝端。花萼筒长圆柱形，萼齿5，披针形，不等长。花紫红色或淡粉白色，花冠漏斗状钟形，先端5裂，裂片宽卵形。蒴果圆柱形，先端具喙。花果期5～10月。

【产地分布】我国分布于东北、华北等地。生于山坡林下、灌丛。

【应用与养护】锦带花花朵密集，花色艳丽，是常见的观赏绿化植物。常孤植或群植在公园草地、道路两边、林缘、坡地、庭院旁等处。锦带花喜阳光充足温暖湿润的环境，生长适宜温度为15～30℃，稍耐阴，耐旱，耐寒。对土壤要求不严，但在土层深厚、富含腐殖质的土壤中生长最佳，不耐涝。

花叶锦带花

【别名】金边锦带花、白边锦带花、花叶矮锦带花

【学名】*Weigela florida* 'Variegata'

【识别特征】忍冬科。落叶灌木。株高1～2m。叶对生，椭圆形或卵状长圆形，先端渐尖或急尖，基部近圆形或楔形，叶缘具不规则的黄绿色边；叶柄极短或无。花单生或成聚伞花序生短侧枝端。花萼筒长圆柱形，萼齿5，披针形，不等长。花紫红色、玫瑰红色或淡粉白色，花冠漏斗状钟形，先端5裂，裂片宽卵形。蒴果圆柱形，先端具喙。花果期5～10月。

【产地分布】园艺品种。我国东北、华北、华东等地有栽培。

【应用与养护】花叶锦带花叶片美丽，花色艳丽，是常见的观赏植物。常种植在公园、道路边、林缘、坡地、庭院旁等处。喜阳光充足、温暖湿润的环境，生长适温15～30℃，稍耐阴，耐旱，耐寒。对土壤要求不严，但在土层深厚、富含腐殖质的土壤中生长最好，不耐涝。

红王子锦带花

【别名】锦带花　　【学名】*Weigela florida* 'Red Prince'

【识别特征】忍冬科。落叶灌木。株高1.5～2m。幼枝被短柔毛。叶对生，椭圆形或卵状长圆形，先端渐尖，基部近圆形或楔形，叶面脉上有柔毛，叶背面毛密，叶缘具浅锯齿；无叶柄或极短。花1～4朵成聚伞花序状生叶腋或枝端。花冠紫红色，漏斗状钟形，先端5裂，裂片宽卵形；花丝上半部白色，花药白色。蒴果圆柱形，黄褐色。花果期5～10月。

【产地分布】原产于美国。我国长江流域及以北多有栽培。

【应用与养护】红王子锦带花花朵稠密，花色紫红艳丽，是常见的园林绿化植物。常孤植、群植或与其他植物搭配种植在公园、道路两边、林缘、坡地、庭院等处。红王子锦带花喜阳光充足、温暖湿润的环境，稍耐阴，耐旱，耐寒对土壤要求不严，但在土层深厚、富含腐殖质的土壤中生长最佳，微盐碱土也可生长。根部积水叶片容易枯黄脱落。

露兜树

【别名】橹罟子、山波罗、笏波罗、野菠萝　　【学名】*Pandanus tectorius*

【识别特征】露兜树科。灌木或小乔木。株高1.5 ～ 3m。茎直立，多分枝。叶片聚生于茎顶，长条形，革质，长可达1.5m，宽3 ～ 5cm，先端尖，叶缘及背面中脉有芒刺。花白色，密集呈肉穗状花序顶生，无花被。聚合果椭圆形或球状椭圆形，由多数核果组成，核果倒圆锥形，稍有棱角，成熟时橘黄色。花果期1 ～ 10月。

【产地分布】我国分布于华南、西南。生于海岸边、沙滩、沟边、村寨旁。

【应用与养护】露兜树株形美观，果形奇特，是南方常见的园林观赏植物。常种植在公园、道路边、林缘、假山石旁、海岸边等处。露兜树喜阳光充足、高温湿润的环境，稍耐阴，不耐寒冷。喜肥沃疏松、富含有机质、排水良好的沙质土壤。

箬竹

【别名】箬叶竹、米箬竹　　【学名】*Indocalamus tessellatus*

【识别特征】禾本科。常绿灌木。竿高0.7～2m，圆柱形，直径0.4～0.75cm，节间长约25cm，节下方有红棕色贴竿的毛环。箨片大小多变化，狭披针形，易脱落。小枝具2～4叶，叶片宽披针形或长圆状披针形，先端钝尖或长尖，基部楔形，叶缘具细锯齿；叶舌高0.1～0.4cm；叶鞘紧密抱竿。圆锥花序；小穗含5～6朵小花；颖片3，第二颖及第三颖具芒尖。笋期4～5月。花期6～7月。

【产地分布】我国分布于江西、湖南。生于山坡、路边。各地广为栽培。

【应用与养护】箬竹为常见园林绿化植物。常种植在植物园、公园道路边、假山石旁、围墙边、河岸边、林缘等处。箬竹喜光照充足、温暖湿润的环境，稍耐阴，较耐旱，耐寒。喜土层深厚、肥沃疏松、排水良好的微酸性至中性土壤。

菲白竹

【别名】翠竹、白斑翠竹、稚子竹　　【学名】*Pleioblastus* fortunei

【识别特征】禾本科。常绿灌木。竿高0.3～0.8m，圆柱形，直径0.3～0.4cm。竿节细短，上部被灰白色细毛，节下方较密，并具一圈白粉。箨鞘宿存或无，长约竿节的1/2；竿环较平。小枝具4～7叶，叶片披针形，先端渐尖，基部近圆形或宽楔形，两面均被白色柔毛，叶面具淡黄白色与绿色相间的不规则形纵条纹，叶缘具细锯齿；叶鞘紧密抱竿。

【产地分布】原产于日本。我国引种栽培。

【应用与养护】菲白竹为地被竹类，叶色美丽，为常见园林绿化植物。常种植在公园道路边、假山石旁、围墙边等处。也可作绿篱。菲白竹喜光照充足、温暖湿润的环境，耐半阴，不耐干旱，较耐寒。喜肥沃、富含有机质、排水良好的沙质土壤，忌盐碱性土壤和积水。

袖珍椰子

【别名】矮生椰子、袖珍棕、秀丽竹节椰　　　【学名】*Chamaedorea elegans*

【识别特征】棕榈科。常绿小灌木。株高 0.5～2m。茎直立，具明显的叶环痕。叶片生茎秆上端，羽状全裂，裂片披针形，互生，顶端的 2 片羽叶常合生为鱼尾状。穗状花序腋生，雌雄异株。花黄色，小球形。浆果小，成熟时橙黄色。花果期春季至夏季。

【产地分布】原产于墨西哥、危地马拉。我国各地广为栽培。

【应用与养护】袖珍椰子小巧玲珑，叶形秀雅，别具南国风情，是较常见的观赏植物。南方常与其他植物搭配种植在植物园、公园、林缘、庭院等处。盆栽用于摆放厅堂、会议室、办公室、客厅、阳台等处供观赏。袖珍椰子喜阳光，喜高温高湿的环境，生长适温 20～30℃，耐阴性强，不耐旱。不耐寒冷，5℃以上可安全越冬。喜肥沃疏松、富含有机质、排水良好的土壤。夏季忌强光暴晒，生长期应常向叶片喷水，防止叶尖枯干。

散尾葵

【别名】黄椰子、凤凰尾　　【学名】*Chrysalidocarpus lutescens*

【识别特征】棕榈科。常绿灌木或小乔木。株高2～5m。茎丛生，叶环痕明显。叶平展而下弯，长可达1.5m，羽状全裂；小羽片狭条形或披针形，左右两侧不对称排列。叶柄长，橙黄色或绿色。花序生叶鞘之下，呈圆锥花序状，常有2～3次分枝。花小，金黄色，卵球形。果实黄色，倒卵形或椭圆形，干后紫黑色。花果期3～8月。

【产地分布】原产于马达加斯加。我国各地广为栽培。

【应用与养护】散尾葵株形优美，四季常青，是南方常见的观赏植物。常与其他植物搭配种植在植物园、公园、林缘、校园、宾馆、庭院、住宅小区等处。盆栽用于摆放宾馆、大厅、会议室等处。散尾葵喜阳光，喜温暖湿润的环境，生长适温20～30℃，耐阴，不耐旱。不耐寒冷，10℃以上可安全越冬。喜肥沃疏松、富含有机质、排水良好的土壤。生长期应多向叶片喷水，防止叶尖枯黄。

多裂棕竹

【别名】金山棕　　【学名】*Rhapis multifida*

【识别特征】棕榈科。常绿灌木。株高可达2.5m。茎上部叶鞘褐色网状纤维宿存，下部叶环痕明显。叶扇形掌状深裂，裂片14～30片，裂片具2条明显肋脉，先端渐尖；叶鞘具褐色网状纤维。花序2回分枝，分枝上的佛焰苞稍扁狭管状，分枝开展，被暗褐色鳞秕。果实球形，成熟时黄色或黄褐色。果期11月至翌年4月。

【产地分布】我国分布于云南、广西等地。生于山坡、疏林中。

【应用与养护】多裂棕竹叶形如扇，十分美观，是南方常见的观赏植物。南方常种植在公园、路边疏林下、林缘、校园、庭院等处。盆栽摆放于厅堂供观赏。多裂棕竹喜阳光，喜温暖湿润、通风的环境，生长适温20～30℃，耐阴，不耐旱，忌烈日暴晒，不耐寒。喜肥沃疏松、富含腐殖质、排水良好的微酸性土壤。生长期应多向叶片喷水，防止叶尖干枯。

棕竹

【别名】观音竹、筋头竹　　【学名】*Rhapis excelsa*

【识别特征】棕榈科。常绿灌木。株高可达3m。茎部叶鞘褐色网状纤维宿存。叶掌状深裂几乎到达基部，裂片约10片，裂片具2～5条明显肋脉，裂片条状椭圆形，先端宽钝；叶柄细长。花序生枝端，长可达30cm，多分枝，总花序梗和分枝花序基部各有1枚棕色佛焰苞包着。花黄色，花冠3裂，裂片三角形。果实球形，成熟时淡黄色。花期6～7月。

【产地分布】我国分布于华南、西南等地。生于山坡、林中。

【应用与养护】棕竹株形优美，四季常青，是南方常见的观赏植物。常种植在公园、行道路边、林缘、假山石旁、庭院等处。盆栽用于摆放厅堂供观赏。棕竹喜阳光，喜温暖湿润的环境，亦耐阴，不耐酷热，气温高于34℃时叶片易焦边。不耐寒，10℃以上可安全越冬。喜肥沃疏松、富含有机质、排水良好的土壤。生长期应多向叶片喷水，防止叶尖干枯。

山棕

【别名】香桃榔、香棕、矮桃榔、散尾棕　　【学名】*Arenga engleri*

【识别特征】棕榈科。常绿灌木。株高可达4m。茎丛生，密被棕褐色叶鞘纤维。叶大形，长可达3m，羽状全裂，叶轴每侧羽片多达40片，羽片倒披针形，先端啮蚀状，边缘疏生齿；叶背面灰白色。花序大，多分枝；花黄色，芳香。果实球形，直径约1cm，成熟时红色。花期4～6月，果期6月至翌年3月。

【产地分布】我国分布于福建、台湾。华南、华东南部、西南等地有栽培。

【应用与养护】山棕四季常青，果实红艳，是南方较常见的园林观赏植物。常种植在公园、行道路边、假山石边、建筑物旁等处。山棕喜阳光充足、温暖湿润的环境，生长适温20～30℃，亦耐阴，稍耐寒。对土壤要求不严，一般土壤均可种植。

龟背竹

【别名】穿孔喜林芋、蓬莱蕉　　【学名】*Monstera deliciosa*

【识别特征】天南星科。常绿攀援灌木。可攀援高达6m。茎绿色，粗壮，节间生气生根。叶片大，厚革质，轮廓心状卵形，淡绿色，叶背面绿白色，边缘羽状分裂，侧脉间有多个较大的空洞；叶柄长而粗壮，基部宽抱茎。佛焰苞厚革质，黄白色，宽卵形舟状，近直立，先端具喙。肉质花序近圆柱形，淡黄色，长可达20cm；雄蕊花丝线形，花粉黄白色；雌蕊陀螺形状，柱头小，黄色。浆果淡黄色。花期8～9月，果实于翌年9月成熟。

【产地分布】原产于墨西哥。我国华南、西南广为栽培。北方也有栽培。

【应用与养护】龟背竹叶形美观，四季常绿，为常见的园林观赏植物。南方常种植在公园疏林缘、假山石边、池畔、小溪边等处。盆栽用于摆放厅堂供观赏。龟背竹喜阳光，喜温暖湿润的环境，生长适温20～30℃，耐阴性强，忌干燥和强光暴晒，不耐寒。喜肥沃疏松、富含腐殖质、排水良好的微酸性至中性土壤。

凤尾丝兰

【别名】凤尾兰　　【学名】*Yucca gloriosa*

【识别特征】百合科。常绿灌木。株高可达1.5m以上。叶片剑形，坚硬，被白粉，先端渐尖具刺尖，通常幼时叶缘具疏齿，老时叶缘具少数纤维丝。圆锥花序生花莛上部。花乳白色或乳白绿色，铃铛形，下垂。蒴果卵状长圆形，不开裂。花果期6～10月。

【产地分布】原产于北美洲。我国大部分地区有栽培。

【应用与养护】凤尾丝兰四季常绿，花莛直立，白色似铃铛的花朵密集下垂，姿态优美，为常见的园林观赏植物。常种植在公园草坪、路边绿地、土坡、亭榭旁、假山石旁等处，也可作鲜切花材料。凤尾丝兰喜阳光充足、温暖湿润的环境，耐热，稍耐阴，耐旱，耐寒，耐水湿。对土壤要求不严，一般土壤均可生长，养护管理粗放。

海南龙血树

【别名】龙血树、小花龙血树、山海带　　【学名】*Dracaena cambodiana*

【识别特征】百合科。常绿灌木或小乔木。株高可达4m。树皮灰褐色，叶痕明显。叶聚生在茎枝顶端，薄革质，条状披针形，长可达70cm，宽1.5～2.5cm，先端渐尖，基部抱茎。圆锥花序顶生，多分枝，长可达30cm。花小，绿白色或淡黄色。浆果球形，直径约1cm，果柄长1～1.2cm，成熟时红色或紫红色。花果期5～10月。

【产地分布】我国广东、海南等地有栽培。

【应用与养护】海南龙血树株形优美，四季常绿，为南方常见的园林绿化植物。常种植在公园草地、路边绿地、假山石旁、宾馆、校园等处。盆栽用于摆放庭院、厅堂等处供观赏。海南龙血树喜阳光充足、温暖湿润的环境，生长适温18～30℃，耐阴，耐干旱。不耐寒，8℃以上可安全越冬。喜肥沃疏松、排水良好的微酸性土壤。

【别名】红叶铁树、朱竹、铁连草　　【学名】*Cordyline fruticosa*

【识别特征】百合科。常绿灌木。株高可达1～3m。叶片暗紫红色或绿色带淡粉白色及淡黄色，椭圆状披针形或椭圆形，先端渐尖，基部渐狭或钝圆，全缘；叶柄长10～15cm，基部阔大抱茎。圆锥花序顶生或腋生，长可达30cm，多分枝。花淡红色或暗紫红色，长约1cm，花梗有总苞状的苞片3枚；花被管状，裂片6。浆果。花期11月至翌年4月。

【产地分布】我国华南等地多有栽培。

【应用与养护】朱蕉叶片花色，是南方常见的观赏植物。南方常与其他植物搭配种植在公园路边、林缘等处。盆栽作花坛的配置植物，或摆放于厅堂供观赏。朱蕉喜阳光，喜温暖湿润的环境，生长适温20～30℃，耐热，稍耐阴，不耐旱，忌强光暴晒。不耐寒，8℃以上可安全越冬。喜肥沃疏松、富含腐殖质、排水良好的微酸性土壤，不耐盐碱土壤。

千年木

【别名】三色木、彩纹竹蕉、红边龙血树　　【学名】*Dracaena marginata*

【识别特征】百合科。常绿灌木或小乔木。株高可达3m以上。茎直立，圆柱形。叶片多簇生在茎顶端，细长条形，先端渐尖，全缘；叶片中间绿色，边缘夹杂着几条不规则形的紫红色或黄色纵条纹。总状花序生茎枝端。花小，白色或淡黄白色，花被片6。浆果近球形。一般不易见到开花结果。

【产地分布】原产于马达加斯加。我国南方多有栽培。

【应用与养护】千年木叶片细长，色彩丰富，是南方常见的观赏植物。常与其他植物搭配种植在植物园、公园绿地、林缘、庭院、村寨旁等处。盆栽用作花坛等的配置植物，或摆放于厅堂、室内等处供观赏。千年木喜阳光充足、高温湿润的环境，生长适温18～28℃，较耐阴。不耐寒，8℃以上可安全越冬。喜肥沃疏松、富含有机质、排水良好的土壤。养护时注意忌强光暴晒，干旱时应及时浇水和叶面喷水，防止叶尖干枯。

缟叶竹蕉

【别名】金边竹蕉、巴西美人　　【学名】*Dracaena fragrans* 'Roehrs Gold'

【识别特征】百合科。常绿灌木。株高可达1m。茎稍木质化。叶片稍厚，剑形下垂，先端渐尖，全缘；叶片边缘黄色或黄绿色，中部深绿色夹带有淡色纵条纹。花序生茎枝端。花小，白色，花被片6。浆果近球形，一般不宜见到开花结果。

【产地分布】园艺品种。我国南方多有栽培。

【应用与养护】缟叶竹蕉叶色美丽，具有很好的观赏性。南方常与其他植物搭配种植在植物园、公园、庭院等处。盆栽可作花坛、花境的配置植物，或摆放厅堂供观赏。茎叶可作插花材料。缟叶竹蕉喜阳光，喜温暖湿润的环境，生长适温20～28℃，耐阴，耐旱，忌强光暴晒。不耐寒，8℃以上可安全越冬。喜肥沃疏松、富含有机质、排水良好的沙质土壤。

金黄百合竹

【别名】金心百合竹、百合竹　　【学名】*Dracaena reflexa* 'Song of Jamaica'

【识别特征】百合科。常绿灌木。株高1.5～9m。叶片剑状披针形，革质，先端急尖具芒尖，基部下延呈鞘状抱茎，全缘；叶片绿色，中间具数条不规则形黄色或黄绿色纵条纹。花序生茎枝端。花小，淡黄绿色。花期春季。

【产地分布】园艺品种。我国华南、西南等地有栽培。

【应用与养护】金黄百合竹叶色美观，具有较好的观赏价值。南方常与其他植物搭配种植在公园、林缘、庭院等处。盆栽用于摆放庭院、宾馆大厅等处供观赏。金黄百合竹喜散射光充足、高温湿润的环境，生长适温20～28℃，稍耐阴，忌强光暴晒。不耐寒冷，5℃以上可安全越冬。喜肥沃疏松、富含有机质、排水良好的土壤。

第四章

乔木

600
景观　　植物
园林　　图鉴

桫椤科

笔筒树

【别名】多鳞白桫椤、鳞片桫椤、蛇木　　【学名】*Sphaeropteris lepifera*

【识别特征】桫椤科。常绿树形蕨类植物。株高可达3m。树干直立，不分枝，黑褐色，其上密布许多明显的黄灰色椭圆形叶痕。叶丛生于树干顶端，呈螺旋状排列，叶柄基部紫褐色，密被鳞片和刚毛；叶轴和羽轴淡黄色，密被显著的疣突。在叶背面近主脉处着生有孢子囊群，无囊群盖，隔丝长过于孢子囊。蕨类植物不开花，没有果实和种子，以孢子繁殖。

【产地分布】我国分布于台湾、福建等地。多生长在山区丛林阴湿处。华南等地有栽培。

【应用与养护】笔筒树树形美观，分布区域窄，数量很少，为珍稀植物，具有很高的观赏价值。南方偶见种植在植物园、公园绿地、道路边、池塘旁等处。笔筒树喜散射光充足、高温湿润的环境，生长适温18～28℃，耐阴，忌强光暴晒，不耐寒冷，不耐旱。喜肥沃疏松、富含有机质、排水良好的土壤。

苏铁

【别名】铁树、凤尾蕉、凤尾铁、避火蕉　　【学名】*Cycas revoluta*

【识别特征】苏铁科。常绿灌木或小乔木。株高可达2m。树干粗壮，密被宿存的叶基或叶痕。羽状叶长0.5～2m，羽片多达20对以上，革质坚硬，线状披针形，长10～20cm，边缘向外反卷。雄花序圆柱形，长可达30～60cm；雌花序半球形，心皮叶阔卵形，篦齿状深裂，密被褐色毡毛。种子卵圆形，稍扁，成熟时红色。花果期6～10月。

【产地分布】我国分布于福建、台湾、广东等地。生于疏林、灌丛。各地均有栽培。

【应用与养护】苏铁株形美观，古朴典雅，种植10年以上才可开花，具有很好的观赏价值。南方常与其他植物搭配种植在植物园、公园、校园、路边等处。盆栽用于摆放公园、花坛、大厦门前、宾馆大厅等处供观赏。苏铁喜阳光充足、高温湿润的环境，生长适温20～30℃，亦耐阴，较耐寒。喜肥沃疏松、富含有机质、排水良好的微酸性至中性土壤。

银杏科

银杏

【别名】白果树、公孙树、鸭掌树　　【学名】*Ginkgo biloba*

【识别特征】银杏科。落叶乔木。株高可达40m。叶片扇形，先端二裂或不裂，基部楔形，叶脉二叉分；叶柄长3～10cm。雌雄异株，球花生于短枝的叶腋处。雄球花为柔荑花序状，小孢叶排列疏松，具短柄；孢子囊2，长椭圆形。雌球花具长梗，梗端二叉分，叉端有一盘状的珠座，其上生胚珠1枚；通常仅有1侧胚珠发育成种子。种子核果状，近球形，外种皮肉质，成熟时黄色，表面被白粉，具臭味。花果期4～10月。

【产地分布】我国仅浙江天目山有野生。生于天然林中。各地广为栽培。

【应用与养护】银杏树形美观，每当秋季叶片由绿色变成黄色，黄色的果实挂满枝头，具有很高的观赏价值。常种植在行道路旁、山坡、校园、宾馆、住宅小区、庭院、庙宇等处。银杏喜阳光充足、温暖湿润的环境，生长适温20～30℃，不耐阴，较耐旱，耐寒。可在微酸性至中性土壤中生长，但不耐盐碱性土壤，不耐涝。

油松

【别名】红皮松、赤松、短叶松

【学名】*Pinus tabuliformis*

【识别特征】松科。常绿乔木。株高可达25m。树皮红褐色或灰褐色，裂成不规则的块片。叶片2针一束，长10～15cm，叶鞘宿存。花单性，雌雄同株；雄球序长卵形，生小枝顶端，花开后成柔荑状。雌球序阔卵形，1～2枚生新枝顶端，花粉鲜黄色。球果卵球形，长4～10cm，成熟后开裂。种子小，卵圆形，长0.6～0.8cm，种翅长约1cm。花期4～5月，球果于翌年9～10月成熟。

【产地分布】我国分布于东北、华北、华中、西北等地。生于山区、丘陵。

【应用与养护】油松苍劲挺拔，四季常青，为常见的园林绿化树木。常种植在公园、行道路边、住宅小区、庙宇、皇家园林、陵墓等处。山坡常成片种植。油松喜光照充足、温暖的环境，耐旱，抗风，耐寒。对土壤要求不严，耐贫瘠，一般土壤均可生长，管理粗放。

华山松

【别名】青松、五须松、五叶松　　【学名】*Pinus armandii*

【识别特征】松科。常绿乔木。株高可达30m。树皮灰绿色或灰色，较平滑。树枝在树干上轮生。叶片5针一束，长8～15cm；叶鞘早落。球果圆锥状长卵圆形，长10～20cm，直径5～9cm，成熟时种鳞张开，鳞盾边缘不反卷或微反卷，鳞脐顶生。种子黄褐色至黑褐色，倒卵圆形，长1～1.5cm，无种翅或具棱脊。花期4～5月，球果于翌年9～10月成熟。

【产地分布】我国分布于陕西、山西、河南、四川、贵州、云南。生于山林中。

【应用与养护】华山松高大挺拔，四季常青，为常见的园林绿化树木。常种植在公园、行道路边、山坡、风景区、假山石边、建筑物旁、庭院等处。不宜在高寒地区或土地贫瘠的地方造林。华山松喜光照充足、温暖的环境，耐旱，抗风，较耐寒。适合种植在较肥沃疏松、排水良好的微酸性至中性沙质土壤中，不耐盐碱土壤。

白皮松

【别名】三针松、白骨松、虎皮松、蟠龙松　　【学名】*Pinus bungeana*

【识别特征】松科。常绿乔木。株高可达30m。树皮裂片不规则状脱落后显出灰白色花斑。叶片3针一束，长5 ～ 10cm。球果卵球形，长5 ～ 7cm，直径4 ～ 6cm，果柄很短。种鳞先端肥厚，鳞盾扁菱形，横脊明显，鳞脐生在鳞盾的中央，有向下弯曲的尖头。种子倒卵形，种翅有关节，易脱落。花期5月，球果于翌年10月成熟。

【产地分布】我国分布于河北、山西、河南、陕西、甘肃、湖北、四川等地。生于山坡。

【应用与养护】白皮松苍翠挺拔，四季常绿，树干上的白斑块十分醒目，为常见的园林绿化树木。常种植在公园、行道路边、山坡、庙宇、皇家园林、住宅小区等处。白皮松喜光照充足、温暖的环境，耐旱，较耐寒。喜土层深厚肥沃、排水性良好的钙质土和黄壤土，不耐涝。

乔松

【别名】无　　【学名】*Pinus wallichiana*

【识别特征】松科。常绿乔木。植株高大。树皮暗灰褐色，裂成小块状剥落。宽塔形树冠。针叶细长下垂，针叶5针一束，长20～30cm，叶鞘脱落。球果圆柱形下垂，长15～25cm，果梗长2.5～4cm；种鳞的鳞盾淡褐色，微呈蚌壳状隆起，先端钝内曲，鳞脐顶生微隆起。种子褐色或黑褐色，椭圆状倒卵形，长0.7～0.8cm，种翅长2～3cm。花期4～5月，球果翌年秋季成熟。

【产地分布】我国分布于西藏南部和云南西北部。生于混交林中。各地有引种栽培。

【应用与养护】乔松针叶细长似马尾，具有很好的观赏价值。常种植在植物园、公园等背风向阳的地方。乔松喜阳光充足、温暖湿润的环境，稍耐阴，耐旱，较耐寒。喜排水良好的微酸性至中性土壤。

长白松

【别名】美人松　　【学名】*Pinus sylvestris* var. *sylvestriformis*

【识别特征】松科。常绿乔木。株高20～30m。树皮龟裂成鳞片状脱落；树干下部粗糙，棕褐色或棕灰色；中上部树皮棕红色。针叶2针一束，长5～8cm，横切面为扁半圆形，叶鞘宿存。球果成熟时卵状圆锥形，下垂，褐灰色；种鳞的鳞盾明显隆起，有脊。种子长卵圆形或倒卵圆形，微扁，灰褐色或灰黑色，种子有翅。

【产地分布】我国分布于吉林长白山二道河等地，数量很少。生于山林中。东北等地及有关科研单位有引种栽培。

【应用与养护】长白松树形挺拔优美，四季常绿，分布范围狭窄，数量少，为国家保护植物。可做园林绿化树种。长白松喜阳光充足、温暖湿润、凉爽的气候环境，稍耐阴，较耐旱，耐寒性强。

雪松

【别名】塔松、喜马拉雅山雪松   【学名】*Cedrus deodara*

【识别特征】松科。常绿乔木。株高可达30m。树皮灰褐色，纵裂成小块脱落。树冠塔形，一年生小枝密被短柔毛。叶针形，长2.5～5cm，先端锐尖，横切面为三角形。球花单生短枝端，直立。雄球花长卵形或椭圆状圆柱形，长2～3cm，淡黄色。雌球花卵球形，长约0.8cm，宽约0.5cm。球果卵球形或椭圆状卵球形，长7～10cm，成熟时栗褐色；种鳞宽大于长，背面密生短柔毛。种子倒卵形，连翅长约2.5cm。花期10月，球果翌年10月成熟。

【产地分布】我国分布于西藏西南部。各地有栽培。

【应用与养护】雪松树体高大，树形优美，四季常绿，是著名的园林绿化树木。常种植在公园绿地、坡地、广场、大门口、建筑物旁、住宅小区、办公楼前等处。雪松喜阳光充足、温暖湿润的环境，稍耐阴，耐寒。喜土层深厚肥沃、排水良好的微酸性至中性土壤。

华北落叶松

【别名】落叶松、雾灵落叶松

【学名】*Larix gmelinii* var. *principis-rupprechtii*

【识别特征】松科。落叶乔木。株高可达30m。树皮灰褐色，不规则纵裂成小块脱落。一年生小枝淡褐色或褐色。叶簇生，条形，长2～3cm，先端钝尖，叶面平，叶背面中脉稍隆起。球花单生枝端。球果卵球形或长卵状球形，长2～3.5cm，成熟后淡灰色或淡褐色；种鳞五角状卵形，先端截形或微凹，上部边缘不向外反卷。种子斜倒卵形，连翅长约1cm。花果期4～10月。

【产地分布】我国分布华北、河南等地。生于山梁或阴坡。东北、西北等地有栽培。

【应用与养护】华北落叶松树形挺拔开展，叶片簇生美丽，为较常见的园林绿化树木。常与其他植物搭配种植在公园、植物园、山坡等处。华北落叶松喜光照充足、温暖凉爽的气候环境，稍耐阴，耐旱，耐寒性强。喜土层深厚肥沃、排水良好的微酸性至中性土壤。

云杉

【别名】粗枝云杉、大云杉、大果云杉、异鳞云杉　　【学名】*Picea asperata*

【识别特征】松科。常绿乔木。株高可达40m。树皮灰褐色，成小块脱落。一年生小枝淡褐黄色或淡黄褐色。叶螺旋状排列在枝条上，线条形，微弯曲，长1～2cm，先端微尖或突尖，横切面略呈菱状。球果单生侧枝顶端，下垂，圆柱形或柱状矩圆形，长6～10cm，成熟后淡褐色或栗色；种鳞薄木质，倒卵形，先端圆形、圆截形或钝三角形。种子倒卵圆形，先端有膜质长翅。花果期4～10月。

【产地分布】我国分布陕西、甘肃、四川等地。生于山地。北方地区有栽培。

【应用与养护】云杉株形高大挺拔，四季常绿，为常见的园林绿化树木。常种植在公园、行道路边、山坡等处。盆栽用于摆放厅堂等处，也可作圣诞节用树。云杉喜光照充足、温暖凉爽的气候环境，亦耐阴，耐旱，耐寒。喜土层深厚肥沃、排水良好的微酸性至中性土壤。

杉木

【别名】杉、沙木、刺杉、广叶杉　　【学名】*Cunninghamia lanceolata*

【识别特征】杉科。常绿乔木。株高可达30m。树皮灰褐色，纵裂。叶片螺旋状排列，线状披针形，先端有尖刺，基部下延，叶缘有细齿。雄球花多数，簇生枝顶；雌球花1～3枚生枝端。球果近球形或圆卵形，苞鳞大，革质，褐红色，边缘有细锯齿；种鳞小，每种鳞有3粒种子；种子两侧边缘有狭翅。花果期3～11月。

【产地分布】我国分布于河南以南地区。生于林中、路旁。北方有少量栽培。

【应用与养护】杉木树冠呈圆锥形，挺拔端庄，为南方常见园林绿化树木。常种植在植物园、公园行道路边、坡地、丘陵等处。也可营造防风林。杉木喜光照充足、温暖湿润的环境，不耐旱，抗风力强。不耐严寒，北京有极少量种植在背风向阳处。喜土层深厚肥沃、湿润、排水良好的微酸性至中性土壤，不耐盐碱土壤。

柳杉

【别名】长叶孔雀松、长叶柳杉　　【学名】*Cryptomeria japonica* var. *sinensis*

【识别特征】杉科。常绿乔木。株高可达40m。树皮灰褐色，纵裂成条状剥落。叶片螺旋状排列，钻形略向外弯，长1～1.5cm，先端尖，基部宽下延。雄球花单生叶腋处，长椭圆形，长约0.7cm，集生小枝上部形成穗状花序；雌球花单生短枝顶端。球果近球形，直径1.2～2cm；种鳞先端有4～5个短三角形裂齿；种子近椭圆形，扁平，边缘有狭翅。花果期4～11月。

【产地分布】我国分布于长江流域以南。生于山坡林中、山谷溪边。北方有少量引种栽培。

【应用与养护】柳杉树冠呈圆锥形，高大挺拔，为南方较常见的园林绿化树木。常种植在植物园、公园路边、山坡、沟谷等处。绿化造林可选择气候凉爽、多雾、背风向阳的缓山坡或沟谷种植。柳杉喜阳光、喜温暖湿润、凉爽的环境，稍耐阴，不耐旱。不耐严寒，北京有极少量种植在背风向阳处。喜土层深厚肥沃、湿润、排水良好的微酸性至中性土壤。

水杉

【别名】梳子杉　　【学名】*Metasequoia glyptostroboides*

【识别特征】杉科。常绿乔木。株高可达30m。树干基部通常膨大，有粗大纵棱。树皮灰褐色，条状剥落。小枝、叶、种鳞均交互对生。叶片条形，长1～1.7cm，宽约0.2cm，扁平，排成2列，对生。雄球花成总状或圆锥花序，簇生枝端；雌球花单生侧枝顶端。球果近球形，长1.8～2.5cm，稍有四棱，具长柄，下垂；种鳞盾形。种子倒卵形，扁平，周围有狭翅，顶端凹陷。花果期4～11月。

【产地分布】我国分布于湖北、湖南、四川等地。生于山谷。各地区有引种栽培。

【应用与养护】水杉树高大挺拔，叶形美丽，为较常见的园林绿化树木。常种植在植物园、公园路边、沟谷、河岸旁等处。水杉喜阳光、喜温暖湿润、凉爽的环境，稍耐阴，耐水湿，不耐旱，不耐严寒。喜土层深厚肥沃、湿润的微酸性土壤，稍耐微盐碱性土壤。

南洋杉科

大叶南洋杉

【别名】毕氏南洋杉、澳洲南洋杉、披针叶南洋杉

【学名】*Araucaria bidwillii*

【识别特征】南洋杉科。常绿乔木。株高可达60m。树皮暗灰褐色，裂成薄条片脱落。树枝轮生平展。叶片在枝上排列成2列或螺旋状排列，卵状披针形，革质，长2.5～6.5cm，先端渐尖或急尖，基部近斜圆形，有多条平行脉，无主脉，全缘；无叶柄。雄球花单生叶腋处，圆柱形，长达20cm。球果椭圆形，长约30cm；苞鳞边缘厚，无翅；种鳞先端显著外露。种子卵球形，长4～7cm，无翅。花期6月。

【产地分布】原产于澳大利亚。我国广东、福建、云南有栽培。

【应用与养护】大叶南洋杉树冠塔形，叶片美观，具有较好的观赏价值。华南等地种植在植物园、公园路边、坡地等处。北方盆栽供观赏。大叶南洋杉喜阳光，喜高温湿润的环境，不耐干燥，不耐寒。喜土层深厚肥沃、湿润、排水良好的土壤。

南洋杉

【别名】肯氏南洋杉、鳞叶南洋杉　　【学名】*Araucaria cunninghamii*

【识别特征】南洋杉科。常绿乔木。株高可达60m。树皮暗灰色。树枝轮生平展。叶二型；幼树和侧枝的叶排列疏松开展，钻形微弯，两侧扁，长0.8～1.6cm，腹背两面有明显的脊；大枝和花果枝上的叶排列紧密，斜向伸展，钻形，四棱状，长0.6～1cm，叶背面具明显的脊。雄球花单生枝端，圆柱形，长达4cm。球果椭圆形，长达10cm，苞鳞两侧有薄翅，种磷先端外露。种子卵球形，长1.5～2cm，两侧具膜质翅。花期10～11月，果期翌年7月。

【产地分布】原产于澳大利亚。我国华南、西南有栽培。

【应用与养护】南洋杉树形优美，枝繁叶茂，为世界著名的园林绿化树种。南方常种植在公园、道路边、庭院等处。也常用来作纪念树。盆栽用于摆放展览厅、会议室、宾馆、厅堂等处供观赏。南洋杉喜阳光充足、温暖湿润的环境，不耐干燥，不耐寒。喜土层深厚肥沃、湿润、排水良好的土壤。盆栽夏季高温时应遮阳，并及时喷水防止叶片枯干。

龙柏

【别名】龙爪柏、爬地龙柏、匍地龙柏、刺柏

【学名】*Juniperus chinensis* 'Kaizuca'

【识别特征】柏科。常绿乔木。株高可达4m。树冠圆柱形或柱状塔形。树皮深灰色或淡灰褐色，纵向成条片状开裂。枝条向上伸展，常呈扭转上升之势，小枝密集。叶片全为鳞片形或在下部枝条上间有刺形叶，叶片排列紧密，幼时黄绿色，后变为翠绿色。球果，蓝色，表面微被白粉，直径约0.7cm。

【产地分布】我国分布于长江流域及华北地区。

【应用与养护】龙柏株形美丽，四季常青，具有很好的观赏价值。常种植在公园、道路边、立交桥绿地、公路的隔离带、坡地、建筑物旁等处。盆栽用于摆放大厦大门口、大厅内、庭院等处供观赏。龙柏喜光照充足、温暖湿润的环境，稍耐阴，较耐旱，耐寒。喜土层深厚肥沃、排水良好的土壤，稍耐微盐碱土壤，不耐涝。

圆柏

【别名】桧柏、桧、刺柏　　【学名】*Juniperus chinensis*

【识别特征】柏科。常绿乔木。株高可达20m。树皮深灰色或灰褐色，不规则纵向成条片状开裂剥落。幼树树冠常呈尖塔形。叶二型；刺叶生于幼树上，老树常为鳞叶，壮龄树既有刺叶也有鳞叶。刺叶常为三枚轮生或交互对生，长0.6～1.2cm，先端锐尖成刺，上面有2条白粉带。鳞叶呈菱卵形，长约0.1cm，交互对生或三叶轮生，排列紧密。球果，蓝色，外被白粉，直径0.6～0.8cm。花期4月，球果成熟期翌年10～11月。

【产地分布】我国分布于中部地区。生于山坡。北方广为栽培。

【应用与养护】圆柏植株高大，四季常青，是常见的园林绿化树木。常种植在公园、道路边、坡地、住宅小区、皇家园林、庙宇等处。山坡绿化常成片种植。圆柏喜光照充足、温暖湿润的环境，稍耐阴，耐旱，耐寒。喜土层深厚肥沃、排水良好的土壤，不耐积水。

侧柏

【别名】柏树、扁柏、黄柏、扁桧　　【学名】*Platycladus orientalis*

【识别特征】柏科。常绿乔木。株高可达20cm。树皮浅灰褐色，条裂成薄片。叶为鳞片状，长0.1～0.3cm，交互对生。球花生枝顶；雄球花黄色，长约0.2cm，有6对交互对生的雄蕊；雌球花有4对交互对生的珠鳞，仅中间两对珠鳞各有胚珠1～2枚。球果卵球形，直径1.5～2cm，成熟后木质化开裂；种鳞4对，木质，近扁平，背部上方有一弯曲的钩状尖头。种子长卵形，无翅，黑灰褐色。花果期4～10月。

【产地分布】我国分布于东北南部、华北、华东、华中至华南等地。生于山坡、丘陵。北方广为栽培。

【应用与养护】侧柏苍翠挺拔，四季常青，为常见的园林绿化树木。常种植在公园、行道路边、山坡、皇家园林、陵墓等处。也为植树造林的优质树种。侧柏喜光照充足、温暖湿润的环境，耐半阴，耐旱，耐寒。对土壤要求不严，一般土壤均可生长。

罗汉松

【别名】罗汉杉、长青罗汉松、金钱松、江南柏

【学名】*Podocarpus macrophyllus*

【识别特征】罗汉松科。常绿乔木或灌木。株高可达20m。树皮灰褐色，浅纵裂。叶片螺旋状着生，条状披针形，长7～12cm，先端钝尖，基部楔形，中脉明显隆起，全缘；无叶柄。雄球花穗状腋生，常2～5个簇生，基部有数枚三角状苞片。雌球花常单生叶腋，有梗，基部有少数苞片。种子卵圆形，被白粉，长约1cm，肉质种托宽圆形，成熟时红色或紫红色。花果期4～10月。

【产地分布】我国分布于西南、华南、华东南部。生于林中、灌丛。北方有栽培作盆景。

【应用与养护】罗汉松树形古朴典雅，叶形美观，具有很好的观赏价值。南方常种植在植物园、公园、庙宇、宅院等处。罗汉松是制作盆景的极好材料，用于摆放花坛、厅堂等处供观赏。罗汉松喜阳光，喜温暖湿润的环境，生长适温15～28℃，耐阴性强，耐寒性弱。对土壤适应性较强，微盐碱性土壤亦可生长，喜肥沃疏松、富含有机质、排水良好的沙质土壤。

红豆杉科

红豆杉

【别名】紫衫、扁柏、红豆树　　【学名】*Taxus wallichiana* var.*chinensis*

【识别特征】红豆杉科。常绿乔木。株高可达30m。树皮灰褐色，纵裂成条片状脱落。叶片条形微弯，排成2列，长1.5～2.2cm，先端急尖具芒尖，基部斜弯形，叶背面中脉上密生乳头点，叶缘微反卷，叶柄极短。球花小，单生叶腋处。种子坚果状，生于杯状肉质红色的假种皮内，长约0.5cm，成熟时灰黑色。果实当年10月成熟。

【产地分布】我国分布于陕西、甘肃、湖北、湖南、安徽及西南。生于山地。

【应用与养护】红豆杉叶片常绿，果实肉质红色，颇为美观，具有较好的观赏价值。常种植在植物园、公园、道路边等处。也可作盆栽供观赏。红豆杉喜光照充足、温暖湿润的环境，生长适温20～25℃，稍耐阴，耐旱，较耐寒。喜肥沃疏松、排水良好的微酸性至中性土壤，不耐积水。

毛白杨

【别名】白杨树、笨白杨　　【学名】*Populus tomentosa*

【识别特征】杨柳科。落叶乔木。株高可达30m。树干直立，老树基部黑灰色，粗糙，纵裂，散生菱形皮孔。叶片卵形或三角状卵形，先端渐尖，基部心形或截形，叶缘具波状齿或不规则的微裂；叶柄侧扁。雄花序长10～20cm，柔软下垂；苞片三角状卵形，先端撕裂，密被茸毛。雌花的子房椭圆形，柱头2裂，粉红色，果序长10～20cm。蒴果长卵形或圆锥状，2瓣裂。花果期3～5月。

【产地分布】我国分布于华北、华中、华东、华西。生于山地、平原。

【应用与养护】毛白杨高大挺拔，生长速度快，为北方常见的树种。主要用作行道树、园林绿化搭配树木。丘陵、山区、村寨也常种植此树。毛白杨喜阳光充足、温暖湿润、凉爽的环境，耐旱，耐寒。对土壤要求不严，一般壤土均可生长，轻度盐碱地也可生长。

加杨

【别名】加拿大杨、美国大叶白杨　　【学名】*Populus × canadensis*

【识别特征】杨柳科。落叶乔木。株高可达30m。树皮灰褐色，深纵裂。小枝圆筒形或微具棱角，光滑或被疏柔毛。叶片三角形或三角状卵形，先端渐尖，基部截形或宽楔形，叶缘具圆齿；叶柄扁而长。雄花序长7～15cm，花序轴光滑，苞片淡绿色，丝状深裂，花丝白色。雌花序有花40～50朵，柱头4裂。果序长达27cm。蒴果卵圆形，长约0.8cm。先端2～3瓣裂。花果期4～6月。

【产地分布】原产于北美洲。我国大部分地区有栽培。

【应用与养护】加杨树木高大挺拔，生长速度快，为北方常见的园林绿化树木。常种植在公园、道路旁、山坡、河岸边、建筑物旁、住宅小区、庭院、村庄等处。加杨喜阳光充足、温暖湿润、凉爽的环境，耐旱，耐寒。对土壤要求不严，一般土壤均可生长。

小叶杨

【别名】青杨、河南杨、南京白杨　　【学名】*Populus simonii*

【识别特征】杨柳科。落叶乔木。株高可达20m。树皮灰绿色或灰褐色，深纵裂。小枝具棱角，无毛。叶片较小，菱状椭圆形或菱状倒卵形，先端渐尖，基部近圆形或宽楔形，叶缘具细锯齿，无毛；叶柄圆筒形，长约4cm。雄花序长2～7cm，花序轴无毛，雄花具8～14枚雄蕊。雌花序长2.5～6cm，无毛。蒴果小，2～3瓣裂，无毛。花果期4～6月。

【产地分布】我国分布于东北、华北、西北、华中。生于山坡、平原、河滩等地。

【应用与养护】小叶杨生长速度较快，为良好的防风固沙保持水土的园林绿化树木。常与其他树种搭配种植在公园、道路旁、山坡、沟谷、河岸边等处。小叶杨喜阳光充足、温暖湿润的环境，不耐阴，耐旱，耐寒。对土壤要求不严，一般土壤均可生长。

钻天杨

【别名】美国杨、笔杨　　【学名】*Populus nigra* var.*italica*

【识别特征】杨柳科。落叶乔木。株高可达30m。树冠长椭圆形，树皮暗灰色或黑褐色，深纵裂。树枝开展角度小。叶片菱状卵形或三角形，长3.5～8cm，宽4～5.5cm，先端渐尖，基部宽楔形或楔形，叶缘具钝锯齿；叶柄长2～4.5cm。雄花序长6～9cm，苞片条裂，雄花具6～30枚雄蕊。雌花序长4.5～6.5cm。蒴果小，卵圆形，2瓣裂，有柄。花果期4～6月。

【产地分布】原产于欧洲南部和亚洲西部。我国长江、黄河流域等地有栽培。

【应用与养护】钻天杨树形高耸挺立，为北方较常见的园林绿化树木。常种植在公园、道路边、庙宇、山坡、河岸边、村寨旁等处，也常作防护林。钻天杨喜光照充足、高温湿润的环境，耐旱，耐寒，稍耐盐碱及水湿。对土壤要求不严，一般土壤均可生长。

旱柳

【别名】柳树、山杨柳　　【学名】*Salix matsudana*

【识别特征】杨柳科。落叶乔木。株高可达20m。树皮粗糙，灰黑色，纵向深裂。叶片披针形，先端渐尖，基部楔形或近圆形，叶面绿色，叶背面灰白色，叶缘具细锯齿；叶柄长约0.8cm。雄花序轴具毛，苞片卵形，雄蕊2，腺体2，花丝基部具长柔毛。雌花序轴具毛，苞片长卵形，柱头2裂，腺体2。蒴果2瓣开裂。花果期3～5月。

【产地分布】我国分布于东北、华北、西北、华中、华东、西南。生于山坡、河岸边。

【应用与养护】旱柳树冠丰满，枝条柔软，为北方常见的园林绿化树木。常种植在公园、道路边、河堤、池塘旁、山坡、荒地、建筑物旁、庭院等处。也是建造防护林的常用树种。旱柳喜光照充足、温暖的环境，耐旱，耐寒，耐水湿。对土壤要求不严，一般土壤均可生长。养护方面应注意防治蚜虫和天牛等害虫。

绦柳

【别名】旱垂柳、倒栽柳　　　【学名】*Salix matsudana* 'Pendula'

【识别特征】杨柳科。落叶乔木。株高可达20m。树皮粗糙，灰黑色，深裂。枝条细长，下垂，长可达2m（短于垂柳，而长于旱柳），绿色或黄绿色。叶片条状披针形，长5～10cm，先端渐尖，基部狭圆形或楔形，叶面绿色，无毛，叶背面灰白色，叶缘具细锯齿；叶柄长约1cm。雌花具2个腺体（垂柳雌花具1个腺体）。花果期3～5月。

【产地分布】我国分布于东北、华北、西北等地。

【应用与养护】绦柳为北方常见园林绿化树木。常种植在公园、风景区、行道路边、堤岸、池塘边、住宅小区等处。绦柳喜光照充足、温暖湿润的环境，耐旱，耐寒，耐水湿。对土壤要求不严，一般土壤均可生长。养护方面应注意防治蚜虫和天牛等害虫。

垂柳

【别名】吊杨柳、垂丝柳、柳树、垂枝柳　　【学名】*Salix babylonica*

【识别特征】杨柳科。落叶乔木。株高可达20m。树皮粗糙，灰黑色，深裂。枝条细长，下垂，长可达3m，绿色或灰绿色。叶片条状披针形，长9～16cm，先端渐尖，基部楔形，两面无毛，叶缘有细锯齿；叶柄长0.6～1.2cm。雄花序生短枝上，长1.5～2cm；苞片椭圆形，边缘有睫毛；雄蕊2，腺体2。雌花序长达5cm，花序轴被短毛；苞片狭椭圆形，花柱短，柱头2裂，具1个腺体。蒴果2开裂。种子小，外被白色柳絮。花果期3～5月。

【产地分布】我国分布于长江流域和黄河流域等地。北方广为栽培。

【应用与养护】垂柳树形美观，枝条细长下垂，为常见园林绿化树木。常种植在公园、风景区、行道路边、河岸边、池塘旁、山坡、庭院等处。垂柳喜光照充足、温暖湿润的环境，耐旱，耐寒，不耐阴。对土壤要求不严，一般土壤均可生长，耐水性好。养护方面应注意防治蚜虫和天牛等害虫。

金丝垂柳

【别名】金丝柳　　【学名】*Salix × aureo-pendula*

【识别特征】杨柳科。落叶乔木。株高可达20m。树皮粗糙，灰黑色，深裂。枝条细长，下垂，长可达3m，黄色或金黄色，光滑鲜亮，秋后颜色更为鲜艳。叶片条状披针形，长9～14cm，先端渐尖，基部楔形，两面无毛，叶背面灰白色，叶缘具细锯齿；叶柄长约1cm。花果期4～6月。

【产地分布】我国沈阳以南大部分地区有栽培。

【应用与养护】金丝垂柳树姿优美，金色的垂枝鲜艳美丽，为常见的园林绿化树木。常种植在公园、风景区、行道路边、河岸边、池塘旁等处。金丝垂柳喜光照充足、温暖湿润的环境，耐旱，耐寒，不耐阴。对土壤要求不严，一般土壤均可生长，耐水性好。养护方面应注意防治蚜虫和天牛等害虫。

白桦

【别名】桦木、桦皮树　　【学名】*Betula platyphylla*

【识别特征】桦木科。落叶乔木。株高可达20m。树皮灰白色，横向成层剥落。小枝暗灰色。叶片三角状卵形、阔卵形或菱形，先端渐尖，基部宽楔形、截形或微心形，叶背面密生腺点，叶缘具重锯齿或锐锯齿；叶柄长1～2.5cm。雄花序常成对顶生。果序单生叶腋处，圆柱形，下垂，长3～4cm；果苞长0.5～0.7cm，中裂片三角形，侧裂片半圆形、长圆形或卵形。小坚果狭长圆形或卵形，果翅与果近等宽。花果期4～9月。

【产地分布】我国分布于北方及西南。生于山坡混交林或自成林。

【应用与养护】白桦树姿优美，树干洁白，为北方较常见园林绿化树木。常孤植或丛植在植物园、公园、风景区、山坡等处。也是山区绿化造林常用的树种。白桦喜光照充足、温暖湿润的环境，不耐阴，耐旱，耐寒性强。对土壤要求不严，一般土壤均可生长。

榆科

金叶榆

【别名】中华金叶榆　　【学名】*Ulmus pumila* 'Jinye'

【识别特征】榆科。落叶乔木。株高可达10m。树皮暗灰色或灰褐色，幼枝金黄色。叶片金黄色或黄绿色，卵状长椭圆形或宽卵形，长2～6cm，先端钝尖，基部近圆形歪斜，叶缘具粗钝锯齿，叶脉明显；叶柄短，金黄色。花先叶开放，花序簇生在枝条的叶腋处。翅果金黄色，种子位于翅果的中央，周围均为片状膜质翅。花果期3～6月。

【产地分布】我国分布于河北、河南等地。各地有引种栽培。

【应用与养护】金叶榆的叶片从春季至秋季始终为黄色，是新发展起来的非常好的配色树木，具有很高的观赏价值。常种植在公园、植物园、风景区、行道路边、建筑物旁、庭院等处。耐修剪，可修剪成各种造型美化环境。金叶榆喜光照充足、温暖的环境，耐干旱，耐寒。喜肥沃湿润、排水良好的土壤，也耐微盐碱性土壤，不耐涝。

构树

【别名】楮树、楮桑、楮桃树、造纸树　　【学名】*Broussonetia papyrifera*

【识别特征】桑科。落叶小乔木或灌木。株高可达10m。树皮暗灰色。小枝密被茸毛。叶片卵形，不裂或3～5深裂，长7～20cm，宽6～15cm，先端渐尖，基部圆形或心形，两面具粗糙伏毛，边缘具粗锯齿；叶柄长2.5～10cm。花单性，雌雄异株；雄花为柔荑花序腋生，下垂；雌花成球形头状花序。聚合果球形，直径2～3cm，成熟时红色。花果期5～10月。

【产地分布】我国除东北、西北外，各地均有分布。生于山坡、沟谷、杂木林。

【应用与养护】构树枝叶繁茂，红色的果实惹人喜爱，生长速度快，是常见的园林绿化树木。常种植在公园、道路边、庭院等处。也是荒山、坡地、沟谷绿化常用的树种。构树喜光照充足、温暖湿润的环境，稍耐阴，耐旱，耐寒。对土壤要求不严，耐贫瘠，一般土壤均可生长。

波罗蜜

【别名】木菠萝、树菠萝、牛肚子果、将军木、菠萝蜜

【学名】*Artocarpus heterophyllus*

【识别特征】桑科。常绿乔木。株高可达20m，体内具白色乳汁。叶片革质，椭圆形或倒卵形，长7～15cm，不裂或生于幼枝上的3裂，两面无毛，全缘；叶柄长1～2.5cm。花单性，雌雄同株；雄花序顶生或腋生，圆柱形，花被片2，雄蕊1；雌花序矩圆形，生树干或主枝的球形花托上，花被管状。聚合果长圆形或近球形，长可达25～60cm，直径可达25～50cm，表面密生六角形的瘤状突起。花果期3～9月。

【产地分布】原产于印度。我国华南、西南等地有栽培。

【应用与养护】波罗蜜树冠茂密，果实硕大，是南方园林常见树木。南方常种植在植物园、公园、行道路边、农业观光园、庭院、村寨等处。波罗蜜喜光照充足、高温湿润的环境，不耐寒，稍耐旱。喜土层深厚肥沃、排水良好的微酸性土壤，不耐涝。

榕树

【别名】小叶榕、万年青　　【学名】*Ficus microcarpa*

【识别特征】桑科。常绿乔木。株高可达25m，体内具白色乳汁。树干产生大量气生根垂至地面。叶互生，革质，倒卵状长圆形或阔倒卵形，长5～10cm，宽2～6cm，先端钝或短尖，基部楔形或圆形，两面无毛，全缘；叶柄长1～1.5cm。榕果单生或双生叶腋处，倒卵形或近球形，成熟时黄色或淡红色。花果期5～10月。

【产地分布】我国分布于西南、华南、东南。生于山林、村寨旁。

【应用与养护】榕树树冠庞大，枝繁叶茂，大量气生根垂至地面，十分壮观，为南方常见的园林绿化树木。常种植在植物园、风景区、公园、道路边、庭院、村寨旁等处。可制作成各种造型的盆景摆放于庭院、大厅、会议室、书房等处供观赏。榕树喜阳光充足、温暖湿润的环境，不耐寒，较耐水湿。喜土层深厚、肥沃疏松的微酸性土壤。

聚果榕

【别名】马郎果、寒果榕 　　【学名】*Ficus racemosa*

【识别特征】桑科。高大乔木。株高可达25m，体内具白色乳汁。树皮灰褐色或灰绿黄色。叶片近革质，椭圆状倒卵形或长椭圆形，长10～15cm，先端渐尖或钝尖，基部楔形或钝圆形，全缘；叶柄长2～3cm。榕果聚生在树干的短枝上，稀为对生在落叶枝的叶腋处，略扁球形或球形，成熟时橙红色。花果期4～10月。

【产地分布】找国分布于云南、贵州、广西等地。生于山坡、溪边、河畔。

【应用与养护】聚果榕树高大，枝繁叶茂，果实挂满树干十分美丽，为南方较常见的园林绿化树木。常种植在植物园、风景区、山坡、河岸边、村寨旁等处。聚果榕喜阳光充足高温湿润的环境，不耐阴，不耐寒，较耐水湿。喜土层深厚、肥沃疏松的微酸性土壤。

菩提树

【别名】菩提榕、思维树　　【学名】*Ficus religiosa*

【识别特征】桑科。常绿乔木。株高可达25m，体内具白色乳汁。树皮青灰色或灰褐色，微具纵纹。小枝灰褐色，幼嫩时微具柔毛。叶片革质，三角状卵形或宽卵形，长10～17cm，宽8～12cm，先端延伸成长尾尖，基部宽截形或浅心形，全缘或微波状；叶柄长约10cm。榕果成对或单生小枝叶腋处，球形或扁球形，光滑，成熟时红色，总苞片卵形。花果期3～6月。

【产地分布】原产于印度、尼泊尔和巴基斯坦。我国西南、华南等地有栽培。

【应用与养护】菩提树树形高大，枝繁叶茂，为热带地区著名的观赏树木，佛教把它称为"圣树"。南方常种植在植物园、公园、行道路旁、寺院、山坡、村寨旁等处。菩提树喜光照充足、高温湿润的环境，不耐寒。喜土层深厚、肥沃疏松、排水良好的微酸性土壤。

印度榕

【别名】印度橡皮树、印度胶树、橡皮树　　【学名】*Ficus elastica*

【识别特征】桑科。常绿乔木或灌木。株高可达30m，体内具白色乳汁。叶片厚革质，有光泽，长椭圆形或矩圆形，长5～30cm，宽7～9cm，先端钝尖，基部钝圆，全缘；叶柄长可达6cm。托叶披针形，淡红色。雄花、瘿花和雌花同生于一个花序托上。雄花花被片4，卵形；瘿花花被片4，花柱近顶生；雌花花被片4，花柱侧生。花期5～6月。

【产地分布】我国分布于云南。西南、华南地区广为栽培。

【应用与养护】印度榕叶片宽大美丽，四季常青，为著名的观赏树木。南方常种植在公园、道路边、村寨旁等处。盆栽用于摆放在花坛、庭院、宾馆大厅、客厅等处供观赏。印度榕喜阳光充足、温暖湿润的环境，生长适温22～30℃，耐半阴，忌强光暴晒，不耐旱。不耐寒，8℃以上可安全越冬。不耐贫瘠，喜肥沃疏松、排水良好的微酸性土壤，不耐黏重土壤。

望春玉兰

【别名】望春花、迎春树　　【学名】*Yulania biondii*

【识别特征】木兰科。落叶乔木。株高可达5m以上。树皮灰色，光洁或具纵裂纹。小枝灰绿色。叶片卵状披针形或椭圆状披针形，先端急尖或短渐尖，基部阔楔形或钝圆形，全缘；叶柄长1～2cm。花先叶开放，芳香，花开直径6～8cm；花被片9，瓣片长椭圆形或匙形，乳黄色，外面中下部常呈紫红色，长4～5cm。聚合蓇葖果圆柱形，长6～10cm，成熟时深红色。花果期3～9月。

【产地分布】我国分布于河南、湖北、山东、陕西、甘肃、四川等地。各地有栽培。

【应用与养护】望春玉兰开花早，花朵密集芳香，具有很好的观赏价值。常种植在植物园、公园、道路边、山坡、林缘、亭榭旁、庭院等处。望春玉兰喜光照充足、温暖凉爽的环境，较耐旱，耐寒。对土壤要求不严，一般土壤均可生长。

玉兰

【别名】白玉兰、木兰、辛夷　　【学名】*Yulania denudata*

【识别特征】木兰科。落叶乔木。株高可达20m。冬芽密被灰褐色茸毛。叶片倒卵形或倒卵状长圆形，长8～18cm，宽6～10cm，先端突尖，基部楔形，全缘，叶脉具柔毛；叶柄长2～2.5cm。花单生小枝顶端，先叶开放，具芳香味。花白色，花被片9，倒卵状长圆形，长6～8cm。萼片与花瓣无明显区别。聚合蓇葖果圆柱形，长8～12cm，成熟时深红色。花果期4～9月。

【产地分布】我国分布于西南、华南、华中、华东。各地广为栽培。

【应用与养护】玉兰花大清香，洁白高雅，为著名的常见观赏树木。常种植在植物园、公园、道路边、林缘、山坡、住宅小区、校园、庭院、村寨旁等处。玉兰喜光照充足、温暖湿润的环境，较耐旱，耐寒。对土壤要求不严，一般土壤均可生长。

飞黄玉兰

【别名】金玉兰　　【学名】*Magnolia denudata* 'Fei Hang'

【识别特征】木兰科。落叶乔木。株高可达 10 ～ 20m。树皮灰褐色，具纵裂纹。幼枝粗壮，淡灰绿色。叶片倒卵圆形或卵圆形，先端钝尖或急尖，基部钝圆或楔形，叶缘具细齿，叶柄长 1 ～ 2cm，疏被短柔毛。花 1 ～ 2 朵生枝端，先叶开放。花黄色或淡黄色，稍肉质，椭圆状匙形，长 5 ～ 9cm，宽 2.5 ～ 4.5cm，先端钝圆或钝尖。聚合蓇葖果圆柱形。花期 4 ～ 9 月。

【产地分布】我国分布于中部地区。各地区有引种栽培。

【应用与养护】飞黄玉兰花大美丽，具有很好的观赏性，为近年来发展较快的园林树木。常单独种植或与其他树木搭配种植在植物园、公园、道路边、林缘、山坡、住宅小区、庭院等处。飞黄玉兰喜光照充足、温暖湿润的环境，较耐旱，较耐寒。喜肥沃疏松、排水良好的微酸性至中性土壤，不耐涝。

星花玉兰

【别名】星花木兰、日本毛玉兰　　【学名】*Yulania stellata*

【识别特征】木兰科。落叶小乔木或灌木。株高2～3m。树皮灰色或浅灰褐色，叶片宽倒卵形或长圆形，先端钝圆或急尖，基部楔形，全缘；叶柄长1～1.5cm。花先叶开放，花白色或淡玫瑰色，花被片可多达40片，狭长椭圆形，长约6cm，开展后常下垂。雄蕊多数，花药线形；雌蕊群圆柱形。聚合蓇葖果圆柱形，常不规则弯曲，成熟时红色。花期3月。

【产地分布】原产于日本。我国大连、青岛、北京、南京等地有引种栽培。

【应用与养护】星花玉兰树形紧凑，花瓣多，形似菊花，洁白高雅，具有很好的观赏价值。有少量种植在植物园、公园、道路旁等处供观赏。也可盆栽摆放于庭院等处。星花玉兰喜光照充足、温暖湿润的环境，不耐阴，较耐寒。喜肥沃疏松、排水良好的微酸性至中性土壤。

白兰

【别名】白兰花、白缅花、缅桂花　　【学名】*Michelia* × *alba*

【识别特征】木兰科。常绿乔木。株高可达20m。树皮灰色。幼枝和芽密被黄色柔毛。叶互生，薄革质，长椭圆形或椭圆状披针形，长10～26cm，宽4～9cm，先端渐尖或尾尖，基部楔形，全缘；叶柄长约2cm。花单生叶腋处，香味浓郁；花被片10，白色，狭披针形，长3～4cm；雄蕊多数，花丝扁平；雌蕊多数，心皮离生，有毛，雌蕊柄长约0.4cm。聚合果卵球形，一般不结果。花期7～8月。

【产地分布】原产于印度尼西亚的爪哇岛。我国西南、华南等地多有栽培。

【应用与养护】白兰树形美观，花朵洁白，香味浓郁，为南方著名的园林绿化树木。常种植在植物园、公园、道路边、庭院、村寨旁等处。盆栽用于摆放庭院、厅堂、会议室、书房、阳台等处供观赏。白兰喜光照充足、温暖湿润的环境，不耐阴，不耐旱，不耐寒。喜肥沃疏松、排水良好的微酸性至中性土壤，不耐涝。

鹅掌楸

【别名】凹朴皮、马褂树、双飘树　　【学名】*Liriodendron chinense*

【识别特征】木兰科。落叶乔木。株高可达40m。小枝灰色或灰褐色。叶互生，叶片呈马褂状，长4～18cm，宽5～20cm，先端平截或微凹，基部近圆形，每侧边缘中部凹入形成2裂片，裂片先端尖。花单生枝顶，杯状，橘黄色。花被片9，外轮3片绿色，萼片状，向外弯垂；内两轮6片，直立，花瓣状，长3～4cm。聚合果卵状长圆锥形，黄褐色，长7～9cm。小坚果具翅，内含1～2粒种子。花果期5～10月。

【产地分布】我国分布于西南、东南、华中、华西、华东等地。生于山林中。

【应用与养护】鹅掌楸叶形奇特，橘黄色的花朵形似莲花，具有很好的观赏价值。近些年来北方植物园、公园有少量种植。鹅掌楸喜光照充足、温暖湿润、凉爽的环境，稍耐旱，较耐寒。喜肥沃疏松、排水良好的土壤，不耐涝。

樟树

【别名】香樟、乌樟、芳樟、樟木　　【学名】*Cinnamomum camphora*

【识别特征】樟科。常绿乔木。株高10～50m。叶互生，卵状椭圆形，薄革质，长6～12cm，宽3～6cm，先端渐尖，基部楔形，具离基三出脉；叶柄长2～3cm。圆锥花序腋生或侧生，长5～8cm。花小，淡黄绿色或绿白色，花被片6，椭圆形，长约0.2cm，内面密生短柔毛；能育雄蕊9，花药4室；子房球形，无毛。核果球形，0.6～0.8cm，成熟时紫黑色，果托杯状。花果期4～11月。

【产地分布】我国分布于长江流域以南。生于山坡、丘陵、沟谷。

【应用与养护】樟树枝繁叶茂，四季常青，为南方常见园林绿化树木。常种植在植物园、公园、道路边、林缘、庭院、村寨旁等处。樟树喜阳光充足、温暖湿润的环境，不耐旱，耐寒性差。喜土层深厚、肥沃的微酸性至中性土壤。

肉桂

【别名】中国肉桂、桂树、玉桂　　【学名】*Cinnamomum cassia*

【识别特征】樟科。常绿乔木。株高可达10m。树皮灰褐色。幼枝略呈四棱形。叶互生，革质，长椭圆形至披针形，长8～17cm，宽3.5～6cm，先端短尖，基部钝圆，叶面光泽，具离基三出基脉，全缘；叶柄长1～2cm。圆锥花序腋生或顶生。花小，白色，花被片6；能育雄蕊9，3轮，内轮花丝基部有2腺体；雌蕊稍短于雄蕊，子房卵形。浆果椭圆形，成熟时紫黑色。花果期6～12月。

【产地分布】原产于中国。我国西南、华南等地有栽培。

【应用与养护】肉桂树形美观，四季常绿，为南方常见的园林树木。常种植在植物园、公园、道路边、山坡、村寨旁等处。肉桂喜光照充足、温暖湿润的环境，生长适温26～30℃，不耐寒。喜土层深厚、肥沃疏松、排水良好的微酸性至中性土壤，不耐涝。

象腿树

【别名】鼓槌树、辣木树、象腿辣木　　【学名】*Moringa drouhardii*

【识别特征】辣木科。半落叶乔木。株高可达15m。树干膨大圆滑挺拔，宛如粗壮的大象腿，先端多分枝。树皮浅灰色或灰绿色，树皮厚2～2.5cm。羽状复叶，小叶8～10对，小叶小，椭圆形。花黄色腋生，组成圆锥花序。蒴果椭圆形，长20～40cm，成熟时红褐色。花期8～9月，果实翌年1～2月成熟。

【产地分布】原产于非洲马达加斯加。我国华南等地有栽培。

【应用与养护】象腿树树形奇特，果实大而鲜艳，具有很高的观赏价值。南方常种植在植物园、公园绿地、宾馆等处。象腿树喜阳光充足、温暖湿润的环境，生长适温20～35℃，不耐寒。喜肥沃疏松、排水良好的沙质壤土，不耐涝，忌种植在低洼地或黏重土壤中。

杜仲科

杜仲

【别名】思仲、丝连皮、扯丝皮、玉丝皮　　【学名】*Eucommia ulmoides*

【识别特征】杜仲科。落叶乔木。株高可达10m以上。树皮灰绿色或灰褐色，折断后有白色橡胶丝。叶互生，卵状椭圆形或长圆状卵形，长6～15cm，宽3～7cm，先端尾尖，基部圆形或宽楔形，叶缘有锯齿，叶背面脉上有毛；叶柄长1～2cm。雌雄异株，无花被。雄蕊4～10，花丝极短；雌花子房狭长，顶端有2叉状化柱。翅果扁，椭圆形，宽约1cm，先端有微凹，翅革质。花果期4～10月。

【产地分布】我国分布于西南、华中、华东、华北等地。生于山地杂林、灌丛、山谷中。

【应用与养护】杜仲为较常见的园林绿化树木。常与其他植物搭配种植在植物园、公园、道路旁、坡地等处。杜仲喜光照充足、温暖湿润的环境，较耐寒。喜土层深厚、肥沃疏松、排水良好的微酸性至微碱性土壤。

一球悬铃木

【别名】美国梧桐　　【学名】*Platanus occidentalis*

【识别特征】悬铃木科。落叶乔木。株高可达40m。树皮灰绿色，片状剥落。幼枝密被黄褐色绒毛。叶片阔卵形，3～5浅裂，裂片三角形，边缘有数个大锯齿；叶柄长4～7cm，密被黄褐色毛。花4～6，单性，成球形头状花序。雄花的萼片及花瓣均短小，盾状药隔无毛；雌花基部有长茸毛。萼片短小，花瓣比萼片长4～5倍。果序球形，通常单生，下垂，直径约3cm。花果期5～10月。

【产地分布】原产于北美洲。我国华中、华北等地广为栽培。

【应用与养护】一球悬铃木树形高大，古朴典雅，为优良的园林绿化树木。常种植在公园、行道路旁、公路两边、坡地、住宅小区、庭院等处。一球悬铃木喜光照充足、温暖湿润的环境，较耐寒。喜土层深厚、肥沃、排水良好的土壤。

二球悬铃木

【别名】法国梧桐、悬铃木　　【学名】*Platanus acerifolia*

【识别特征】悬铃木科。落叶乔木。株高可达30m。树皮光滑，片状剥落。幼枝密被灰黄色茸毛。叶片阔卵形，3～5浅裂，有时7裂，裂片边缘疏生牙齿；叶柄长3～10cm，密被黄褐色毛。花小，单性同株。雄花萼片卵形，被毛。花瓣长椭圆形，长为萼片的2倍。雄蕊4，比花瓣长，盾状药隔有毛；球形头状花序。球形果序，通常2个串生，下垂，直径2.5～3.5cm。花果期5～10月。

【产地分布】原产于欧洲。我国华南、华中、华北、东北广为栽培。

【应用与养护】二球悬铃木树形高大，古朴典雅，为优良的园林绿化树木。常种植在公园、行道路旁、公路两边、坡地、住宅小区、庭院等处。二球悬铃木喜光照充足、温暖湿润的环境，较耐寒。喜土层深厚、肥沃、排水良好的土壤。

梅

【别名】梅花、酸梅、红梅　　【学名】*Armeniaca mume*

【识别特征】蔷薇科。落叶小乔木。株高4～10m。叶片卵形或椭圆形，先端长渐尖，基部宽楔形，两面微被柔毛，叶缘具细锐锯齿；叶柄长约1cm。花先叶开放；花单生或2朵簇生，直径2～2.5cm，芳香，花梗极短；花瓣白色或粉色等。核果近球形或椭圆形，一侧有浅沟，直径2～3cm，具柔毛，成熟时黄色。花期冬季至春季，果期5～7月。

【产地分布】原产于中国南方。我国大部分地区广为栽培。

【应用与养护】梅园艺品种较多，花色丰富，为著名的观花树木。常种植在植物园、风景区、公园、坡地、道路边、庭院等处。可作鲜切花或插花。常制作盆景摆放于厅堂、书房等处供观赏。梅喜光照充足、温暖湿润、凉爽的环境，耐寒性强。喜土层深厚、肥沃疏松、排水良好的土壤。

山杏

【别名】野杏、西伯利亚伯杏　　【学名】*Armeniaca sibirica*

【识别特征】蔷薇科。落叶小乔木。株高2～5m。小枝灰褐色或淡红褐色。叶片卵圆形，先端渐尖至尾尖，基部圆形或近截形，全缘；叶柄长2～3cm。花单生，先叶开放，直径1.5～2cm。花萼紫色，萼筒钟形，萼片长椭圆形，先端尖，开花后反折。花白色或淡粉白色，花瓣5，近圆形或宽倒卵形，先端钝圆。核果扁球形，直径约2.5cm，侧面有沟纹，成熟时黄色或橘红色。花果期3～7月。

【产地分布】我国分布于东北、华北、西北。生于向阳山坡、丘陵、杂木林中。

【应用与养护】山杏春季开花早，花盛开时十分美丽，具有很好的观赏价值。常种植在山坡、丘陵、风景区、公园、道路边等处。山桃喜光照充足、温暖的环境，耐旱，耐寒性强。耐贫瘠，对土壤要求不严，一般土壤均可生长。

美人梅

【别名】樱李梅　　【学名】*Prunus* × *blireana*'Meiren'

【识别特征】蔷薇科。落叶小乔木。株高可达2m以上。树皮黑褐色或灰褐色。叶片浅紫红色，卵圆形或卵状椭圆形，先端急尖，基部近圆形，叶缘具细锯齿；叶柄长约1cm。花先叶开放，1～2朵生枝上。重瓣花，粉红色或粉中带紫色。有时结果，花果期3～7月。

【产地分布】园艺品种。我国许多地方有栽培。

【应用与养护】美人梅开花早，花朵繁密色艳，具有很好的观赏性。常种植在植物园、公园、道路边等处。可作鲜切花或插花。也可盆栽或制作盆景，摆放厅堂供观赏。美人梅喜光照充足、温暖的环境，耐旱，耐寒。对土壤要求不严，一般土壤均可生长，不耐涝。

紫叶李

【别名】红叶李　　【学名】*Prunus cerasifera* f.*atropurpurea*

【识别特征】蔷薇科。落叶乔木。株高可达7m。叶片紫红色亮泽，椭圆形、卵圆形或倒卵形，先端渐尖，基部宽楔形或近圆形，两面光滑，叶缘有细锯齿；叶柄长约1cm。花常单生，直径2～2.5cm，花梗长1.5～2cm；花白色或淡粉白色，花瓣长圆形或宽倒卵形。核果近球形，直径1～3cm，成熟时紫红色。花果期4～8月。

【产地分布】原产于亚洲西部。我国华北以南广为栽培。

【应用与养护】紫叶李叶片从春季至秋季始终为紫红色，为著名的观叶树木。常与绿色植物搭配种植在风景区、公园、林缘、道路边、山坡、河岸边、亭榭旁、住宅小区、庭院等处。紫叶李喜光照充足、温暖湿润的环境，稍耐阴，耐旱，较耐寒。对土壤要求不严，一般土壤均可生长，不耐涝。

重瓣榆叶梅

【别名】榆叶梅、小桃红、弯枝 　　【学名】*Prunus triloba* 'multiplex'

【识别特征】蔷薇科。落叶灌木或小乔木。株高2～5cm。枝条紫褐色，粗糙，开展角度小。株高2～5m。叶片宽卵形或倒卵圆形，先端短渐尖或钝尖，基部宽楔形，叶面疏被毛或无毛，叶背面被短柔毛，叶缘具不规则粗重锯齿；叶柄长约1cm。花先叶开放；花重瓣，粉红色，直径2～3cm，花瓣近圆形，先端圆钝或微凹，花梗长于萼筒。核果近球形，成熟时橙红色。花果期3～7月。

【产地分布】我国分布于东北、华北、东南。

【应用与养护】重瓣榆叶梅开花早，花团锦簇，颜色鲜艳，具有很高的观赏价值，为常见的园林绿化植物。常种植在公园、行道路边、坡地、宾馆、住宅小区、庭院等处。重瓣榆叶梅喜光照充足、温暖的环境，耐寒，耐旱。对土壤要求不严，一般土壤均可生长，不耐涝。

山桃

【别名】花桃　　【学名】*Prunus davidiana*

【识别特征】蔷薇科。落叶乔木。株高可达10m。树皮暗紫红色，光滑亮泽。叶片卵状披针形，先端渐尖，基部楔形，叶缘具细锯齿；叶柄长1～2cm。花单生，先叶开放，直径2～3cm。花白色或淡粉红色，花瓣近圆形或宽倒卵形，先端钝圆或微凹。核果近球形，直径2.5～3.5cm，侧面有沟纹，成熟时淡黄色，果肉薄，表面密被短柔毛。花果期3～7月。

【产地分布】我国分布于西南、华东、西北、华北、东北。生于荒山坡、灌丛、山谷、杂木林等地。

【应用与养护】山桃春季开花早，花朵密集亮丽，具有很好的观赏价值。常种植在公园、山坡、林缘、道路边、建筑物旁、住宅小区、庭院等处。山桃喜光照充足、温暖的环境，耐旱，耐寒。对土壤要求不严，一般土壤均可生长，不耐涝。

菊花桃

【别名】菊桃　　【学名】*Prunus persica* 'Juhuatao'

【识别特征】蔷薇科。落叶乔木。株高1.5～9m。树皮灰褐色或灰黑色。小枝细长，光滑。叶片椭圆状披针形或长圆状披针形，长约17cm，宽约5cm，先端渐尖，基部楔形，叶缘具钝圆锯齿；叶柄长约1cm。花生叶腋处，先叶开放。花粉红色，重瓣，花瓣狭菱状条形，盛开时形似菊花。一般不结果实。花期3～4月。

【产地分布】我国分布于中部至北部地区。

【应用与养护】菊花桃花形奇特，开花繁茂，色彩艳丽，具有极好的观赏价值。常种植在植物园、公园、道路边、庭院等处。带花枝条可作插花。盆栽或作盆景用于摆放庭院、厅堂等处供观赏。菊花桃喜光照充足、温暖的环境，不耐阴，较耐旱，耐寒。喜肥沃疏松、排水良好的微酸性至中性土壤，不耐涝。

碧桃

【别名】千叶桃　　【学名】*Prunus persica* 'Duplex'

【识别特征】蔷薇科。落叶乔木。株高3～8m。树皮灰褐色或黑褐色。枝条红褐色。叶片椭圆状披针形或长圆状披针形，长8～15cm，宽2.5～4cm，先端渐尖，基部楔形，叶缘具细锯齿；叶柄长1～2cm。花先叶开放，花单生或2朵生叶腋处。花单瓣或重瓣，花瓣宽倒卵形或长圆状椭圆形；花有粉红色、红色、白色、红白相间等色。核果卵圆形、椭圆形或扁圆形。花果期4～8月。

【产地分布】我国西南、华东、华北、西北等地有栽培。

【应用与养护】碧桃树冠宽阔，花朵密集，色彩鲜艳，观赏价值高。常种植在公园、道路边、宾馆、住宅小区、庭院等处。也可盆栽或作盆景摆放于厅堂等处供观赏。碧桃喜光照充足、温暖的环境，耐旱，耐寒。喜肥沃疏松、排水良好的土壤，不耐涝。

垂枝碧桃

【别名】垂枝桃　　【学名】*Prunus persica* 'Pendula'

【识别特征】蔷薇科。落叶乔木。株高2～3m。小枝呈拱形下垂。叶片成簇互生，稀单生，椭圆状披针形或阔披针形，长13～17cm，宽3.5～5cm，先端渐尖，基部楔形，叶缘具钝圆锯齿；叶柄长约1cm。花先叶开放，花单生或数朵生叶腋处；花多为重瓣，花瓣宽倒卵形，花色有粉红色、红色、白色等。核果卵圆形或椭圆形，密被短柔毛。花果期4～6月。

【产地分布】我国分布于西北、华北、华东等地。

【应用与养护】垂枝碧桃树冠形似打开的一把雨伞，花大色艳，具有很好的观赏价值。常种植在植物园、公园绿地、行道路边等处。垂枝碧桃喜光照充足、温暖湿润的环境，较耐旱，耐寒。喜肥沃疏松、富含有机质、排水良好的土壤，不耐积水。养护上应每年进行修剪整形，促进新梢生长向下垂。

西府海棠

【别名】海红、子母海棠、花贵妃　　【学名】*Malus × micromalus*

【识别特征】蔷薇科。落叶乔木。株高2.5～5m。小枝圆柱形，暗褐色或灰褐色。叶片狭椭圆形或椭圆形，先端急尖或渐尖，基部楔形或近圆形，叶缘具锯齿；叶柄长2～3.5cm。伞形花序集生小枝端，具4～7朵花。花粉红色，花瓣近圆形或长椭圆形，基部具短爪。果实近球形，直径1～1.5cm，先端凹陷，基部下陷。花果期4～9月。

【产地分布】我国分布于西南、东南、华北。各地有引种栽培。

【应用与养护】西府海棠花姿优美，花色鲜艳，果实亮丽诱人，是著名的观赏绿化树木。常种植在公园、道路边、河岸旁、住宅小区、庭院等处。西府海棠喜光照充足、温暖湿润的环境，较耐旱，耐寒。喜肥沃疏松、排水良好的土壤，不耐涝。

垂丝海棠

【别名】解语花、锦带花、思乡　　【学名】*Malus halliana*

【识别特征】蔷薇科。落叶小乔木。株高可达5m。树皮灰褐色，小枝细弱，圆柱形，紫红色或暗褐色。叶片卵形或椭圆形，先端渐尖或钝尖，基部楔形或近圆形，叶缘具圆钝细锯齿；叶柄长0.5～2.5cm。伞形花序集生小枝端，具4～6朵花，花梗细长下垂，紫色，长2～4cm。花深粉红色，直径3～3.5cm，花瓣5，倒卵形，基部具短爪。果实近球形或梨形，直径约1cm，暗红色。花果期4～9月。

【产地分布】我国分布于西南、华中、华东。各地有引种栽培。

【应用与养护】垂丝海棠枝满花红，花姿秀美，为较常见的园林绿化树木。常种植在公园、道路边、庭院等处。也可盆栽或制作盆景供观赏。垂丝海棠喜光照充足、温暖湿润的环境，较耐旱，耐寒。喜肥沃疏松、排水良好的土壤，不耐涝。

美国海棠

【别名】无　　【学名】*Malus micromalus* cv. 'American'

【识别特征】蔷薇科。落叶乔木。株高3～5m。树皮灰棕褐色。叶片椭圆形或长椭圆形，先端渐尖，基部楔形或近圆形，叶缘具细锯齿，叶柄长2～3.5cm。新叶绿色，后渐变为紫红色。伞形花序集生小枝端，具4～7朵花，花梗长2～3cm。花深粉红色，直径约4cm，花瓣5，近圆形或长椭圆形，基部具短爪。果实梨形或近球形，直径1～2.5cm，成熟时红色。花果期4～9月。

【产地分布】我国从美国引入。北方城市有栽培。

【应用与养护】美国海棠花色极为鲜艳，具有很好的观赏效果。常与其他树木搭配种植在植物园、公园、假山石旁、道路边、庭院等处。美国海棠喜光照充足、温暖湿润的环境，较耐旱，耐寒性强。对土壤要求不严，耐贫瘠，一般土壤均可种植，不耐涝。

木瓜

【别名】榠楂、光皮木瓜、土木瓜　　【学名】*Chaenomeles sinensis*

【识别特征】蔷薇科。落叶灌木或乔木。株高5～10m。叶互生，椭圆状卵形或长椭圆形，先端锐尖，基部楔形，边缘具细锯齿，齿端有腺点；叶柄长1～2cm。花单生枝端或叶腋处，直径约3cm。萼片5，向外反卷。花淡红色，花瓣5；雄蕊多数。果实长椭圆形或卵状椭圆形，长10～15cm，成熟时深黄色或暗褐黄色，有香味。花果期4～10月。

【产地分布】我国分布于西南、华南、华东、华中。生于山坡。

【应用与养护】木瓜树姿优美，果实清香，为南方常见的园林绿化树木。常种植在植物园、农业观光园、公园、校园、坡地、道路边、村寨旁、庭院等处。木瓜喜光照充足、温暖湿润的环境，不耐阴，稍耐旱，略耐寒。对土壤要求不严，但在土层深厚、肥沃疏松、排水良好的沙质土壤中生长最佳，不耐涝。

枇杷

【别名】卢橘、金丸、芦枝　　【学名】*Eriobotrya japonica*

【识别特征】蔷薇科，常绿乔木。株高可达10m。枝、叶和果实密生锈色绒毛。叶互生，革质，长椭圆形、披针形或倒卵形，先端急尖或渐尖，基部楔形，叶面皱，叶背面密被锈色绒毛；叶柄长约1cm。圆锥花序生枝端。花白色，芳香；花瓣5，雄蕊20；子房下位，花柱5，离生。果实椭圆形，成熟时橘黄色或黄色。花期10～12月，果期翌年5～6月。

【产地分布】我国分布于西南、华南、华东、华中。北方保护地有引种栽培。

【应用与养护】枇杷树姿优美，花开芳香，为南方常见园林树木。常种植在公园、风景区、行道路两边、山坡、住宅小区、庭院等处。枇杷喜光照充足、温暖湿润的环境，较耐寒，可耐-5℃低温。对土壤要求不严，但在土层深厚、肥沃疏松、富含腐殖质、排水良好的沙质土壤中生长最佳，不耐涝。

石楠

【别名】红树叶、石岩树叶、千年红、石眼树　　【学名】*Photinia serratifolia*

【识别特征】蔷薇科。常绿乔木或灌木。株高可达6m。叶互生，革质，长椭圆形或长倒卵圆形，长8～16cm，宽3～6cm，先端急尖或渐尖，基部圆楔形或圆形，叶缘具细密尖齿；叶柄长2～3cm。圆锥状伞房花序顶生。花萼钟状，裂片5，三角形。花白色或淡粉白色，花瓣5，宽卵圆形；雄蕊多数，花丝长短不等；子房半下位，花柱通常2枚，基部合生。果实球形，直径约0.5cm，成熟时红色。花果期4～10月。

【产地分布】我国分布于河南以南及西南等地。生于山坡、田野、杂木林中。

【应用与养护】石楠枝繁叶茂，四季常青，为南方常见的园林绿化树木。常种植在公园、风景区、行道路边、宾馆、校园、庭院等处。石楠喜光照充足、温暖湿润的环境，稍耐阴。喜肥沃疏松、排水良好的微酸性至中性土壤。

红花羊蹄甲

【别名】红花紫荆　　【学名】*Bauhinia × blakeana*

【识别特征】豆科。常绿乔木。株高可达10m。小枝细长，被微毛。叶片近圆形或阔心形，近革质，先端2裂，裂达叶长的1/4～1/3处，裂片先端钝或狭圆，基部心形；叶柄长约4cm，被短柔毛。总状花序腋生或顶生，有时复合成圆锥花序。花紫红色或红色，花瓣5，倒披针形，长5～8cm，近轴的1片中间至基部呈深紫红色；能育雄蕊5枚，其中3枚较长。通常不结果实。花期10月至翌年5月。

【产地分布】我国华南、西南广为栽培。

【应用与养护】红花羊蹄甲叶形奇特，红色花朵十分美丽，花期长，是华南地区著名的常见园林绿化树木。常种植在公园、行道路边、宾馆、校园、建筑物旁、庭院等处。红花羊蹄甲喜阳光充足、高温湿润的环境，不耐寒。喜土层深厚、肥沃、排水良好的微酸性沙质土壤。

凤凰木

【别名】凤凰花、红花楹、火树　　【学名】*Delonix regia*

【识别特征】豆科。落叶乔木。株高可达20m。树皮灰褐色。小枝常被短柔毛，有明显皮孔。叶为二回偶数羽状复叶，小叶15～25对，长圆形，长0.4～0.8cm，先端钝圆，基部偏斜，两面被绢毛，全缘；小叶柄短。伞房状总状花序顶生或腋生。花大，直径7～10cm，红色或橙红色，花瓣5，匙形，常有黄色或白色花斑，花梗长4～10cm。荚果扁平，条带形，长可达40cm，宽约5cm，成熟时黑褐色。花果期6～10月。

【产地分布】原产于马达加斯加。我国华南、西南等地广为栽培。

【应用与养护】凤凰木花大鲜艳，盛开时极其美丽，为南方著名的热带观赏树木。常种植在植物园、风景区、公园、行道路边、宾馆等处。凤凰木喜光照充足、高温高湿的环境，生长适温20～30℃，稍耐旱，不耐寒。喜肥沃疏松、排水良好的微酸性土壤。

槐

【别名】槐树、豆槐、国槐　　【学名】*Styphnolobium japonicum*

【识别特征】豆科。落叶乔木。株高可达25m。树皮暗灰色或黑褐色，块状纵裂。小枝绿色，具明显的皮孔。奇数羽状复叶，小叶7～15枚，卵状长圆形，先端急尖，基部宽楔形或圆形，全缘；叶柄短。圆锥花序顶生。花白色，有短梗；碟形花冠，旗瓣近圆形，先端微凹，基部具短爪；翼瓣与龙骨瓣近等长，同形，具2耳。荚果念珠状，长约8cm，果皮肉质不裂，内有种子1～6枚。种子肾形，黑褐色。花果期7～10月。

【产地分布】我国分布于大部分地区。北方广泛种植。

【应用与养护】槐树枝繁叶茂，为最常见的园林绿化树木。常种植在公园、行道路边、山坡、庙宇、皇家园林、住宅区、庭院、村寨等处。也常作混交林的树种。槐树喜光照充足、温暖湿润的环境，耐旱，耐寒。对土壤要求不严，一般土壤均可生长。养护应注意防治蚜虫、尺蠖、白粉病等。

龙爪槐

【别名】垂槐、倒栽槐、盘槐　　【学名】*Styphnolobium japonicum* 'Pendula'

【识别特征】豆科。落叶小乔木。树皮灰褐色，具纵裂纹。大枝扭转斜向上伸展，小枝下垂。奇数羽状复叶，小叶11～13，卵状长圆形，先端渐尖，基部宽楔形或圆形，全缘；小叶柄短。圆锥花序顶生。花白色或淡黄白色，有短梗；碟形花冠，旗瓣近圆形，先端微凹，基部浅心形；翼瓣卵状长圆形，先端钝圆，基部斜戟形；龙骨瓣阔卵状长圆形，与翼瓣等长。荚果念珠状，长约5cm，果皮肉质不裂。花果期7～10月。

【产地分布】我国北方广为栽培。

【应用与养护】龙爪槐树形优美，枝条下垂，形似一把张开的绿伞，为园林绿化常用树木。常种植在公园、行道路边、建筑物旁、住宅小区、庭院等处。龙爪槐喜光照充足、温暖湿润的环境，耐修剪，耐旱，耐寒。对土壤要求不严，一般土壤均可生长。

蝴蝶槐

【别名】五叶槐、畸叶槐　　【学名】*Sophora japonica* f.*oligophylla*

【识别特征】豆科。落叶乔木。株高可达25m。树皮灰褐色，具纵裂纹。小叶3～5枚聚生小枝端部，顶生的小叶大，卵形，常3裂，侧生小叶狭卵形；叶片背面灰绿色，密被短茸毛。圆锥花序顶生，长可达30cm。花白色或淡黄白色；碟形花冠，旗瓣近圆形，先端微凹，基部浅心形；翼瓣卵状长圆形，先端钝圆，基部斜戟形；龙骨瓣阔卵状长圆形，与翼瓣近等长。荚果念珠状，长约6cm，果皮肉质不裂，内有种子1～6枚。花果期7～10月。

【产地分布】我国分布于北京、山东等地。

【应用与养护】蝴蝶槐为北京珍稀树种，聚生的叶片形似飞舞的蝴蝶，为园林绿化树木。有少量树木种植在公园、行道路边、寺庙等处。蝴蝶槐喜光照充足、温暖湿润的环境，耐旱，耐寒。对土壤要求不严，在微酸性至轻度盐碱性土壤中均可生长。

金枝槐

【别名】黄叶槐、黄金槐、金枝国槐

【学名】*Sophora japonica* 'Winter Gold'

【识别特征】豆科。落叶乔木。株高可达20m。树皮灰褐色，枝条金黄色。奇数羽状复叶，金黄色，小叶9～13枚，卵圆形，先端急尖，基部圆形，全缘；小叶柄短。圆锥花序顶生。花白色或淡黄色；碟形花冠，旗瓣近圆形，先端微凹，基部浅心形；翼瓣卵状长圆形，先端钝圆，基部斜戟形；龙骨瓣阔卵状长圆形，与翼瓣近等长。荚果念珠状，长约6cm，果皮肉质不裂。花果期7～10月。

【产地分布】我国分布于河北、北京、天津、山东、河南、江苏、辽宁等地。

【应用与养护】金枝槐叶片和枝条均为黄色，为新发展起来的园林树木。常种植在公园、行道路边、立交桥绿地、建筑物旁等处。也常与绿色树木混种，增加色彩对比。金枝槐喜光照充足、温暖湿润的环境，耐旱，耐寒，耐修剪。对土壤要求不严，一般土壤均可生长。

刺槐

【别名】洋槐树、胡藤　　【学名】*Robinia pseudoacacia*

【识别特征】豆科。落叶乔木。株高可达20m。树皮灰黑褐色，具纵裂纹。叶柄基部常具2个长1～2cm的托叶刺。奇数羽状复叶，小叶7～21，椭圆形或卵形，先端圆形或截形，有小尖头，基部圆形或宽楔形，全缘；小叶柄短。总状花序腋生，下垂，长10～20cm。花白色，芳香，长1.2～2cm，旗瓣具短爪，基部常有黄色斑点。荚果扁平条状矩圆形，长8～12cm，成熟时灰褐色。种子肾形，黑褐色。花果期4～10月。

【产地分布】原产于美洲东北部。我国除西藏、青海外，各地区有栽培。

【应用与养护】刺槐高大挺拔，花序洁白飘香，为常见的园林绿化树木。常种植在公园、行道路边、山坡、村寨旁、庭院等处。也是植树造林的常用树种。刺槐喜光照充足、温暖湿润的环境，耐旱，耐寒。对土壤要求不严，一般土壤均可生长。

红花刺槐

【别名】红花槐、香花槐　　【学名】*Robinia pseudoacacia* f.*decaisneana*

【识别特征】豆科。落叶乔木。株高可达20m。树皮灰黑褐色，具纵裂纹。叶柄基部常具2个托叶刺。奇数羽状复叶，小叶7～21，卵圆形或椭圆形，先端钝圆有芒尖，基部近圆形，全缘；小叶柄短。总状花序腋生，下垂，长10～20cm。花紫红色或暗红色，稍2唇形反卷，翼瓣弯曲；龙骨瓣内弯。荚果扁平条状矩圆形，长4～10cm，内有种子3～10粒。花果期4～10月。

【产地分布】原产于美国。我国各地有栽培。

【应用与养护】红花刺槐树形挺拔，红色花序飘香，为较常见的园林绿化树木。常种植在公园、行道路边、山坡、住宅小区等处。红花刺槐喜光照充足、温暖湿润的环境，较耐旱，耐寒，不耐阴。对土壤要求不严，一般土壤均可生长。

酸豆

【别名】酸角、罗晃子、木罕　　【学名】*Tamarindus indica*

【识别特征】豆科。常绿乔木。株高可达20m。树皮暗灰色，不规则纵裂。偶数羽状复叶，小叶14 ～ 40，长椭圆形，长1 ～ 2.4cm，宽0.5 ～ 1cm，先端圆或微凹，基部近圆形偏斜，无毛。花为腋生的总状花序或顶生的圆锥花序。花冠黄色有紫红色条纹，上面3枚发达，下面2枚退化成鳞片状。荚果肥厚圆筒形，直或弯曲，长可达10cm，宽可达1.5cm，褐色或灰褐色。花期5 ～ 8月，果期11月至翌年5月。

【产地分布】原产于非洲。我国分布于华南、西南等地。生于山坡、沟谷等地。

【应用与养护】酸豆树形高大，枝繁叶茂，为南方常见的园林绿化树木。常种植在公园、道路边、庭院、村寨旁等处。酸豆喜光照充足、温暖湿润的环境，耐旱，不耐阴。不耐寒冷，5℃以上可安全越冬。喜土层深厚肥沃、排水良好的微酸性土壤。

合欢

【别名】绒花树、夜合槐、马缨花　　【学名】*Albizia julibrissin*

【识别特征】豆科。落叶乔木。株高可达15m。树皮灰黑色，具细裂纵纹，小枝皮孔明显。小叶10～30对，镰刀形或长圆形，长0.6～1.2cm，宽0.1～0.4cm，先端锐尖，基部截形，全缘。头状花序多数，生新枝顶端，成伞房状排列。花粉红色，花冠漏斗形，先端5裂；雄蕊多数，花丝细长，粉红色。荚果扁平条形，长8～12cm，宽1.2～2.5cm。种子扁平椭圆形，褐色。花果期6～10月。

【产地分布】我国分布于西南、华南、华东、河南、陕西、河北、辽宁等地。

【应用与养护】合欢叶形美观，花朵鲜艳似绒球，具有很好的观赏价值。常种植在风景区、公园、道路边、山坡、校园、宾馆、庭院等处。合欢喜光照充足、温暖湿润的环境，耐旱，耐寒。对土壤要求不严，耐贫瘠，一般土壤均可生长。

银合欢

【别名】白合欢　　【学名】*Leucaena leucocephala*

【识别特征】豆科。落叶灌木或小乔木。株高可达6m。枝条具褐色皮孔。偶数羽状复叶，小叶4～15对，条状长椭圆形，先端急尖，基部楔形，边缘被短柔毛。头状花序1～2个腋生，直径2～3cm，花梗长2～4cm。花白色，花瓣极狭，长约为雄蕊的1/3，分离，有毛；雄蕊10，有疏毛。荚果扁平条形，长10～14cm，宽约1.5cm。花果期4～10月。

【产地分布】原产于热带美洲。生于荒地、疏林中。我国华南、西南等地有栽培。

【应用与养护】银合欢花朵盛开时洁白如雪，为南方常见的园林绿化树木。常种植在山坡、公园、道路边、校园、宾馆、住宅小区、庭院、村寨旁等处，也是荒山绿化常用的树种。银合欢喜光照充足、高温湿润的环境，生长适温20～30℃，耐旱，不耐寒。对土壤适应性较强，在微酸性至微碱性土壤中均可生长，不耐涝。

皂荚

【别名】皂荚树、大皂角　　【学名】*Gleditsia sinensis*

【识别特征】豆科。落叶乔木。株高可达30m。树皮和小枝灰褐色。棘刺粗壮，多分枝，红褐色，圆柱形或圆锥形，长可达16cm。偶数羽状复叶，小叶6～14枚，长椭圆形或卵状披针形，长3～8cm，宽1.5～3.5cm，先端钝或渐尖，基部斜圆形，叶缘有细锯齿。总状花序腋生或顶生。花瓣4，淡黄白色。荚果直条形稍厚，长12～30cm，宽2～4cm，被白粉霜。种子扁长椭圆形，红褐色。花果期4～11月。

【产地分布】我国分布于华北、华东、华南、西南等地。生于山地林中。

【应用与养护】皂荚树形高大，为常见的园林绿化树木。常种植在公园、道路旁、山坡、庙宇、建筑物旁、庭院等处，也常作生态林树种。皂荚喜光照充足、温暖的环境，稍耐阴，耐旱，耐寒。对土壤适应性较强，在微酸性至微碱性土壤中均可生长，不耐涝。

山皂荚

【别名】小皂荚、皂荚树、悬刀树、荚果树 　　【学名】*Gleditsia japonica*

【识别特征】豆科。落叶乔木。株高可达15m。树皮灰色或灰褐色，小枝灰绿色。棘刺扁平粗壮，多分枝，红褐色或紫褐色，长2～15cm。偶数羽状复叶，小叶10～22枚，椭圆形或卵状长椭圆，长2～7cm，先端钝或渐尖，基部斜圆形，全缘或有细齿；叶柄极短。总状花序腋生或顶生。花瓣4，淡黄绿色。荚果扁条带形，扭转或呈镰刀状，长20～30cm，宽约3cm，成熟后黑棕色。花果期4～10月。

【产地分布】我国分布于华中、华东、华北等地。生于向阳山坡、沟谷。

【应用与养护】山皂荚为园林绿化树木。常种植在公园、道路旁、山坡、庭院等处，也常作荒山植树造林树种。山皂荚喜光照充足、温暖的环境，耐旱，耐寒。对土壤要求不严，一般土壤均可生长，不耐涝。

阳桃

【别名】羊桃、杨桃、五棱子、三棱子　　【学名】*Averrhoa carambola*

【识别特征】酢浆草科。常绿乔木。株高可达15m。树皮灰褐色，小枝褐色，皮孔明显。奇数羽状复叶，小叶5～11枚，卵形或椭圆形，先端渐尖，基部偏斜或宽楔形，全缘；叶柄短。圆锥花序或聚散花序腋生。萼片5，紫红色。花小，花冠近钟形，淡紫红色或粉红色，长约0.6cm；花瓣5，瓣片反折，内面密被短毛；雄蕊10，其中5枚较短的无花药；子房5室，具5棱槽。浆果卵形或椭圆形，长8～12cm，具3～5棱，成熟时黄绿色或黄色。花果期4～12月。

【产地分布】我国分布于华南、西南、东南等地。

【应用与养护】阳桃花序粉艳，果实奇特，为南方常见的园林绿化树木。常种植在公园、风景区、坡地、农业观光园、庭院等处。阳桃喜光照充足、高温湿润的环境，稍耐阴，不耐寒。喜肥沃疏松、富含有机质、排水良好的土壤。

黄皮

【别名】黄皮果、金弹子、黄弹子　　【学名】*Clausena lansium*

【识别特征】芸香科。落叶小乔木。株高可达12m。奇数羽状复叶，小叶5～11，卵形或椭圆形，长6～13cm，宽2.5～6cm，先端急尖或渐尖，基部偏斜，边缘浅波状或具浅钝齿。圆锥花序顶生。萼片5，短三角形。花白黄色，直径约0.5cm，花瓣5，分离；雄蕊8～10，着生在伸长的花盘周围；子房5室，柱头扁圆呈盘状。浆果椭圆形，长2～3.5cm，成熟时淡黄色或黄褐色。花果期4～8月。

【产地分布】我国分布于华南、西南等地。

【应用与养护】黄皮地方品种较多，夏季金黄色的硕果挂满枝头十分美丽，为南方常见的园林树木。常种植在植物园、公园、农业观光园、庭院等处。盆栽摆放于庭院、阳台等处。黄皮喜光照充足高温湿润的环境，不耐寒。喜肥沃疏松、富含有机质、排水良好的土壤。

柑橘

【别名】红桔、川桔、大红袍　　【学名】*Citrus reticulata*

【识别特征】芸香科。常绿小乔木。株高可达3m。小枝条通常具刺。叶片革质，卵状披针形，具半透明油点，长6～8cm，宽3～4cm，先端渐尖，基部楔形，全缘或具钝齿；叶柄细长，翅不明显。花单生或数朵生枝端和叶腋处。花白色或淡粉红色，花瓣5，长椭圆形；雄蕊18～24，花丝常3～5枚合生。柑果近球形，直径5～7cm，成熟时橙黄色，果皮松弛。花果期4～12月。

【产地分布】我国长江流域以南广为栽培。

【应用与养护】柑橘为南方常见的园林果木树。常种植在植物园、公园、农业观光园、坡地、庭院等处。盆栽用于摆放庭院、厅堂等处供观赏。柑橘喜阳光充足、温暖湿润的环境，不耐寒。对土壤要求不严，一般土壤均可生长，不耐涝。

柚

【别名】文旦、气柑、香栾、朱栾　　【学名】*Citrus maxima*

【识别特征】芸香科。常绿乔木。株高可达5m。小枝条扁具棱。叶互生，宽卵形或长椭圆形，长6.5～17cm，宽4.5～7cm，先端急尖或渐尖，基部楔形，边缘有钝锯齿；叶柄有倒心形宽翅。花单生或数朵簇生叶腋处，长1.8～2.5cm。花萼长约1cm；花瓣白色，反卷；雄蕊25～45，花药鲜黄色；花柱粗壮，柱头扁球形。柑果梨形、圆形、扁球形或阔圆锥形，直径10～20cm，成熟时柠檬黄色，皮厚。花果期4～11月。

【产地分布】原产于东南亚。我国华南、西南、华中等地有栽培。

【应用与养护】柚栽培品种较多，树势高大，树冠开展，为南方常见的园林果木。常种植在植物园、公园、农业观光园、道路边、庭院等处。柚喜光照充足、温暖湿润的环境，生长适温23～30℃，不耐干旱，稍耐寒。喜土层深厚肥沃、排水良好的土壤。

枳

【别名】枸橘、臭橘、枸橼　　【学名】*Poncirus trifoliata*

【识别特征】芸香科。落叶灌木或小乔木。株高可达5m。枝条密生粗壮扁棘刺，刺长3～4cm。叶互生，三出复叶，小叶倒卵形或椭圆形，先端钝圆，基部楔形，边缘有钝齿；叶柄长1～3cm，有窄翅。花单生或成对腋生。萼片5，卵状三角形。花白色，花瓣5；雄蕊8～20，不等长。柑果球形，直径3～5cm，成熟时黄色，密被短柔毛。花果期4～10月。

【产地分布】我国除东北和西北外，各地有栽培。生于山坡、丘陵、沟谷。

【应用与养护】枳枝条茂密多刺，秋季黄色果实挂满枝头，具有较好的观赏性。常种植在公园、水沟边、庭院、村寨等处。由于株体有刺可作屏障树。枳喜光照充足、温暖湿润的环境，稍耐阴，耐旱。较耐寒，华北地区可露地越冬。耐贫瘠，一般土壤均可生长。

苦木科

臭椿

【别名】臭椿皮、樗白皮、大眼桐　　【学名】*Ailanthus altissima*

【识别特征】苦木科。落叶乔木。株高可达20m。树皮灰黑色，浅纵裂，小枝被短柔毛。奇数羽状复叶，小叶13～41，卵状披针形，先端渐尖，基部圆形稍偏斜，叶缘基部具1～2个粗齿；小叶柄短。圆锥花序顶生，长10～30cm。花杂性，白绿色，花瓣长圆形。翅果长椭圆形，长3～4.5cm，成熟时褐黄色。种子扁球形，位于翅的中部。花果期5～10月。

【产地分布】我国大部分地区有分布。生于向阳山坡、丘陵。各地有栽培。

【应用与养护】臭椿树势高大开展，秋季满树的褐黄色翅果十分美观，为常见的园林绿化树木。常种植在公园、道路旁、林缘、山坡、村寨旁等处。也是绿化造林的常用树种。臭椿喜光照充足、温暖湿润的环境，不耐阴，耐干旱，耐寒。耐贫瘠，一般土壤均可生长，不耐黏性土壤和积水。

香椿

【别名】椿树、椿菜树　　【学名】*Toona sinensis*

【识别特征】棟科。落叶乔木。株高可达25m。树皮灰褐色，呈纵向条片状剥落。幼枝褐色，被短柔毛。偶数或奇数羽状复叶，长可达50cm，叶柄基部膨大，有浅沟。小叶5～11对，狭卵状披针形或长圆状披针形，长6～12cm，宽2～4cm，先端渐尖或尾尖，基部稍偏斜；小叶柄短。圆锥花序顶生，下垂。小花白绿色，花瓣5，卵状长圆形。蒴果倒卵形或椭圆形，长1.5～2.5cm，成熟时灰褐色，有皮孔。花果期5～9月。

【产地分布】我国大部分地区有分布。生于山谷、杂木林、村寨旁。

【应用与养护】香椿初夏花开芳香，为常见的园林绿化树木。常孤植或与其他植物搭配种植在公园、道路边、山坡、村寨旁等处。香椿喜光照充足、温暖湿润的环境，较耐旱，耐寒。对土壤要求不严，耐贫瘠，一般土壤均可生长。

漆树科

火炬树

【别名】加拿大盐肤木、火炬漆、鹿角漆树　　【学名】*Rhus typhina*

【识别特征】漆树科。落叶灌木或小乔木。株高可达10m。小枝茂密，密被柔毛。奇数羽状复叶，长25～40cm；小叶19～25枚，披针形或长圆状披针形，先端渐尖或尾尖，基部宽楔形，两面被茸毛，叶缘具锯齿；小叶柄极短。圆锥花序顶生，长10～20cm，密被茸毛。小花淡绿色，密被短柔毛；萼片、花瓣、雄蕊均为5；雌花花柱有红色刺毛。核果球形，深红色，密被绒毛。花果期6～10月。

【产地分布】原产于北美洲。我国华东、华北、西北、辽宁、沈阳等地多有栽培。

【应用与养护】火炬树繁殖速度快，花序红似火炬，秋季叶片变红色，为常见的园林绿化植物。常成片种植在道路边、山坡、高速公路绿化地等处。常作荒山绿化、防风固沙的树种。火炬树喜光照充足、温暖湿润的环境，耐旱，耐寒，耐水湿。耐贫瘠，一般土壤均可生长。

盐肤木

【别名】盐麸树、盐麸子、盐木　　【学名】*Rhus chinensis*

【识别特征】漆树科。落叶乔木。株高可达10m。奇数羽状复叶；小叶7～13，卵形或卵状长圆形，先端急尖，基部圆形或宽楔形，两面均有柔毛，叶缘有锯齿；小叶柄短或无。圆锥花序顶生，长15～30cm，花序梗密生褐色柔毛。小花黄白色，花瓣5～6，椭圆状卵形。核果近球形，略压扁，直径0.3～0.5cm，成熟时红褐色，有咸味。花果期7～10月。

【产地分布】我国除新疆、青海、内蒙古外，大部分地区有分布。生于山坡杂木林、灌丛。

【应用与养护】盐肤木树冠宽阔，秋季果序红褐色，具有较好的观赏性。常种植在植物园、公园、道路边等处。也常作植树造林的树种。盐肤木喜光照充足、温暖湿润的环境，耐旱，较耐寒。对土壤要求不严，耐贫瘠，一般土壤均可生长。

杧果

【别名】檬果、芒果、庵罗果　　【学名】*Mangifera indica*

【识别特征】漆树科。常绿乔木。株高10～20m。树皮灰色或灰褐色。叶片革质，长圆形或长圆状披针形，先端渐尖，基部楔形，全缘；叶柄长3～5cm。圆锥花序生枝端。萼片卵形或长椭圆形，5裂，被柔毛。花小，花瓣5，淡黄白色，花盘肉质，5裂；雄蕊5，仅1枚发育；雌蕊1，位于花盘中央，花柱线形，柱头不显著。核果椭圆形、圆形或近肾形，成熟时黄色或红黄色，中果皮肉质肥厚，黄色；果核大，扁半。花果期3～8月。

【产地分布】原产于东南亚。我国华南、台湾、云南南部有栽培。

【应用与养护】杧果品种较多，为南方著名的热带园林果木树。常种植在植物园、公园、行道路边、农业观光园、庭院、村寨等处。杧果喜光照充足、高温湿润的环境，生长适温24～28℃，耐旱，不耐寒。喜微酸性至中性土壤。

白杜

【别名】丝棉木、明开夜合　　【学名】*Euonymus maackii*

【识别特征】卫矛科。落叶乔木。株高可达6m。树皮灰黑色或灰褐色。小枝圆柱形，绿色。叶对生，卵圆形、椭圆状卵形或椭圆状披针形，先端渐尖或急尖，基部宽楔形或圆形，叶缘具细锯齿；叶柄长2～3.5cm。聚伞花序腋生，1～2回分枝。花淡白绿色或淡黄白色，直径约0.8cm；雄蕊花丝长0.1～0.2cm，花药紫红色，花盘肥大。蒴果倒圆心形，4棱裂，直径约1cm，成熟时粉红色。花果期5～10月。

【产地分布】我国除华南以外，各地均有分布。生于林缘、林中。

【应用与养护】白杜为较常见的园林绿化树木。常与其他植物搭配种植在植物园、公园、坡地、道路边、建筑物旁、庭院等处。白杜喜光照充足、温暖湿润的环境，稍耐阴，耐旱，耐寒，稍耐水湿。对土壤要求不严，一般土壤均可种植。

元宝槭

【别名】元宝枫、平基槭　　【学名】*Acer truncatum*

【识别特征】槭树科。落叶乔木。株高可达6m。树皮灰黑色或灰褐色。叶对生，卵圆形、椭圆状卵形或椭圆状披针形，先端渐尖或急尖，基部宽楔形或圆形，叶缘具细锯齿；叶柄长3～5cm。花淡黄绿色，在枝端排成聚伞花序。花瓣5，椭圆形或倒卵形。翅果，叉开成锐角，常下垂，成熟时淡黄色或淡褐色；小坚果与果翅近等长。花果期4～10月。

【产地分布】我国分布于西北、西南、华东、华北、东北。生于阔叶林中。

【应用与养护】元宝槭枝叶繁茂，秋季叶片由绿色转为红色或黄色，具有很好的观赏价值，为常见的园林绿化树木。常种植在植物园、公园、风景区、道路边、庭院等处。也是荒山造林常用树种。元宝槭喜光照充足、温暖湿润的环境，稍耐阴，耐旱，耐寒。喜土层深厚肥沃、排水良好的土壤，在微酸性至微盐碱性土壤中均可生长。

梣叶槭

【别名】复叶槭、美国槭、白蜡槭　　【学名】*Acer negundo*

【识别特征】槭树科。落叶乔木。株高可达20m。树皮灰褐色或黄褐色。奇数羽状复叶，小叶3～7，卵形或椭圆状披针形，先端渐尖，基部楔形或圆形，叶缘具不规则粗锯齿；顶生小叶叶柄长2～4cm，侧生小叶叶柄长约0.5cm。花单性异株，无花瓣和花盘，花先叶开放。雄花的聚伞花序和雌花的总状花序生小枝端，下垂；雄蕊4～5，花丝细长。翅果叉开成锐角或直角，下垂，成熟时黄褐色。花果期4～9月。

【产地分布】原产于北美洲。我国北方各地有栽培。

【应用与养护】梣叶槭早春开花，细长的雄蕊花丝挂满枝头，入秋叶色金黄颇为美观，为常见的园林绿化树木。常种植在公园、风景区、道路边、庭院等处。也是荒山造林常用的树种。梣叶槭喜光照充足、温暖湿润的环境，耐旱，耐寒，稍耐水湿。喜土层深厚肥沃、排水良好的土壤。

鸡爪槭

【别名】鸡爪枫、小叶五角鸦枫、槭树，青枫　　【学名】*Acer palmatum*

【识别特征】槭树科。落叶乔木。株高可达10m。树皮深灰色或灰黑色。叶片掌状5～9深裂，裂片长圆状卵形或披针形，先端渐尖或长锐尖，叶缘具重锯齿；叶柄长4～6cm。伞房状圆锥花序，下垂，具10～20朵花。花小，紫红色，花瓣5，椭圆形或倒卵形，长约0.2cm。翅果叉开成锐角，幼嫩时红色，成熟后棕黄色。花果期5～10月。

【产地分布】原产于朝鲜半岛和日本。生于林缘或疏林中。我国各地有栽培。

【应用与养护】鸡爪槭叶形秀丽，秋季叶片转为红色颇为美观，为常见园林绿化树木。常与其他树木搭配种植在公园、风景区、坡地、道路边、亭榭旁、庭院等处。鸡爪槭喜光照充足、温暖湿润的环境，稍耐阴，耐旱，耐寒。喜土层深厚肥沃、富含腐殖质、排水良好的土壤，在微酸性或微盐碱性土壤中也能生长。

红枫

【别名】红枫树、紫红鸡爪槭、红颜枫　　【学名】*Acer palmatum* 'Atropurpureum'

【识别特征】槭树科。落叶乔木。株高2～4m。树干灰褐色，具细纵裂纹。枝条细长，褐红色。叶片掌状5～7深裂，裂片卵状披针形，先端尾尖，边缘具锯齿；叶柄长4～5cm。叶片幼时艳红色，后变红色、紫红色或紫色带有暗绿色。伞房花序顶生。翅果叉开成锐角，翅长2～3cm。花果期5～9月。

【产地分布】我国分布于江苏、江西、湖北等地。各地区有引种栽培。

【应用与养护】红枫树姿美观，叶片红色持久，是非常美丽的观叶树木。常与其他树木搭配种植在公园、风景区、林缘、道路边、亭榭旁、宾馆等处。也可盆栽作花坛的配置植物，或摆放于宾馆大厅、庭院等处。红枫喜阳光充足、温暖湿润、凉爽的环境，耐半阴，耐旱，较耐寒。喜土层深厚肥沃、富含腐殖质、排水良好的微酸性至中性土壤。

七叶树

【别名】娑罗树　　【学名】*Aesculus chinensis*

【识别特征】七叶树科。落叶乔木。株高可达20m。树皮灰褐色或黄灰褐色。掌状复叶，总叶柄长10～15cm；小叶5～7枚，长椭圆形或长椭圆状卵形，长8～15cm，先端渐尖，基部楔形，叶缘具细锯齿；小叶柄长约1cm。圆锥花序生枝端，连同总花梗长可达40cm。花长约1cm，花瓣4，白色，有黄粉色斑；雄蕊花丝长，伸出花冠外。果实近球形或倒卵形，成熟后棕褐色，直径3～4cm。花果期5～10月。

【产地分布】我国分布于华北和华东。生于山坡。

【应用与养护】七叶树树干挺拔，初夏时节白色的花序似一盏盏烛台挂满枝头，秋季一串串褐色的果实形似荔枝，极为美观，为著名的园林绿化树木。常种植在植物园、公园、风景区、道路旁、庙宇、古建筑物、庭院等地。七叶树喜阳光充足、温暖湿润的环境，耐旱，较耐寒。喜土层深厚肥沃、排水良好的土壤。

光叶七叶树

【别名】娑罗树　　【学名】*Aesculus glabra*

【识别特征】七叶树科。落叶乔木。株高可达20m。树皮灰黑色，小枝粗壮。掌状复叶对生，总叶柄长8～15cm；小叶5～7枚，长椭圆形或卵形，长8～15cm，先端渐尖或急尖，基部楔形，叶缘具细锯齿；小叶柄长0.5～1cm。圆锥花序生枝端，长10～18cm。花白色或白绿色；雄蕊花丝白色伸出花冠外，花药橙黄色。果实近球形或扁球形，直径3～5cm，黄绿色或黄褐色，散生褐色肉质刺；果柄粗壮。花果期5～10月。

【产地分布】原产于美国。我国有少量栽培。中国科学院植物研究所北京植物园里有栽培。

【应用与养护】光叶七叶树为不常见的园林观赏树木。光叶七叶树喜阳光，喜温暖湿润、凉爽的环境，耐半阴，耐寒，不耐旱，不耐炎热。喜土层深厚肥沃、排水良好的微酸性至中性土壤。

无患子科

【别名】木栾、栾树彬　　【学名】*Koelreuteria paniculata*

【识别特征】无患子科。落叶乔木。株高可达10m。树皮灰黑色，具纵裂纹。羽状复叶或2回羽状复叶，长可达30cm；小叶7～15枚，卵形或卵状长圆形，长3～5cm，先端钝尖或急尖，基部宽楔形，叶缘具粗齿；小叶柄极短。聚伞圆锥花序生枝端，长可达30cm，宽而疏散。花黄色，宽约1cm，花瓣4，条状长圆形，常反折，瓣片基部常呈橙红色。蒴果圆锥形囊状，具三棱，长4～5cm，先端渐尖，成熟时黄褐色。花果期6～10月。

【产地分布】我国分布于西南、华东、华北、东北。生于低山区。

【应用与养护】栾树开花期长，花序黄色鲜艳，夏、秋季形似小灯笼的果实挂满枝头十分美丽，为北方常见的园林绿化树木。常种植在公园、坡地、行道路边、高速公路绿化地、建筑物旁等处。栾树喜光照充足、温暖湿润的环境，较耐旱。耐贫瘠，一般土壤均可种植。

荔枝

【别名】离支、荔支、丹荔、勒枝　　【学名】*Litchi chinensis*

【识别特征】无患子科。常绿乔木。株高3～5m。小枝红褐色，有白色皮孔。偶数羽状复叶，小叶2～4对；小叶偏斜状披针形，革质，叶面光滑，先端渐尖，基部狭楔形，全缘，基出3脉明显；叶柄短。圆锥花序顶生，具褐黄色短柔毛。花萼杯状，萼片4，被锈色毛。花小，白绿色或淡黄色，无花瓣；雄蕊通常为8。果球形核果状，直径3～4cm，假种皮肉质多汁，外皮红色或红黄色，具小瘤状突起。种子椭圆形，黑褐色光亮。花果期2～7月。

【产地分布】我国广东、福建种植较多。重庆、浙江、四川、云南、台湾也有栽培。

【应用与养护】荔枝品种较多，为南方常见园林绿化果木。常种植在植物园、公园、道路旁、风景区、农业观光园、山坡、丘陵、村寨旁、庭院等处。荔枝喜光照充足、高温高湿的环境，不耐寒。对土壤无特殊要求，一般土壤均可种植。

龙眼

【别名】桂圆、圆眼、益智　　【学名】*Dimocarpus longan*

【识别特征】无患子科。常绿乔木。株高可达10m，枝条散生苍白色皮孔。偶数羽状复叶，小叶2～6对，长椭圆状披针形，先端急尖，基部楔形，两侧常不对称，全缘；小叶柄长约0.5cm。圆锥花序顶生或腋生，长12～15cm，具锈色星状柔毛。花小，乳白色，花瓣5，披针形；雄蕊8。果实球形核果状，直径1.5～2.5cm，外皮黄褐色粗糙，假种皮肉质半透明多汁，内含1粒种子。种子球形，黑褐色光亮。花果期3～9月。

【产地分布】我国广东、海南岛、广西、云南等地多有栽培。

【应用与养护】龙眼品种较多，为南方常见园林绿化果木。常种植在植物园、公园、道路旁、风景区、农业观光园、庭院、村寨旁等处。荔枝喜光照充足、高温湿润的环境，不耐寒。对土壤要求不严，一般土壤均可种植，不耐盐碱性土壤。

文冠果

【别名】文冠花、文光果、温旦革子、文冠木

【学名】*Xanthoceras sorbifolium*

【识别特征】无患子科。落叶乔木。株高可达8m。树皮灰黑色。奇数羽状复叶，小叶9～19，长圆形或披针形，先端锐尖，基部楔形，边缘具锐锯齿。总状花序顶生或腋生，长14～25cm。花瓣5，倒卵形，白色，基部具紫红色或黄色斑晕；花盘薄而分裂，每裂的背面有一角状的附属物。蒴果近圆形、椭圆形或近四方形，直径4～6cm，果柄粗壮。种子多数，圆形光亮，成熟时黑色。花果期4～8月。

【产地分布】我国分布于华北、西北等地。生于丘陵、山谷中。

【应用与养护】文冠果花朵稠密，花序鲜艳美丽，具有较好的观赏性。常种植在植物园、公园、行道路边、农业观光园等处。也是荒山绿化造林的树种。文冠果喜光照充足、温暖湿润的环境，稍耐阴，耐旱，耐寒。耐贫瘠，一般土壤均可种植，不耐涝。

辽椴

【别名】糠椴、大叶椴　　【学名】*Tilia mandshurica*

【识别特征】椴树科。落叶乔木。株高可达20m。幼枝和芽均有褐色茸毛。叶互生，卵圆形，先端短锐尖，基部常为心形，叶背面密被灰白色星状茸毛，叶缘具长尖状的粗锯齿；叶柄长3～7cm。聚伞花序腋生，下垂，具褐色茸毛。苞片长5～10cm，狭长圆形或狭倒披针形，下部1/3或1/2与花序柄合生，叶背面密被星状毛。花瓣黄色，长约0.8cm。果实球形，直径约0.5cm，外被褐色茸毛。花果期6～9月。

【产地分布】我国分布于东北、华北、华东。生于杂木林中。

【应用与养护】辽椴为常见的园林绿化树木。多种植在植物园、公园、行道路旁、山坡等处。辽椴喜光照充足、温暖凉爽的环境，稍耐阴，耐旱，耐寒。耐贫瘠，一般土壤均可种植，不耐涝。

瓜栗

【别名】光瓜栗、马拉巴栗、发财树　　【学名】*Pachira aquatica*

【识别特征】木棉科。常绿小乔木。株高9～18m。掌状复叶，总叶柄长可达35m；小叶5～7枚，长椭圆状披针形或长椭圆形，先端急尖或渐尖，基部楔形，全缘；小叶柄短。花单生枝端叶腋处。花瓣淡黄绿色，狭披针形或线形，长可达15cm；花丝细长白色。蒴果近梨形，绿色，长约10cm。花果期5～12月。

【产地分布】原产于中美洲。我国华南、西南多有栽培。

【应用与养护】瓜栗四季常绿，为优良的观赏树木。我国园林应用主要为盆栽，用于花坛的装饰，或摆放于宾馆大厅、会议室、会客室、办公室、庭院等处供观赏。瓜栗喜光照，喜高温高湿的环境，生长适温20～30℃，耐阴性强，稍耐水湿，不耐寒。喜肥沃疏松、排水良好的微酸性沙质土壤，不耐盐碱性土壤和黏重土。

美丽异木棉

【别名】南美木棉、美人树、丝木棉　　【学名】*Ceiba speciosa*

【识别特征】木棉科。落叶乔木。株高可达18m。树皮青绿色或灰绿色，密被圆锥状尖刺。叶互生，掌状复叶，总叶柄长可达20cm；小叶3～7枚（常为5枚），椭圆形或倒卵状长椭圆形，先端急尖或渐尖，基部楔形；小叶柄短。花萼杯状，绿色。花常1～3朵腋生或数朵生枝端。花瓣5，长椭圆形，边缘波状略反卷，粉红色或红色，花瓣中下部土黄色或乳黄色带有黑褐色条斑。蒴果纺锤形，内有白色绵毛。花期10～12月，果期翌年5月。

【产地分布】原产于南美洲。我国华南、西南等地有栽培。

【应用与养护】美丽异木棉树冠开展，花色艳丽美观，是南方具有很高观赏价值的园林树木。常种植在植物园、公园、道路边、宾馆、住宅小区、村寨旁等处。美丽异木棉喜光照充足、高温多湿的环境，稍耐阴，不耐寒。对土壤要求不严，一般土壤均可种植，不耐涝。

木棉

【别名】攀枝花、英雄树、木棉花、琼枝　　【学名】*Bombax ceiba*

【识别特征】木棉科。落叶乔木。株高可达25m。树干有圆锥状粗尖刺。掌状复叶，小叶5～7枚，长椭圆形或长圆状披针形，长10～20cm，宽5～7cm，先端渐尖，基部阔或渐狭，全缘；小叶柄长2～4cm。花单生枝端叶腋处。花萼厚革质，裂片宽三角形，绿色。花红色，先叶开放，直径约10cm，花瓣5，肉质矩圆形。蒴果长圆形，长10～15cm，木质化，内有丝状绵毛。花果期3～6月。

【产地分布】我国分布于西南、华南。生于旷野、山谷。

【应用与养护】木棉花盛开时满树通红，极为美丽壮观，是南方著名的园林观赏树木。常种植在植物园、风景区、公园、道路边、坡地、宾馆、庭院等处。木棉喜光照充足、温暖湿润的环境，较耐旱，不耐寒。喜土层深厚肥沃、排水良好的微酸性土壤，不耐黏重土壤。

梧桐科

可可

【别名】可可树、巧克力坚果树　　【学名】*Theobroma cacao*

【识别特征】梧桐科。常绿乔木。株高可达12m。树皮暗灰色或灰褐色。叶片卵状长椭圆形或倒卵状长椭圆形，先端长渐尖，基部圆形或近心形；叶柄短。聚伞花序簇生在树干或主枝上。花萼粉红色，5深裂，裂片长披针形。花淡黄色，直径约1.8cm，花瓣5，略比花萼长，下部凹陷成头盔状，上部匙形而向外反卷。果实椭圆形或长椭圆形，长15～20cm，表面具数条纵沟，成熟时深黄色或暗红色。种植后约4年开始开花结果。花果期可全年。

【产地分布】原产于南美洲。我国海南、云南等地有栽培。

【应用与养护】可可树果实美观，具有较好的观赏性。常种植在植物园、公园、农业观光园、道路旁、村寨旁等处。可可树喜阳光充足、温暖湿润的环境，不耐寒。栽培应选择土壤肥沃疏松、排水良好、地势较高、背风向阳的地方种植。不耐黏重土壤和积水。

梧桐

【别名】桐树、青桐、梧桐子、青皮树　　【学名】*Firmiana simplex*

【识别特征】梧桐科。落叶乔木。株高可达15m。树皮青绿色。叶片掌状3～5中裂，长15～20cm，先端渐尖，基部心形，裂片全缘，叶背面有星状短柔毛；叶柄与叶片近等长。圆锥花序顶生，长可达20cm。萼片长圆形，长约1cm，花瓣状，向外反卷。花单性，黄绿色，无花瓣；心皮4～5，开裂成叶状，长3～10cm。蓇葖果，5瓣裂。种子球形，生于心皮边缘。花果期6～10月。

【产地分布】我国分布于西南、华南、东南、华中、华北。

【应用与养护】梧桐树蓇葖果大而美丽，为常见的园林绿化树木。常与其他树木搭配种植在公园、道路边、建筑物旁、庭院等处。梧桐喜光照充足、温暖湿润的环境，耐旱，较耐寒。对土壤要求不严，耐贫瘠，一般土壤均可种植。

茶梅

【别名】茶梅花、玉茗、小茶梅　　【学名】*Camellia sasanqua*

【识别特征】山茶科。常绿小乔木。嫩枝灰色，具微毛。叶片椭圆形或倒卵圆形，革质光泽，先端急尖或短尖，基部楔形或略圆，叶缘具锯齿；叶柄长约0.5cm。花单生枝端，直径5～8cm，有淡淡的香味。花粉红色或红色，花瓣宽倒卵形。蒴果球形，宽1.5～2cm。花期11月初至翌年3月。

【产地分布】我国分布于长江以南地区。河南也有栽培。

【应用与养护】茶梅株形秀丽，花朵鲜艳美丽，花量大，具有很好的观赏效果。

常种植在植物园、公园、宾馆、庭院等处。盆栽用作花坛的配置植物，或摆放于庭院、宾馆等处供观赏。茶梅喜阳光，喜温暖湿润的环境，生长适温18～25℃，稍耐阴，忌强光暴晒，较耐寒。喜肥沃疏松、富含腐殖质、排水良好的微酸性至中性土壤。养护方面应注意防治红蜘蛛等。

柽柳

【别名】垂丝柳、红柳、西河柳、山川柳　　【学名】*Tamarix chinensis*

【识别特征】柽柳科。灌木或小乔木。株高2～5m。枝条纤细，褐红色。叶小，长0.1～0.3cm，呈鳞片状、卵状三角形、卵状长圆形或披针形，先端渐尖，基部鞘状，蓝绿色，无叶柄。圆锥状复总状花序顶生。萼片5，卵状三角形。花小，粉红色，花瓣5；雄蕊5，伸出花瓣外，花药紫红色，花丝细长。蒴果圆锥体状，成熟时3瓣裂。花果期6～9月。

【产地分布】我国分布于华北、东北、华东、华南、西北等地。生于盐碱地、海滨沙滩、荒漠地。

【应用与养护】柽柳枝条纤细，花序大，花色粉红美观，为较常见的园林绿化树木。常种植在海滨盐碱地、沙漠地、荒滩地、河岸边等处，是改造盐碱地、绿化环境的优良树种。植物园、公园也有少量栽培供观赏。柽柳喜光照充足、温暖湿润的环境，耐旱，耐寒，耐水湿。喜生长在偏盐碱的土壤中，为盐碱地的指示植物。

番木瓜

【别名】万寿果、番瓜、木瓜　　【学名】*Carica papaya*

【识别特征】番木瓜科。软木质乔木。株高可达8m。茎粗壮直立，有螺旋状排列的叶痕。叶片5～9深裂，裂片再羽状分裂；叶柄长，中空。花单性或两性，花白色；雌花单生或数朵排成伞房状，雌花无雄蕊；雄花具10雄蕊。浆果近球形、橄榄形或卵状圆柱形，肉质肥大，成熟后黄色或淡橘黄色，果肉橘黄色，味甜。南方热带花果期可全年。

【产地分布】原产于中美洲。我国华南、西南等地有栽培或逸生。

【应用与养护】番木瓜叶形美观，果实累累，具有很好的观赏性。南方常种植在植物园、公园、农业观光园、庭院、村寨旁等处。北方温室有引种栽培供观赏。番木瓜喜光照充足、高温多湿的环境，生长适温25～32℃，不耐寒。喜肥沃疏松、排水良好的微酸性至中性土壤。养护方面应特别注意预防番木瓜花叶病毒病等。

大花紫薇

【别名】大叶紫薇、大果紫薇　　【学名】*Lagerstroemia speciosa*

【识别特征】千屈菜科。落叶乔木。株高可达20m。树皮灰色，小枝圆柱形。叶对生，革质，矩圆状椭圆形或卵状椭圆形，长15～25m，宽6～10cm，先端短尖或钝圆，基部圆形或阔楔形，全缘；叶柄长1～1.5cm。圆锥花序顶生，长15～25cm。花紫红色或红色，直径约5cm；花瓣6，近圆形或矩圆状倒卵形。蒴果球形或倒卵状矩圆形，直径约2cm，6裂，褐灰色。花果期5～12月。

【产地分布】原产于印度、斯里兰卡、越南、马来西亚、菲律宾等地。我国华南有栽培。

【应用与养护】大花紫薇花大美丽，为南方较常见的园林绿化树木。常种植在植物园、公园、道路边、坡地、庭院等处。大花紫薇喜光照充足、高温湿润的环境，不耐寒。喜肥沃疏松、排水良好的微酸性土壤。

石榴科

石榴

【别名】安石榴、金罂、若榴木　　【学名】*Punica granatum*

【识别特征】石榴科。落叶灌木或小乔木。株高可达6m。叶对生或簇生，长圆状披针形，先端尖，基部渐狭，全缘；叶柄短。花1至数朵生小枝顶端或叶腋处。花萼筒钟状，肉质肥厚，裂片6，卵状三角形。花红色，稀为白色或黄色，花瓣倒卵形。浆果近球形，直径7～10cm，花萼宿存，成熟时红色或褐黄色。花果期6～10月。

【产地分布】原产于巴尔干半岛至伊朗及其邻近地区。我国各地广为栽培。

【应用与养护】石榴为观食两用的园林树木。常种植在公园、道路边、农业观光园、庭院等处。可盆栽或制作盆景供观赏。石榴喜光照充足、温暖湿润的环境，生长适温16～28℃，耐旱，耐寒，不耐阴。对土壤要求不严，一般土壤均可种植。养护方面应注意及时防治蚜虫等。

红千层

【别名】金宝树、瓶刷子树、串钱柳　　【学名】*Callistemon rigidus*

【识别特征】桃金娘科。常绿小乔木。株高3～5m。树皮灰褐色，嫩枝具棱。叶互生，狭条形，长5～10cm，宽0.6～1cm，先端钝尖，基部狭楔形，油腺点明显，全缘；叶柄极短。穗状花序生枝端，直立。花瓣绿色，卵形，长约0.6cm，有油点；雄蕊长2.5cm，红色。蒴果半球形，先端平截。花期6～8月。

【产地分布】原产于澳大利亚。我国华南、西南有栽培。

【应用与养护】红千层穗状花序十分美丽，具有很好的观赏价值。常种植在植物园、公园、路边绿地、山坡、庭院等处。盆栽摆放于庭院、厅堂等处供观赏。红千层喜光照充足、温暖湿润的环境，耐高温，耐旱，较耐寒冷。喜肥沃、排水良好的微酸性土壤，也耐贫瘠土壤。

垂枝红千层

【别名】串钱柳　　【学名】*Callistemon viminalis*

【识别特征】桃金娘科。常绿小乔木。株高可达6m。树皮暗灰色，小枝细长下垂，密被茸毛。叶互生，狭条形，长3～8cm，宽约0.5cm，先端钝尖，基部狭楔形，油腺点明显，全缘；叶柄极短或无。穗状花序生枝端，下垂。花瓣5，卵形，长约0.6cm，有油点；雄蕊多数，长1.5cm，红色。蒴果半球形，先端平截。花果期4～12月。

【产地分布】原产于澳大利亚。我国华南、西南有栽培。

【应用与养护】垂枝红千层穗状花序下垂十分美丽，花期长，具有很好的观赏价值。常种植在植物园、公园、风景区、道路边绿地、山坡、庭院等处。垂枝红千层喜光照充足、温暖湿润的环境，耐高温，耐旱，较耐寒。喜肥沃、排水良好的微酸性土壤，也耐贫瘠土壤。

番石榴

【别名】芭乐、鸡矢果、缅桃　　【学名】*Psidium guajava*

【识别特征】桃金娘科。常绿灌木或小乔木。株高可达10m。嫩枝具棱，灰褐色。叶对生，薄革质，椭圆形或长圆形，先端钝尖，基部近圆形或宽楔形，背面密生短柔毛，羽状脉明显，叶缘微波状；叶柄粗短。花单生或数朵同生在总花梗上。花萼管钟形，有毛。花瓣4～5，白色，长1～1.4cm，椭圆形。浆果近球形或卵圆形，成熟时淡粉红色，花萼宿存。花果期5～10月。

【产地分布】原产于热带美洲。生于荒地、丘陵。我国华南、西南多有栽培或逸生。

【应用与养护】番石榴为南方常见观食两用树木。常种植在植物园、公园、坡地、农业观光园、道路边、村寨旁、庭院等处。番石榴喜光照充足、高温湿润的环境，生长适温23～30℃，不耐寒。对土壤要求不严，一般土壤均可生长。

蒲桃

【别名】水蒲桃　　【学名】*Syzygium jambos*

【识别特征】桃金娘科。常绿乔木。株高可达10m。树皮灰褐色或褐色。叶片薄革质，披针形、卵状披针形或长圆形，先端渐尖，基部宽楔形，全缘；叶柄长约0.8cm。聚伞花序生枝端，有花数朵。萼齿4，半圆形。花白色或淡粉红色，花瓣分离，阔卵形；雄蕊极多，长2～3cm。果实球形，直径3～5cm，成熟时黄色，花萼宿存。花果期3～6月。

【产地分布】我国华南、西南等地有栽培。生于山坡、林中、山谷、溪边等地。

【应用与养护】蒲桃为南方观食两用的树木。常种植在植物园、农业观光园、公园、村寨旁、庭院等处。北方大型温室中有引种栽培供观赏。蒲桃喜光照充足、高温湿润的环境，耐旱，耐水湿，不耐寒。对土壤要求不严，但以土层深厚肥沃、排水良好的微酸性沙质土壤为佳。

洋蒲桃

【别名】莲雾、南洋蒲桃、爪哇蒲桃、铃铛果

【学名】*Syzygium samarangense*

【识别特征】桃金娘科。常绿乔木。株高可达12m。树皮灰褐色。叶对生，薄革质，椭圆形或长圆形，先端钝尖，基部圆形或狭心形，全缘；叶柄很短。聚伞花序顶生或腋生，具数朵花。花萼筒倒圆锥形，裂片4，裂片近半圆形，边缘膜质。花瓣4，白色，近圆形；雄蕊极多，长约1.5cm。果实梨形或三角状半球形，肉质多汁，淡红色或粉红色，表面光泽。花果期3～6月。

【产地分布】原产于泰国、马来西亚、印度尼西亚。我国华南、台湾及西南有栽培。

【应用与养护】洋蒲桃红色果实挂满枝头十分美丽，为南方观食两用的树木。常种植在植物园、农业观光园、公园、村寨旁、庭院等处。北方大型温室中有引种栽培供观赏。洋蒲桃喜光照充足、高温湿润的环境，不耐寒。对土壤要求不严，但以土层深厚肥沃、排水良好的微酸性沙质土壤为佳。

五加科

澳洲鸭脚木

【别名】昆士兰伞木、大叶伞树、辐叶鹅掌柴

【学名】*Schefflera macrostachya*

【识别特征】五加科。常绿乔木。株高可达30m。树干直立，树皮灰绿色或灰褐色。叶片大，掌状复叶，革质，小叶3～16枚，长椭圆形，长20～30cm，宽8～10cm，先端钝尖，基部楔形或钝圆，叶缘微波状；小叶柄长5～10cm。圆锥状花序顶生。果实球形，成熟时紫红色。花果期4～12月。

【产地分布】原产于澳大利亚及太平洋中的一些岛屿。我国华南地区有栽培。

【应用与养护】澳洲鸭脚木树形如伞，花序美观，具有很好的观赏价值。南方常种植在植物园、公园、道路边、疏林旁等处。盆栽用于摆放庭院、厅堂等处供观赏。澳洲鸭脚木喜光照充足、高温湿润的环境，生长适温为20～30℃，稍耐阴，不耐寒。喜肥沃疏松、富含有机质、排水良好的沙质土壤。

山茱萸

【别名】肉枣、药枣、实枣　【学名】*Cornus officinalis*

【识别特征】山茱萸科。落叶乔木。株高可达6m。树皮灰棕色，不规则形成块脱落。叶对生，卵形或长椭圆状，长5～7cm，宽3～5cm，先端渐尖，基部楔形，全缘，叶背面沿主脉脉腋间有灰黑色毛丛；叶柄长约1cm。花先叶开放，伞房花序簇生在小枝端。总苞片4，黄绿色。花小，黄色，花瓣4；雄蕊4。核果椭圆形，长约1.5cm，直径约0.8cm，光滑，成熟时红色。花果期5～10月。

【产地分布】我国除东北外广布。生于山坡杂木林。

【应用与养护】山茱萸春季花开，满树金黄，秋季红色果实挂满枝头经久不落，具有很高的观赏价值。常种植在植物园、公园、道路边、住宅小区等处。山茱萸喜光照充足、温暖湿润的环境，稍耐阴，耐寒。喜肥沃疏松、富含有机质、排水良好的沙质土壤。

人心果

【别名】吴凤柿、牛心梨、赤铁果　　【学名】*Manilkara zapota*

【识别特征】山榄科。常绿乔木。株高可达20m。树皮灰青色，小枝褐色。叶片革质，密聚于枝条端部，卵状长圆形，先端钝尖，基部楔形，全缘；叶柄长2～3cm。花1至数朵生枝端叶腋处，花梗密被锈色茸毛。花萼外轮裂片3，内轮裂片3，被锈色茸毛。花冠白色，长约0.8cm，裂片先端齿裂。浆果卵球形，长4～8cm，表面褐色。花果期4～9月。

【产地分布】原产于墨西哥至哥斯达黎加。我国华南、台湾、云南等地有栽培。

【应用与养护】人心果为南方常见的观食两用绿化树木。常种植在公园、林缘、农业观光园、道路边、山坡、丘陵、住宅小区、庭院、村寨等处。盆栽摆放于庭院、厅堂等处供观赏。人心果喜阳光充足高温多湿的环境，生长适温22～30℃，不耐寒。喜土层深厚肥沃、排水良好的沙质土壤或微黏质土壤。

柿

【别名】柿子树　　【学名】*Diospyros kaki*

【识别特征】柿科。落叶乔木。株高10～27m。树皮灰褐色或灰黑色，纵裂成小长方块。叶片革质，卵状椭圆形，先端渐尖或钝尖，基部宽楔形或近圆形，全缘；叶柄长1～2cm。雄花序由1～3朵花组成，花冠钟状，黄白色；雌花单生叶腋处，花冠钟形或壶形，黄白色或带紫红色，花萼4裂，果实增大。浆果扁球形或球形，直径5～12cm，成熟时黄褐色。花果期5～10月。

【产地分布】原产于我国长江流域。生于山坡、杂木林。各地广为栽培。

【应用与养护】柿树树形古朴，秋季果实挂满树枝，十分美观，为常见的观食两用树木。常种植在公园、道路边、风景区、农业观光园、山坡、丘陵、村寨旁、庭院等处。柿喜阳光充足、温暖的环境，耐旱，耐寒。耐贫瘠，一般土壤均可生长，不耐盐碱土壤。养护方面应注意及时防治柿蒂虫和柿绵蚧等。

乌柿

【别名】火柿、干柿　　【学名】*Diospyros cathayensis*

【识别特征】柿科。常绿或半常绿乔木。株高可达10m。小枝纤细，灰褐色。叶片薄革质，长圆状披针形或近菱状卵形，先端渐尖，基部楔形，全缘；叶柄短，有微毛。雄花常3个组成聚伞花序，极少单生，花冠瓮状，淡黄色。雌花单生，花冠白色。浆果卵球形，直径1.5～3cm，成熟时橙红色，表面常有疏生的黑褐色小斑点，果柄纤细，长3～6cm。花果期4～10月。

【产地分布】我国分布于西南、华中、华东。生于山坡、山谷林中。

【应用与养护】乌柿树冠开展，多分枝，秋季红色果实挂满树枝，为优良的观赏树木。常种植在公园、道路边、山坡、庭院等处。乌柿喜阳光充足、温暖湿润的环境，耐旱，不耐寒。对土壤要求不严，一般土壤均可生长。

君迁子

【别名】黑枣、软枣、野柿子　　【学名】*Diospyros lotus*

【识别特征】柿科。落叶乔木。株高可达15m。叶互生，卵状椭圆形或长圆形，长5～14cm，宽3.5～5.5cm，先端渐尖，基部宽楔形或近圆形，全缘；叶柄长1～2cm。花单生或簇生叶腋处。花萼4裂，裂片宽卵形，常反折。花冠淡黄绿色或淡红色。浆果鸡心形或近球形，直径1～2cm，成熟后黑色，外面被白霜。花果期4～11月。

【产地分布】我国分布于西南、华中、华东、西北、华北、东北。生于山坡、山谷、林缘。

【应用与养护】君迁子树叶片秋季变为红黄色，果实由黄色渐变成黑色，且挂果时间长，为常见的园林绿化树木。常与其他树木搭配种植在公园、行道路边、山坡、庭院等处。君迁子喜光照充足、温暖的环境，耐旱，耐寒。对土壤要求不严，耐贫瘠，一般土壤均可生长。

木犀科

白蜡树

【别名】青榔木、白荆树　　【学名】*Fraxinus chinensis*

【识别特征】木犀科。落叶乔木。株高可达5m。树皮灰黑色，纵裂成条状剥落。冬芽黑褐色，被茸毛。奇数羽状复叶，小叶5～7枚，稀为9，椭圆形或卵状椭圆形，先端渐尖，基部楔形，叶缘具波状齿；小叶柄短或无。圆锥花序顶生或侧生枝梢，与叶片同时开放，大而松散。花萼钟形，4深裂；无花冠。翅果倒披针形，长3.5～4cm，先端钝，成熟后黄褐色。花果期4～9月。

【产地分布】我国大部地区有分布。生于山坡、杂木林中。

【应用与养护】白蜡树枝叶繁茂，为常见的园林树木。主要作行道树种植在公路两旁，也常与其他树木种植在公园、林缘、山坡等处。白蜡树喜光照充足温暖的环境，耐旱，耐寒。一般土壤均可种植，轻度盐碱土壤也可生长。

木犀

【别名】九里香、岩桂、桂花　　　【学名】*Osmanthus fragrans*

【识别特征】木犀科。常绿乔木或灌木。株高可达5m。叶对生，革质，椭圆形或长椭圆形，先端急尖或渐尖，基部楔形，全缘或边缘上半部有锯齿；叶柄长约2cm。聚伞花序簇生叶腋处，花梗细短。花小，黄白色或淡黄色，长约0.4cm，香味浓烈；花冠4深裂，裂片椭圆形。核果椭圆形，长1～1.5cm，成熟时紫黑色。花期9～10月，果期翌年3月。

【产地分布】我国分布于西南等地。生于山坡、灌丛、杂木林。

【应用与养护】木犀盛开时香飘四溢，为南方著名的园林绿化树木。常种植在植物园、公园、道路旁、宾馆、校园、住宅小区、庭院、村寨旁等处。盆栽用于摆放庭院、宾馆大厅、室内等处供观赏。木犀喜光照充足、温暖湿润的环境，生长适温15～28℃，稍耐阴，不耐寒。一般土壤均可生长，但以肥沃疏松、排水良好的微酸性土壤为佳，不耐盐碱土和黏重土壤。

流苏树

【别名】茶叶树、四月雪、萝卜丝花、乌金子 　　【学名】*Chionanthus retusus*

【识别特征】木犀科。落叶乔木。株高可达20m。树皮灰黑色，纵裂。叶片近革质，椭圆形、卵形或长椭圆形，长4～10cm，先端钝尖或微凹，基部宽楔形或圆形，全缘；叶柄长1～2.5cm。聚伞状圆锥花序生侧枝顶端。花冠白色，4深裂，裂片细条状披针形，长1.2～2cm。核果椭圆形或近球形，成熟时蓝黑色或黑色，外被白霜。花果期4～10月。

【产地分布】我国分布于西南、华南、西北、华北等地。生于山坡、疏林中。

【应用与养护】流苏树树冠宽阔，春季满树盛开着雪白色的花朵，如霜似雪十分美丽，为较常见的园林绿化树木。常种植在植物园、公园、道路边、山坡等处。流苏树喜光照充足、温暖湿润的环境，耐干旱，耐寒。耐贫瘠，在中性土壤至微酸性土壤中均可生长，不耐涝。

女贞

【别名】女桢、蜡树、将军树　　【学名】*Ligustrum lucidum*

【识别特征】木犀科。常绿乔木。株高可达25m。树皮灰褐色。叶片近革质，卵形、长卵形或椭圆形，先端渐尖或钝尖，基部近圆形或楔形，全缘；叶柄长1～3cm。圆锥花序生枝端，长可达25cm。花冠白色，花瓣4，常反卷，花梗短；花冠筒与花萼近等长。核果椭圆形或近圆形，长约1cm，成熟时紫蓝色，被白粉。花期5～7月，果期7月至翌年5月。

【产地分布】我国分布于西南、华南、华东、华中等地。

【应用与养护】女贞枝叶繁茂，紫蓝色的果实挂满枝头，为南方常见的园林绿化树木。常种植在公园、行道路旁、宾馆、住宅小区、庭院等处。女贞喜光照充足温暖湿润的环境，稍耐阴，较耐寒。喜土层深厚、肥沃、排水良好的沙质土壤。

暴马丁香

【别名】阿穆尔丁香、荷花丁香　　【学名】*Syringa reticulata* subsp. *amurensis*

【识别特征】木犀科。落叶乔木。株高可达6m。树皮灰褐色，具细裂纹。叶对生，卵形，先端渐尖或尾尖，基部圆形或近心形，全缘；叶柄长2～3cm。圆锥花序由侧芽抽出，长15～20cm。花冠白色，花冠管长约0.6cm，花冠裂片4，裂片卵形；雄蕊伸出花冠外，花药黄色。蒴果长椭圆形，长1～1.5cm，成熟时深褐色。花果期6～10月。

【产地分布】我国分布于东北、华北、西北、西南。生于山坡灌丛、林缘、沟边。

【应用与养护】暴马丁香树冠紧凑，花序大，花期长，为著名的园林观赏树木。常孤植或片植在公园、植物园、道路边、坡地、建筑物旁、庭院等处。暴马丁香喜光照充足、温暖湿润的环境，稍耐阴，耐旱，耐寒。对土壤要求不严，耐贫瘠，一般土壤均可生长，忌积水和低洼地种植。

非洲霸王树

【别名】棒槌树、马达加斯加棕榈、长茎瓶干树

【学名】*Pachypodium lamerei*

【识别特征】夹竹桃科。多肉乔木。株高可达 5m。茎干圆柱形，绿褐色，密被3枚一簇的灰色硬刺，刺先端深褐色。叶片丛生于树干的顶端，叶片狭条形或狭条状披针形，深绿色，先端钝，具芒尖，基部渐狭或宽楔形，全缘；叶柄淡绿色。花冠白色，喉部淡黄色，直径 5 ～ 8cm，花瓣5。果实狭卵状圆柱形，先端钝尖。花期春季至夏季。

【产地分布】原产于非洲马达加斯加。我国有引种栽培。

【应用与养护】非洲霸王树茎干肉质挺拔，叶片丛生茎干上端，具有很好的观赏价值。常种植在植物园温室内供游客观赏，也可盆栽摆放于厅堂等处供观赏。非洲霸王树喜光照充足、温暖干燥的环境，生长适温20 ～ 25℃，耐半阴，耐旱。不耐寒，温度低于10℃易受冻害。喜肥沃疏松、排水良好的沙质土壤。

鸡蛋花

【别名】缅栀子、蛋黄花、大季花、印度素馨

【学名】*Plumeria rubra* 'Acutifolia'

【识别特征】夹竹桃科。落叶小乔木。株高可达8m。茎枝粗壮肉质，体内具白色乳汁。叶片聚生枝端，长圆状披针形，先端钝尖，基部楔形或宽楔形，羽状脉明显，全缘；叶柄长3～7cm。聚伞花序顶生。花萼5裂，裂片宽卵形，紧贴花冠；花冠白色，内面中下部鲜黄色，花冠5瓣裂，裂片倒卵形，左旋转排列，有清香味。蓇葖果长圆柱形。果期5～12月。

【产地分布】原产于美洲热带。我国华南、西南广为栽培。

【应用与养护】鸡蛋花株形美观，花朵淡雅清香，为南方著名的园林绿化植物。常孤植或丛植在公园、风景区、行道路边、宾馆、校园、庭院等处。盆栽摆放于厅堂等处供观赏。鸡蛋花喜光照充足、高温湿润的环境，生长适温20～30℃，稍耐阴，较耐旱，不耐寒。喜肥沃疏松、富含有机质、排水良好的土壤，不耐涝。

红鸡蛋花

【别名】红花鸡蛋花　　【学名】*Plumeria rubra*

【识别特征】夹竹桃科。落叶小乔木。株高可达8m。茎枝粗壮肉质，体内具白色乳汁。叶片聚生枝端，长椭圆形或长圆状披针形，先端急尖，基部楔形，羽状脉明显，全缘；叶柄长3～5cm。聚伞花序顶生。花冠粉红色，5瓣裂，裂片倒卵形开展，左旋转排列，有清香味。蓇葖果长圆柱形。花果期5～12月。

【产地分布】原产于美洲热带。我国华南、西南有栽培。

【应用与养护】红鸡蛋花高雅端庄，花红芳香，为南方著名的园林绿化观赏植物。常孤植或丛植在公园、风景区、行道路边、校园、宾馆、庭院等处。盆栽摆放于厅堂等处供观赏。红鸡蛋花喜阳光充足、高温湿润的环境，生长适温20～30℃，稍耐阴，较耐旱，不耐寒。喜肥沃疏松、富含有机质、排水良好的土壤，不耐涝。

楸

【别名】楸树、梓桐、金丝楸　　【学名】*Catalpa bungei*

【识别特征】紫葳科。落叶乔木。株高可达15m。树皮灰褐色，纵裂。叶对生，三角状卵形或卵状椭圆形，先端渐尖，基部截形或宽楔形，有时基部边缘具1～4对齿或裂片；叶柄长2～8cm。伞房状总状花序，由2～12朵花组成。花萼先端具2尖齿。花冠淡粉红色，内面具紫色斑纹及斑点。蒴果细长圆柱形，长20～45cm。花果期5～10月。

【产地分布】我国分布于华中、华东、西北、华北。贵州、云南、广西等地也有栽培。

【应用与养护】楸树树形挺立，花开芳香，为常见的园林绿化树木。常种植在植物园、公园、道路边、林缘、庙宇、庭院等处。也是植树造林常用的树种。楸喜光照充足、温暖湿润的环境，稍耐阴，耐旱，较耐寒。对土壤要求不严，一般土壤均可生长，不耐黏性土壤，不耐涝。

黄金树

【别名】白花梓树 　　【学名】*Catalpa speciosa*

【识别特征】紫葳科。落叶乔木。株高可达15m。树皮灰黑色或灰褐色，纵裂。叶对生，宽卵形或卵状长圆形，长15～30cm，先端渐尖，基部心形或截形，叶背面密生短柔毛，全缘；叶柄长10～15cm。圆锥花序生枝端，长约15cm。花冠白色，内面具2条淡黄色条纹和紫色斑点。蒴果细长圆柱形，长可达30～50cm。花果期6～10月。

【产地分布】原产于美国中部至东部。我国大部分地区有引种栽培。

【应用与养护】黄金树树形挺拔，花洁白素雅，为较常见的园林绿化树木。常与其他树木搭配种植在植物园、公园、道路边、林缘、坡地、庭院等处。楸树喜光照充足、温暖湿润的环境，稍耐阴，耐旱，较耐寒。不耐贫瘠，喜土层深厚肥沃、排水良好的土壤，不耐黏性土壤，不耐涝。

梓

【别名】黄花楸、花楸、臭梧桐　　【学名】*Catalpa ovata*

【识别特征】紫葳科。落叶乔木。株高可达10cm。树皮灰绿色或灰黑色。叶对生或轮生，宽卵形或近圆形，常3～5浅裂，基部微心形，全缘；叶柄长6～18cm。圆锥花序生枝端，长10～25cm。花冠钟状，花淡黄白色，内面具2条淡黄色条纹和紫色斑点。蒴果细长圆柱形，长20～30cm。花果期6～9月。

【产地分布】我国分布于西南、华中、华东、西北、华北、东北。生于山坡、杂木林。

【应用与养护】梓树叶大浓密，花朵优美，果实细长成丛下垂，具有很好的观赏性，为常见的园林绿化树木。常种植在公园、植物园、树林、行道路边、校园、住宅小区等处。梓树喜光照充足、温暖湿润的环境，稍耐阴，耐寒。喜土层深厚肥沃、排水良好的沙质土壤，不耐黏性土壤，不耐涝。

火烧花

【别名】火花树、炮仗花　　【学名】*Mayodendron igneum*

【识别特征】紫葳科。常绿乔木。株高可达15m。树皮灰褐色。奇数2回羽状复叶，小叶卵形或卵状披针形，长8～12cm，先端渐尖，基部偏斜宽楔形，全缘；顶生小叶柄长约3cm，侧生小叶柄长0.5～1cm。短总状花序生老茎或侧枝上，具5～13朵花。花冠筒状，长约7cm，冠檐裂片5，裂片反折，橙黄色或金黄色。蒴果长条形，下垂。花果期2～9月。

【产地分布】我国分布于广东、广西、台湾、云南南部。生于低山坡、林中。

【应用与养护】火烧花为南方极具观赏价值的园林树木。常种植在植物园、风景区、公园、行道路边、校园、村寨旁、庭院等处。也可盆栽供观赏。火烧花喜阳光充足、高温高湿的环境，生长适温23～30℃，耐热、稍耐阴，不耐寒。不耐盐碱土，喜土层深厚肥沃、排水良好的微酸性至中性土壤。

火焰树

【别名】火焰木、苞萼木、郁金香树　　【学名】*Spathodea campanulata*

【识别特征】紫葳科。落叶乔木。株高可达10m。树皮淡灰黄色或灰褐色。奇数羽状复叶，小叶13～17枚，椭圆形或卵形，先端急尖或钝尖，基部近圆形，背面叶脉上有柔毛，全缘；小叶柄极短。伞房状总状花序生枝端，花密集。花冠钟状，一侧膨大，橘红色或红色，直径约6cm。蒴果长圆状披针形，黑褐色。花期4～11月。

【产地分布】原产于非洲。我国广东、福建、台湾、云南西双版纳等地有栽培。

【应用与养护】火焰树花姿优美，花朵形似一团团红色的火焰，十分美观，为南方珍贵的园林观赏树木。常种植在植物园、公园、道路边、宾馆、庭院等处。火焰树喜光照充足、高温湿润的环境，生长适温23～30℃，稍耐阴，不耐寒。对土壤要求不严，喜排水良好的沙质土壤。

蜡烛树

【别名】蜡瓜树、蜡烛木、蜡烛果　　【学名】*Parmentiera cereifera*

【识别特征】紫葳科。常绿乔木。株高可达10m。树皮灰褐色或淡褐色，具纵裂纹和稍突起的椭圆形皮孔。三出复叶，中间小叶较大，侧生小叶较小；小叶卵状椭圆形或椭圆形，先端急尖或钝尖，基部楔形或宽楔形，全缘；叶柄有狭翅。花生在树干或老枝上。花萼佛焰苞状开裂。花冠钟状，绿白色或淡紫红色，先端5裂，裂片常反卷；雄蕊4。果实呈蜡烛状，具槽棱，不开裂，长30～50cm，成熟后蜡黄色。在热带地区花果期可全年。

【产地分布】原产于墨西哥和危地马拉一带。生于山坡、杂木林、村寨旁。

【应用与养护】蜡烛树花朵奇特，果实形似蜡烛，具有很好的观赏性。我国西双版纳热带植物园等地有种植。北京大型温室中有栽培，供游人观赏。蜡烛树喜光照充足高温湿润的环境，稍耐阴，不耐寒。喜肥沃疏松、排水良好的微酸性土壤。

葫芦树

【别名】炮弹果、炸弹树、铁西瓜　　【学名】*Crescentia cujete*

【识别特征】紫葳科。常绿乔木。株高可达18m。树皮灰褐色或灰棕色。叶片2～5枚丛生，倒披针形，长10～15cm，宽4～6cm，先端钝尖，基部狭楔形，全缘；叶柄短。花单生小枝上，常下垂。花萼2深裂，裂片近圆形。花冠钟状，一侧膨胀，一侧收缩，淡黄绿色，长5～8cm，裂片5，不等大。果实近球形，直径约20cm，果壳坚硬，成熟时黄绿色或黄褐色，不可食用。花果期春季至秋季。

【产地分布】原产于热带美洲。我国广东、海南、广西、福建、台湾、云南有栽培。

【应用与养护】葫芦树果实硕大美丽，为南方著名的热带观赏树木。常种植在植物园、公园、海滨风景区等地。葫芦树喜光照充足、高温湿润的环境，不耐寒。喜肥沃疏松、排水良好的土壤。

早园竹

【别名】早竹、桂竹、雷竹、焦壳淡竹　　【学名】*Phyllostachys propinqua*

【识别特征】禾本科。乔木状常绿植物。竿高可达6m，圆柱形，绿色，直径3～4cm，节间长约20cm，竿环微隆起与箨环同高。箨鞘背面淡红褐色或黄褐色；箨片披针形或线状披针形；箨舌淡褐色，耳状，边缘具短纤毛。叶片披针形或条状披针形，长7～16cm，宽1～2cm，先端渐尖，基部近圆形，叶缘具细锯齿；叶柄极短。笋期4～5月。

【产地分布】我国分布于浙江余杭等地。各地广为栽培。

【应用与养护】早园竹挺拔秀丽，四季常青，为常见的园林绿化植物。常种植在植物园、公园、道路边、假山石旁、坡地、林缘、围墙边等处。早园竹喜光照充足、温暖湿润的环境，稍耐阴，耐旱，耐寒。喜肥沃疏松、排水良好的土壤，不耐涝。

紫竹

【别名】黑竹、乌竹、墨竹　　**【学名】***Phyllostachys nigra*

【识别特征】禾本科。乔木状常绿植物。竿高4～8m，直径2～4cm，上部弯曲下垂，节间长15～30cm。新竿绿色，一年之后逐渐变成紫黑色。箨环下具白粉，竿环与箨环均隆起，竿环高于箨环或等高。箨鞘背面绿褐色或绿红褐色，具褐色糙毛；箨耳弯镰形或长圆形，箨耳的缘毛多而密；箨舌耳状，具长纤毛。叶片细长披针形，长6～10cm，宽1～1.5cm，先端渐尖，基部近圆形，叶缘具细锯齿；叶柄极短。笋期4月。花期5月。

【产地分布】我国湖南、湖北、福建、浙江、江苏、安徽、陕西、北京等地有栽培。

【应用与养护】紫竹株形柔韧，竹竿紫黑色，柔和亮丽，为著名的观赏竹种。常种植在植物园、公园、道路边、假山石旁、庭院等处。紫竹喜光照充足、温暖湿润的环境，稍耐阴，耐旱，较耐寒。适合种植在肥沃、排水良好的微酸性至中性土壤中，不耐涝。

斑竹

【别名】香妃竹、泪竹　　【学名】*Phyllostachys bambusoides* f.*lacrima-deae*

【识别特征】禾本科。乔木状常绿植物。竿高可达20m，直径2～10cm，节间可长达40cm，其上生有紫褐色或淡褐色斑，幼竿表面无白粉和毛。竿环稍高于箨环。箨鞘革质，背面黄褐色；箨片带状，中间绿色，两侧紫色，边缘黄色；箨舌拱形，淡褐色或带绿色，边缘具纤毛。叶片条状披针形，先端渐尖，基部近圆形，叶缘具细锯齿；叶柄极短。笋期4～5月。

【产地分布】我国分布于黄河至长江流域。各地区有引种栽培。

【应用与养护】斑竹直立挺拔，以竿节有紫褐色斑而著名，为园林观赏竹的珍品。常种植在植物园、公园、道路边、假山石旁、缓坡地、亭榭旁、围墙边等处。斑竹喜光照充足、温暖湿润的环境，稍耐旱，较耐寒。喜肥沃疏松、排水良好的沙质土壤，不耐涝。

黄槽竹

【别名】玉镶金竹、碧玉镶黄金竹　　【学名】*Phyllostachys aureosulcata*

【识别特征】禾本科。乔木状常绿植物。竿高可达9m，直径2～4cm。幼竿密被白粉和柔毛，老竿绿色或黄绿色，纵沟槽为黄色，节间长可达40cm；竿环隆起，高于箨环，节下有白粉环。箨鞘早落，背部紫绿色常有淡黄色纵条纹和薄白粉。叶片披针形或条状披针形，长约12cm，宽约1.4cm，先端渐尖，基部近圆形，叶缘具细锯齿；叶柄短。笋期4月中旬至5月上旬。花期5～6月。

【产地分布】我国分布于浙江余杭一带。各地区有引种栽培。

【应用与养护】黄槽竹竿直立挺拔，每节间均有1条黄色的纵沟槽，具有很高的观赏价值。常种植在公园、道路边、假山石旁、建筑物旁、围墙边等处。黄槽竹喜光照充足、温暖湿润、背风向阳的环境，不耐旱，较耐寒。喜土层深厚、肥沃疏松、排水良好的微酸性至中性土壤，不耐涝。

金镶玉竹

【别名】黄金竹、金镶碧嵌竹　　【学名】*Phyllostachys aureosulcata* 'Spectabilis'

【识别特征】禾本科。乔木状常绿植物。竿高3～9m，直径2～4cm。幼竿密被白粉和柔毛，老竿金黄色，纵沟槽为绿色，节间长可达40cm；竿环隆起，高于箨环，节下有白粉环。箨鞘早落，背部紫绿色常有淡黄色纵条纹和薄白粉。叶片披针形或条状披针形，长约12cm，宽约1.4cm，先端渐尖，基部近圆形，叶缘具细锯齿；叶柄短。笋期4～5月。花期5～6月。

【产地分布】我国浙江、江苏、北京等地有栽培。

【应用与养护】金镶玉竹竿色金黄，每节间均有1条绿色的纵沟槽，具有很高的观赏价值，为我国四大名竹之一。常种植在公园、道路边、假山石旁、建筑物旁、围墙边等处。金镶玉竹喜光照充足、温暖湿润、背风向阳的环境，较耐寒。喜土层深厚、肥沃疏松、排水良好的微酸性土壤至中性土壤，不耐涝。

毛竹

【别名】南竹、楠竹、江南竹　　【学名】*Phyllostachys edulis*

【识别特征】禾本科。乔木状常绿植物。竿高可达20m，直径可达20cm。幼竿密被细柔毛和厚白粉；箨环有毛，而老竿无毛，并由绿色渐变为绿黄色。竿下部节间短，向上逐渐变长，中部节间长可达40cm。竿环不明显，低于箨环；箨鞘背面黄褐色或紫褐色，具黑褐色斑点及密被棕色刺毛。末级小枝具2～4片叶，叶片披针形，长4～11cm，宽约1.2cm。先端渐尖，基部近圆形，叶缘具细锯齿；叶柄短。笋期4月。花期5～8月。

【产地分布】我国分布于西南、华南、华中、华东。生于山坡、丘陵。

【应用与养护】毛竹竿粗挺拔秀丽，四季常青，为南方著名的园林植物。常种植在植物园、公园、风景区、池畔、坡地、丘陵、村寨等处。也是山地绿化造林常用植物。毛竹喜光照充足、温暖湿润的环境，较耐旱，不耐寒。喜土层深厚、肥沃疏松、排水良好的微酸性土壤。

粉单竹

【别名】白粉单竹、单竹　　【学名】*Bambusa chungii*

【识别特征】禾本科。乔木状常绿植物。竿丛生，高5～18m，直径约5cm，上端弯曲下垂，竿表面密被白粉，后逐渐变光滑，节间长30～60cm。箨鞘早落，脱落后在箨环处留有一圈稍隆起的环；箨舌高约0.15cm，先端平截或隆起，上缘具梳齿状裂刻或具长流苏状毛。叶片披针形或条状披针形，长10～16cm，先端渐尖，基部近圆形，两侧不对称，叶缘具细锯齿；小叶柄极短。假小穗长约2cm。颖果卵形，长约0.8cm，深棕色，腹面有沟槽。

【产地分布】我国分布于云南、贵州、广西、广东、海南、福建等地。生于丘陵地带。

【应用与养护】粉单竹高大挺拔，四季常青，为南方常见的园林绿化植物。常种植在植物园、公园绿地、山坡、丘陵、河滩地、村寨旁等处。粉单竹喜光照充足、温暖湿润的环境，稍耐阴，耐旱，不耐寒。在微酸性土壤至中性土壤中均可生长。

佛肚竹

【别名】佛竹、大肚竹　　【学名】*Bambusa ventricosa*

【识别特征】禾本科。乔木状常绿植物。竿二型；正常竿高可达10m，直径3～5cm，节间圆柱形，长20～30cm，下部微膨大；畸形竿的节间短缩，其基部肿胀似瓶状。竿下部各节于箨环之上下方各环生一圈灰白色绢毛。分枝节间稍短缩而明显肿胀。箨鞘早落，背面无毛。叶片披针形或条状披针形，长10～18cm，宽1～2cm，先端渐尖具钻状尖头，基部近圆形或宽楔形，叶缘具细锯齿；叶柄极短。假小穗单生或数枚簇生花枝各节。笋期6～9月。

【产地分布】我国分布于华南地区。各地有栽培。

【应用与养护】佛肚竹竿节短矮形似佛肚，四季常绿，古朴典雅，具有很好的观赏性。常种植在植物园、公园假山石边、亭榭旁、庭院等处。盆栽或制作盆景摆放于室内供观赏。佛肚竹喜光照充足、温暖湿润的环境，稍耐阴，耐水湿，不耐干燥和烈日暴晒。不耐寒，温度低于4℃易产生冻害。喜肥沃疏松、排水良好的沙质土壤。

大佛肚竹

【别名】佛竹、大肚竹　　【学名】*Bambusa vulgaris* 'Waminii'

【识别特征】禾本科。乔木状常绿植物。竿高可达15m，直径5～9cm，下部直立或略呈"之"字形。幼竿稍被白色蜡粉和淡棕色刺毛，老竿则无。竿下部各节间极为短缩，基部膨大。箨鞘早落，背面密生脱落性暗棕色刺毛。叶片条状披针形或披针形，长10～30cm，宽1.5～2.5cm，先端渐尖具钻状尖头，基部近圆形，叶缘具细锯齿；叶柄极短。假小穗数枚簇生花枝各节。

【产地分布】我国华南、福建、台湾、浙江等地有栽培。

【应用与养护】大佛肚竹株形古朴典雅，节间短缩形似佛肚，具有很高的观赏性。常种植在植物园、公园假山石边、建筑物旁、庭院等处。盆栽用于摆放厅堂、走廊等处供观赏。佛肚竹喜光照充足、温暖湿润的环境，稍耐阴，不耐干旱，不耐寒。喜肥沃疏松、排水良好的沙质土壤。

椰子

【别名】越王头、胥余、胥椰　　【学名】*Cocos nucifera*

【识别特征】棕榈科。常绿乔木。株高可达30m。叶丛生茎顶，长可达3m；叶羽状全裂，裂片条形，长0.5～1m，宽3～4cm。肉质花序腋生，多分枝。雄花聚生在分枝上部，雌花散生在下部；雄花花被3，雄蕊6；雌花花被6。果实卵球形或椭圆状球形，长20～30cm，顶端微具三棱状，先端微凹，绿色至黄褐色。开花最多为7～9月，果实成熟需12个月。

【产地分布】原产于亚洲东南部、太平洋群岛。我国华南、台湾、云南南部广为栽培。

【应用与养护】椰子树姿优美，果实硕大，极具南方热带风情，是南方著名的观食两用园林绿化树木。常种植在植物园、风景区、公园草地、道路边、宾馆、校园、海岸边、沙滩地、村寨旁等处。椰子喜光照充足高温湿润的环境，生长适温22～33℃，耐热、抗台风。不耐寒，10℃以上可安全越冬。最适合在沿海地区种植。

棕榈

【别名】中国扇棕、棕树、山棕、唐棕　　【学名】*Trachycarpus fortunei*

【识别特征】棕榈科。常绿乔木。株高可达12m。树干圆柱形，密被残留的老叶柄基部和网状纤维。叶扇形，掌状分裂至扇面的3/4处，裂片40～50片，裂片先端具短2裂或2齿；叶柄长可达80cm，两侧边缘具细齿。花序粗壮，多次分枝；小花黄色或黄绿色。果实近圆形或肾形，有脐，长约1cm，宽约1.4cm，成熟时淡蓝紫色，外被白粉。花果期4～12月。

【产地分布】我国河南以南各地多有栽培。

【应用与养护】棕榈叶形如扇，为常见的园林绿化树木。南方广泛种植在植物园、公园绿地、行道路边、公路两侧绿地、坡地、住宅小区、庭院等处。盆栽用于摆放花坛、庭院、宾馆大厅、会议室等处供观赏。棕榈喜光照充足、温暖湿润的环境，生长适温20～28℃，较耐阴，耐旱，耐水湿，稍耐寒。对土壤要求不严，一般土壤均可种植。

大丝葵

【别名】华盛顿棕、裙棕、加州蒲葵　　【学名】*Washingtonia robusta*

【识别特征】棕榈科。常绿乔木。株高可达25m。树干圆柱形，灰青色，横向叶痕明显，树干上端绿叶下有宿存的黄褐色枯叶群。叶片大，宽可达1.5m，掌状分裂约至中部，裂片50～80片；叶柄粗壮，长可达1.5m，两侧边缘具薄而宽的锯齿。花序粗壮，多分枝，下垂。果实球形或近球形。

【产地分布】原产于墨西哥、美国加利福尼亚等地。我国华南地区有栽培。

【应用与养护】大丝葵树形高大挺拔，叶片硕大，为南方园林绿化树木。常种植在植物园、公园、行道路边、宾馆等处。大丝葵喜光照充足、高温湿润的环境，耐旱、耐水湿，较耐寒。一般土壤均可种植，稍耐盐碱性土壤。

鱼尾葵

【别名】假桃榔、青棕　　【学名】*Caryota maxima*

【识别特征】棕榈科。常绿乔木。株高可达20m。树干圆柱形，绿色，被白色的毡状绒毛，环状叶痕明显。叶大形，长可达4m，2回羽状全裂，裂片较厚，顶端的一片扇形，有不规则齿缺，侧裂片近菱形似鱼尾状，外侧边缘延伸成长尾尖。花序极长，多分枝，下垂；花3朵聚生，雌花介于2雄花之间；雄花花瓣淡黄色，长约2cm，雌花花瓣长0.5cm。果实球形，直径约2cm，成熟时红色或暗红色。花果期5～11月。

【产地分布】我国分布于云南、广西、广东、海南、福建等地。生于山林中。

【应用与养护】鱼尾葵树干挺拔，叶形美丽，果序修长，为南方园林绿化树木。常种植在植物园、风景区、公园绿地、道路边、宾馆等处。盆栽摆放于厅堂供观赏。鱼尾葵喜光照充足、高温湿润的环境，生长适温25～30℃，稍耐阴，不耐旱，不耐寒。喜肥沃疏松、富含腐殖质、排水良好的土壤，不耐涝。

短穗鱼尾葵

【别名】丛生鱼尾葵、酒椰子　　【学名】*Caryota mitis*

【识别特征】棕榈科。常绿乔木。株高可达8m。茎丛生。叶大形，长可达4m，2回羽状全裂，稍向内折；羽片呈楔形，外缘直，内缘1/2以上弯曲呈不规则的齿缺，且延伸呈尾尖。佛焰苞与花序被糠秕状鳞秕。花序长可达40cm，多分枝，下垂。花3朵聚生，雌花介于两雄花间。雄花萼片宽倒卵形，先端具睫毛，花瓣革质；雌花萼片宽倒卵形，先端钝圆，花瓣卵状三角形。果实圆球形，直径约1.5cm，成熟时紫红色。花果期4～11月。

【产地分布】我国分布于广西、广东、海南等地。生于山林中。

【应用与养护】短穗鱼尾葵为南方常见的园林绿化植物。常种植在植物园、公园、道路边、宾馆、庭院等处。盆栽摆放于庭院、宾馆大厅等处供观赏。短穗鱼尾葵喜光照充足、高温湿润的环境，生长适温18～30℃，耐阴，稍耐寒冷。喜肥沃疏松、富含有机质、排水良好的土壤。

蒲葵

【别名】扇叶葵、蓬扇树、华南蒲葵　　【学名】*Livistona chinensis*

【识别特征】棕榈科。常绿乔木。株高可达20m。树干圆柱形，密被残留的老叶柄基部和网状纤维。叶片大，阔肾状扇形，掌状深裂至中部，裂片条状披针形，顶端2裂下垂；叶柄长1～2m，近三棱形，下部两侧具刺。花序生于叶腋处，肉穗花序排成圆锥状，分枝疏散。花小，黄绿色，花冠3深裂几达基部。核果椭圆形或近圆形，长1.8～2.6cm，成熟时黑褐色或黑紫色。花果期5～9月。

【产地分布】我国分布于华南等地。生于山坡、海岸边、疏林中。

【应用与养护】蒲葵为南方最常见的园林绿化植物。常种植在公园、道路边、公路两旁绿地、宾馆、校园、庭院等处。蒲葵喜光照充足、温暖湿润的环境，稍耐阴，耐水湿，不耐旱，不耐寒。喜肥沃疏松、富含有机质、排水良好的土壤。

银叶霸王棕

【别名】霸王棕、俾斯麦棕、马岛棕　　【学名】*Bismarckia nobilis* 'Silver'

【识别特征】棕榈科。常绿乔木。株高可达30m，树干基部膨大。叶片大，长可达3m，银灰绿色，扇形，多裂；叶柄粗壮，银灰绿色。雌雄异株，穗状花序下垂；雌花序短粗，雄花序较长，有分枝。果实卵球形或近圆形，直径约3.5cm，成熟后黑褐色。种子较大，近球形，黑色。

【产地分布】原产于马达加斯加。我国华南等地有引种栽培。

【应用与养护】银叶霸王棕树形挺拔，叶片巨大，为南方具有很高观赏价值的珍稀植物。常种植在植物园、风景区、公园、公路绿地、宾馆绿地等处。可盆栽摆放于厅堂等处供观赏。银叶霸王棕喜阳光充足、温暖湿润的环境，耐热，较耐旱，不耐寒。喜肥沃疏松、富含有机质、排水良好的土壤。

酒瓶椰子

【别名】酒瓶棕　　【学名】*Hyophorbe lagenicaulis*

【识别特征】棕榈科。常绿乔木。株高可达3m以上。树干基部膨大似酒瓶状，横向环形叶痕明显。叶片大，聚生在树干顶端，长可达2m，羽状复叶，小叶40～60对，披针形，长约40cm，先端渐尖，全缘；叶柄粗壮，长可达50cm，叶鞘圆筒形。肉穗花序大，多分枝，常下垂，黄色。浆果椭圆形，成熟时红色，后渐变黑褐色。花期8月，果期翌年3～4月。

【产地分布】原产于非洲马斯克林群岛。我国广东、福建、台湾等地有引种栽培。

【应用与养护】酒瓶椰子株形优美，叶片硕大常绿，为南方著名的园林绿化观赏树木。常种植在植物园、公园、道路边、宾馆绿地、池塘边、建筑物旁等处。盆栽用于摆放庭院、厅堂等处供观赏。酒瓶椰子喜光照充足、高温湿润的环境，生长适温22～32℃，不耐寒。适合种植在肥沃、富含腐殖质、排水良好的壤土或沙质土壤中。

国王椰子

【别名】马达加斯加椰子　　【学名】*Ravenea rivularis*

【识别特征】棕榈科。常绿乔木。株高可达12m。树干基部增粗，横向环状叶痕明显。叶片大，聚生在树干顶端，羽状全裂，在叶轴两侧整齐排列，裂片60～80对，裂片狭长条形，先端尖；叶柄基部宽大。花序大形，多分枝，被一个佛焰苞所包围；花小，花瓣3。果实小，红色。

【产地分布】原产于马达加斯加。我国华南等地有栽培。

【应用与养护】国王椰子树干粗壮挺拔，树形优美，四季常青，为南方常见的园林绿化树木。常孤植或片植在植物园、公园、风景区、道路边、公路绿地、宾馆、广场等处。国王椰子喜阳光充足、高温湿润的环境，生长适温22～30℃，稍耐阴，较耐寒、抗台风。喜肥沃疏松、排水良好的微酸性土壤。

王棕

【别名】大王椰子、文笔树　　【学名】*Roystonea regia*

【识别特征】棕榈科。常绿乔木。株高可达30m。树干直立光洁，灰绿色，常中部膨大，横向环状叶痕明显。叶片大，长可达3m，聚生在树干顶端，羽状全裂，叶轴每侧裂片可多达200片，呈4列排列，裂片狭长条形，先端渐尖，顶端浅2裂；叶柄粗壮。花序大，多分枝，花小。果实近球形或倒卵形，直径约1cm，成熟时暗红色或紫黑色。花果期3～10月。

【产地分布】原产于美国、西印度群岛和中美洲。我国华南地区广为栽培。

【应用与养护】王棕树形高大挺拔，叶片硕大，为南方极具观赏价值的园林树木。常孤植或片植在公园、风景区、行道路边、建筑物旁、宾馆绿地等处。王棕喜阳光充足、高温湿润的环境，生长适温22～30℃，较耐旱，不耐寒，抗台风，耐水湿。不耐贫瘠，喜土层深厚肥沃、排水良好的微酸性土壤。

假槟榔

【别名】亚历山大椰子　　【学名】*Archontophoenix alexandrae*

【识别特征】棕榈科。常绿乔木。株高可达25m。树干直立挺拔，光洁，灰褐色，横向叶环痕明显。叶大型，长可达2～3m，聚生在树干顶端；羽状全裂，在叶轴呈2列排列，裂片狭长条形，长可达40cm，先端渐尖，全缘或有缺刻；叶鞘基部膨大抱茎。圆锥状花序下垂，长可达40cm，多分枝，具2个鞘状佛焰苞。花小，花瓣3，白色。果实卵球形，长约1.4cm，成熟时红色。花果期4～7月。

【产地分布】原产于澳大利亚。我国华南、西南广为栽培。

【应用与养护】假槟榔树形优美，为南方常见园林绿化观赏树木。常种植在公园、风景区、行道路边、林缘、建筑物旁、宾馆绿地等处。假槟榔喜阳光充足、高温湿润的环境，较耐旱，不耐寒。喜土层深厚肥沃、排水良好的微酸性沙质土壤。

金心巴西铁

【别名】金心香龙血树、巴西千年木　　【学名】*Dracaena fragrans* var. *massangeana*

【识别特征】百合科。常绿小乔木。株高可达4m。茎直立，圆柱形，横向环状叶痕明显。叶片宽条状披针形，先端钝尖，基部略抱茎，全缘；叶片两边绿色，中部有黄色宽窄不一的纵向条带。穗状花序，分枝；花小，黄绿色。

【产地分布】原产于非洲加那利群岛。我国各地有栽培。

【应用与养护】金心巴西铁叶色美观，为常见观叶植物。常截成树段进行盆栽，摆放于花坛、会场、办公室、客厅等处供观赏。金心巴西铁喜光照充足、高温多湿的环境，生长适温18～28℃，耐阴，不耐烈日暴晒，不耐旱，不耐寒。喜肥沃疏松、排水良好的土壤，不耐积水。干燥季节，叶片容易焦边干尖，应及时浇水或喷水以提高湿度。

酒瓶兰

【别名】象腿树　　【学名】*Beaucarnea recurvata*

【识别特征】百合科。常绿小乔木。株高2～3m。茎直立，基部膨大似酒瓶。树皮灰褐色，具纵裂纹。叶丛生茎顶端，叶片革质，狭条形下垂，先端渐尖，基部略宽，叶缘具细锯齿。圆锥花序顶生直立，多分枝。花小，乳白色。一般种植10年后才会开花。

【产地分布】原产于墨西哥北部、美国南部。我国南方广为栽培。

【应用与养护】酒瓶兰株形优美，四季常青，具有很好的观赏价值。南方常种植在植物园、公园、宾馆绿地、庭院等处。盆栽摆放于宾馆大厅、会议室、会客厅等处供观赏。酒瓶兰喜光照充足、温暖的环境，生长适温20～28℃，耐阴，较耐旱，稍耐寒。喜肥沃疏松、富含腐殖质、排水良好的沙质土壤。

附录
园林花坛花境景观图例

扬帆起航花坛（北京复兴门东北角2021.6）

花坛以载满鲜花的巨轮、嵌有"中国梦新征程"的彩虹门为主景，寓意乘势而上，开启全面建设社会主义现代化国家新征程，向第二个百年奋斗目标进军。

植物配置：四季海棠、金鸡菊、香彩雀、苏丹凤仙花、万寿菊、一品红、向日葵、火炬花、叶子花、散尾葵等。巨轮、浪花和彩虹门用不同颜色的四季海棠装饰。

创新发展花坛（北京西单西北角2021.6）

花坛以嫦娥五号月球探测器、天宫一号火星探测器、奋斗者号潜水器、载人航天等为题材，展现了创新发展、科技兴国的辉煌成就。

植物配置：肾蕨、金盏花、小花矮牵牛、蓝花鼠尾草、银叶菊、绵毛水苏、叶子花等。彩虹用四季海棠、锦绣苋等装饰。奋斗者船、彩虹门等用四季海棠、锦绣苋等装饰。

美丽中国花坛（北京西单西南角2021.6）

花坛以锦绣江山为主景，勾勒出祖国雄伟壮阔的美丽画卷，寓意祖国江山永固，基业常青。

植物配置：小花矮牵牛、金娃娃萱草、柳叶马鞭草、矮牵牛、山桃草、银叶菊、万寿菊、蓝羊茅、大花金鸡菊、木茼蒿、苏丹凤仙花、向日葵等。山峰用垂盆草、四季海棠等装饰。熊猫用银叶菊、锦绣苋等装饰。骏马用锦绣苋等装饰。

全面小康花坛（北京西单东南角2021.6）

花坛以十八洞村旧貌换新颜的幸福生活为场景，体现在迎来中国共产党成立100周年的重要时刻，全面建成小康社会取得伟大历史性成就，决战脱贫攻坚取得决定性胜利。

植物配置：常春藤、苏丹凤仙花、金鸡菊、月季、向日葵、穗花婆婆纳、山桃草、蓝花鼠尾草等。房子等用四季海棠、苏丹凤仙花、锦绣苋等装饰。水牛用锦绣苋等装饰。

走向世界花坛（北京东单西南角2021.6）

花坛以"鸟巢""冰丝带"和世界地图为主景，配以冬奥会吉祥物以及我国举办或参与的重大国际活动标识，体现在党的正确领导下，伟大的祖国阔步走向世界。

植物配置：万寿菊、大丽花、美女樱、堆心菊等。鸟巢及世界地图等用四季海棠、锦绣苋、银叶菊等装饰。

乡村振兴花坛（北京西单西北角2021.10）

花坛以秋季的丰收景象为主景，寓意谱写产业兴旺、生态宜居、乡风文明、治理有效、生活富裕的中国特色社会主义乡村振兴新篇章。

植物配置：肾蕨、菊花、醉蝶花、四季海棠、叶子花、彩叶草、矮牵牛、鸡冠花等。人物用四季海棠装饰。树木用绿色锦绣苋和紫色锦绣苋装饰。

喜迎冬奥花坛（北京西单西南角2021.10）

花坛以喜迎冬奥的冰天雪地为主景，寓意发展全民健身运动，努力建设健康中国，弘扬奥运精神，展示中国魅力。

植物配置：万寿菊、银叶菊、鼠尾草、五星花、一串红、御谷、叶子花、灰莉、松树等。彩环用四季海棠、佛甲草装饰。树木用锦绣苋和佛甲草等装饰。

绿色发展花坛（北京西单东南角2021.10）

花坛通过百花齐放春满园的场景，配以白鹤滩水电站、太阳能板、骑行的人、植树的儿童、碳中和计算互动装置等，展示出通过提升林业碳汇，助力实现碳中和，同时展望绿色发展的美好明天。

植物配置：苏铁、四季海棠、龙柏、佛甲草、荻草、菊花、金光菊、百日菊、矮牵牛、山桃草、千日红、叶子花、鹤望兰、花叶垂榕、彩叶草等。

和谐共生花坛（北京西单东北角2021.10）

花坛以生机盎然的夏季湿地景观为主景，配以鹤舞翩翩、水草丰美、荷艳鱼跃、蛙叫鹿鸣等，寓意加强生物多样性保护，打造山水林田湖草沙的生命共同体，实现"人与自然和谐共生"的美好愿景。

植物配置：垂盆草、四季海棠、百日菊、彩叶草、锦绣苋、醉蝶花、叶子花、羽状鸡冠花等。仙鹤用银叶菊装饰。荷花用四季海棠等装饰。

命运共同体花坛（北京东单东南角2021.10）

花坛以地球为主景，配以放飞气球的儿童、友谊的飘带、花朵、音符等，寓意我们将高举和平、发展、合作、共赢旗帜，同世界各国人民深化友谊、加强交流，推动构建人类命运共同体。

植物配置：山桃草、矾根、菊花、一串红、月季花、新几内亚凤仙花、醉蝶花等。音符用四季海棠、彩叶草等装饰。地球用佛甲草、凤仙花、菊花、锦绣苋等装饰。

孔雀花坛（云南昆明2016.1）

植物配置：笔筒树、芭蕉树、肾蕨、蝴蝶兰、四季海棠、菊花、万寿菊、松果菊等上万盆植物组成，展现了南国风情韵味。

祝福祖国花坛（北京顺义鲜花港2021.10）

植物配置：以黄菊花和紫红色菊花围边。巨大的花篮中装有各种颜色的牡丹花、菊花、向日葵等花卉。

五色彩带花境（北京紫谷伊甸园 2021.5）

　　植物配置：以红色矮牵牛、粉色矮牵牛、白色矮牵牛、紫色矮牵牛、花色矮牵牛等组成地被景观。体现了植物色彩丰富、观赏性强的特点。

翩翩起舞花境（北京西城金融街花园 2021.10）

　　在街心公园的草坪上，一群雕塑的"蝴蝶"，在花园中穿梭起舞，构成一幅自然生态的美好景观。

　　植物配置：苏铁、棕榈、醉蝶花、四季海棠、万寿菊、凤仙花、山桃草、鼠尾草等。蝴蝶用佛甲草、锦绣苋、四季海棠等装饰。

丹凤朝阳花坛（北京植物园 2021.5）

　　植物配置：矮牵牛、木茼蒿、变叶木、四季海棠、叶子花、苏铁、龙血树等。凤凰用佛甲草、锦绣苋、四季海棠等装饰。

长城花坛（北京延庆世博园 2021.6）

　　植物配置：矮牵牛、小花矮牵牛、天竺葵、金鱼草、毛地黄、耧斗菜、灰莉、铁树等。长城用绿色锦绣苋和紫色锦绣苋装饰。

金叶榆庄园（北京延庆世博园2021.6）

植物配置：把金叶榆树修剪成圆柱形、葫芦形、水壶形、瓶形、垂枝形、绿篱等装饰庄园，并配以山石、水塘、草坪等衬托出高雅秀丽的庄园景观。

永宁塔彩山（北京延庆世博园2021.6）

植物配置：永宁塔下梯田中种植有香雪球、天竺葵、鼠尾草、菊花、萱草、木茼蒿、山桃草、鸢尾、玉带草等，组成五彩斑斓的山色景观。

花园浙江（北京延庆世博园 2021.6）

花园浙江由9组花境、小溪和池塘组成，形成干净整洁、明快亮丽的景观效果。

植物配置：绿色草坪、鸡爪枫、大叶黄杨、暴马丁香、油松、玉兰、美国白蜡树、千头椿、红瑞木、红王子锦带、矮牵牛、花叶玉竹、矾根、美女樱、金鸡菊、石竹、天竺葵、香雪球、林荫鼠尾草、毛地黄、银莲花、木茼蒿、紫娇花、荆芥等。

世博园吉祥物（北京延庆世博园2021.5）

植物配置：美女樱、木茼蒿、白晶菊、天竺葵、多叶羽扇豆等。世博园吉祥物"小梦芽"和"小萌花"用佛甲草、锦绣苋、四季海棠等装饰。

阜成门立交桥绿地景观（北京阜成门立交桥2021.5）

　　植物配置：绿色草坪、四季海棠、一串红等，组成蜿蜒曲折的条带；洁白的石英石子铺成条带状，形成鲜明的色彩反差。凤仙花、佛甲草、四季海棠组成圆形的彩球图案，在蓝天白云和绿树的衬托下构成美丽的景观。

六里桥立交桥绿地景观（北京六里桥立交桥2021.7）

　　植物配置：绿色草坪、菊花、羽状鸡冠花、小叶黄杨、大叶黄杨、细叶小檗等，在紫叶李、金枝槐等的衬托下构成丰富多彩的美丽色块图案。

天桥街心公园景观（北京天桥2021.7）

植物配置：矮牵牛、一串红、一品红、鼠尾草、黄晶菊、鸢尾、变叶木、叶子花、大叶黄杨、小叶女贞、铁树、玉兰树、七叶树等，组合成小巧精美的街心景观。

金牛景观（北京城市绿心公园2021.5）

景观中曲径小路由松木桩嵌边，松树碎皮铺设路面而成。金牛用小木块拼接而成。

植物配置：大滨菊、多叶羽扇豆、绵毛水苏、石竹、鼠尾草、蓝羊茅、苏丹凤仙花、绣球、堆心菊、金光菊、佛甲草、宿根福禄考等，构成一幅植物种类丰富、色彩斑斓的美丽景观。

参考文献

[1] 中国科学院植物研究所. 中国高等植物图鉴1～5册[M]. 北京：科学出版社，1972.

[2] 贺士元，邢其华，尹祖棠，等. 北京植物志上下册[M]. 北京：北京出版社，1984.

[3] 河北植物志编委会. 河北植物志1～3卷[M]. 石家庄：河北科学技术出版社，1986.

[4] 李钱雨，王华新. 草本花卉[M]. 北京：化学工业出版社，2014.

[5] 王英伟. 中国科学院北京植物园图谱[M]. 北京：北京大学出版社，2018.

[6] 北京市紫竹院公园管理处. 紫竹院公园常见植物[M]. 北京：中国林业出版社，2017.

[7] 徐晔春，李勤，丁志祥. 500种盆栽花卉经典图鉴[M]. 长春：吉林科学技术出版社，2012.

[8] 中国高等植物彩色图鉴编委会. 中国高等植物彩色图鉴1～9卷[M]. 北京：科学出版社，2016.

[9] 曹瑞. 内蒙古常见植物图鉴[M]. 北京：高等教育出版社，2017.

[10] 王意成. 常见观花植物原色图鉴[M]. 北京：中国水利电力出版社，2018.

[11] 徐晔春，华国军. 野外花草图鉴[M]. 北京：化学工业出版社，2017.

[12] 江珊. 野花家族[M]. 北京：化学工业出版社，2015.

[13] 王晨. 城市野花[M]. 北京：北京大学出版社，2019.

[14] 赵玲. 四季观花图鉴[M]. 北京：化学工业出版社，2016.

[15] 李敏，李晓东. 华中野外观花手册[M]. 郑州：河南科学技术出版社，2015.

[16] 赵春莉. 常见花卉知多少[M]. 哈尔滨：黑龙江科学技术出版社，2018.

[17] 吴沙沙，陈凌艳，郝杨，等. 我家的阳台花园：种花与景观设计[M]. 福州：福建科学技术出版社，2016.

[18] 王铖，朱红霞. 彩叶植物与景观[M]. 北京：中国林业出版社，2015.

索引